煤矿采空区二氧化碳安全智能防灭火理论

司俊鸿　著

应急管理出版社

·北　京·

图书在版编目（CIP）数据

煤矿采空区二氧化碳安全智能防灭火理论/司俊鸿著.
--北京：应急管理出版社，2024
ISBN 978 - 7 - 5237 - 0210 - 9

Ⅰ.①煤… Ⅱ.①司… Ⅲ.①采空区—矿山灭火—研究 Ⅳ.①TD75

中国国家版本馆 CIP 数据核字(2024)第 005634 号

煤矿采空区二氧化碳安全智能防灭火理论

著　　者　司俊鸿
责任编辑　成联君
编　　辑　康嘉焱
责任校对　张艳蕾
封面设计　安德馨

出版发行　应急管理出版社（北京市朝阳区芍药居 35 号　100029）
电　　话　010 - 84657898（总编室）　010 - 84657880（读者服务部）
网　　址　www. cciph. com. cn
印　　刷　北京虎彩文化传播有限公司
经　　销　全国新华书店

开　　本　710mm × 1000mm $^{1}/_{16}$　**印张**　$13^{7}/_{8}$　**字数**　253 千字
版　　次　2024 年 4 月第 1 版　2024 年 4 月第 1 次印刷
社内编号　20231019　　　　**定价**　68.00 元

前　言

煤矿采空区煤自燃是威胁矿井安全生产的主要灾害之一。目前采空区煤自燃的防治手段主要包括均压通风、黄泥灌浆、注惰气、注阻化剂等。相对于液体、固体防灭火技术，采空区注惰性气体惰化技术具有流动性较好、易于在多孔介质中流动扩散、适用范围较广、清洁无污染等优点，此外，二氧化碳惰化防灭火技术具有防治煤自燃和节能减排双重作用，在生产过程中得到了广泛的关注。

采空区煤自燃主要受采空区多孔介质孔隙特性、风流场、温度场的影响，具有灾害隐蔽性较强、流场复杂、治理难度大等特点。根据煤自燃气化理论，煤自燃是风流场持续提供氧气、遗煤氧化蓄热、热量积聚综合作用的结果。由于采空区内煤岩体构成的孔隙具有无向性、弯曲性和随机性等特点，因此采空区中的风流形式包括湍流、过渡流、层流以及非线性渗流。根据热传递理论，漏风是煤自燃生热传输的重要媒介。因此，研究采空区煤自燃生热传热规律是防治煤自燃的重要理论基础。

采空区遗煤可以看作是非各向同性的多孔介质，二氧化碳在采空区流动过程中，通过扩散－运移－渗流运动传递热量，与漏风场相互作用，以及风流场和温度场的耦合变化，使得采空区二氧化碳的储存和流动过程极其复杂。对于开放式采空区，二氧化碳惰化技术存在惰化区域较窄、漏气现象严重、控制效果较差的问题，采空区惰化过程中煤岩体对二氧化碳的吸附及扩散运移规律较为复杂。同时，二氧化碳灌注量依靠人工经验调节，缺乏具体技术参数指导。注气参数控制不当可能存在采空区二氧化碳涌入工作面的风险，威胁井下工作人员健康及矿井安全生产。总而言之，我国面临防灭火技术和装备使用缺乏科学性和有效性，防灭火效果差，对矿井防灭火方面的应急投入力度不足，应急技术发展不充分，应急装备配备缺乏等问题。

本书共分8章，以笔者开展的国家自然科学基金项目（52074122、51804120）、河北省自然科学基金项目（E2021508010），以及近5年主持的横向课题《张集矿液态二氧化碳防灭火应用智能化研究与应用》《钱营孜矿智能化二氧化碳防灭火技术研究与应用》《孔庄煤矿基于二氧化碳惰化参数反演的煤自燃安全智能防控技术研究》在矿井防灭火方面取得的研究成果为基础撰写而成。第1章为绪论，从我国碳排放和煤炭资源安全开采出发，比较分析了二氧化碳防灭火技术的优越性，经深入剖析提出了该技术有待进一步深入研究的关键问题。第2章为二氧化碳防灭火基础理论，包括二氧化碳理化性质、吸附机理和防灭火机理，为煤吸附二氧化碳影响因素指标体系建立和二氧化碳防灭火技术研究奠定理论基础。第3章为破碎煤体对二氧化碳的吸附特性实验研究，分析煤吸附二氧化碳外部影响因素及其热效应，对比实验煤样与分子模拟吸附结果，验证分子模拟定性定量分析的可行性，开展TG-DSC同步热分析实验研究煤吸附二氧化碳的阻化作用效果。第4章为煤吸附二氧化碳分子模拟研究，基于分子动力学和分子力学原理，建立能量稳定状态分子模型，利用蒙特卡洛和密度泛函方法模拟研究温度、压力和水分等外部因素对煤吸附单组分和混合组分气体能力的影响，对比不同吸附质气体分子吸附能力。第5章为采空区二氧化碳耗散运移理论研究，利用扫描电镜方法对松散煤孔隙结构进行表征，提出一种等效孔隙网络拓扑结构表征方法，研究遗煤压裂区导通孔隙网络拓扑结构，建立采空区导通孔隙渗透率三维分布数学模型和采空区气体输运传热数学模型，研究多孔介质二氧化碳热质耗散机理。第6章为采空区二氧化碳扩散运移实验研究，分析间歇性注气过程中煤体内部温度场及其随时间的变化，研究二氧化碳在采空区高温松散煤体中的扩散规律，反演多孔介质二氧化碳吸附场，提出受限空间多孔介质-二氧化碳温度变化机制，揭示受限空间二氧化碳防治煤自燃机理，将二氧化碳耗散量引入二氧化碳注气量方程进行计算改进，提高二氧化碳注气量设计的科学性。第7章为采空区压注二氧化碳工艺参数优化研究，建立采空区注二氧化碳防灭火影响因素指标体系，提出多源联合压注二氧化碳防灭火技术，建立采空区三维模型模拟不同灌注深度和灌注量工况下采空区注二氧化碳气体流场和温度场分布以及相邻工作面采空区气体运移规律，研究二氧化碳灌注对氧化带宽度的影响以及灌注量和埋管深度对上隅角二氧化碳浓度的影响，确定最佳灌注参数，计算液态二氧化碳安全灌注量和相邻采空区二氧化碳泄漏量。第8章为采空区二氧化碳安全智能防灭火技术，建立基于预测先行与监测数据反馈校正相结合的采空区二氧化碳灌注参数反馈模型和开放式采空区二氧化碳安全防控模型，确定求解方法，设计二氧化碳安全智能防灭火系统，对二氧化碳灌注安全性能指标自适应调控装置进行关键设备选型，开展现场试验应用研究。

本书编写过程中得到了华北科技学院程根银导师组的大力支持和帮助，辽宁工程技术大学博士研究生李林在资料收集整理、实验研究、数值模拟和校稿方面做了大量工作。同时，本书还引用了诸多公开发表的相关文献资料和成果。在本书出版之际，一并向上述成员表示衷心的感谢和致以崇高的敬意！

由于笔者学识水平有限，书中疏漏和不当之处在所难免，敬请读者批评指正。

著　者

2023年7月

目　录

1 绪　论

1.1 研究背景

煤炭资源的开采利用与我国经济发展和人民生活息息相关。党的十八大以来，我国煤炭产能结构大幅优化，供给保障能力不断增强。截至2022年底，全国煤矿数量调整至大约4400处。然而，煤炭产量并未受到影响，原煤产量连续5年稳定增长，且2022年产量达到45.6亿t，超过了2013年以来历史最高水平。如图1-1所示，煤炭消费仍是我国能源消费的主要组成部分。

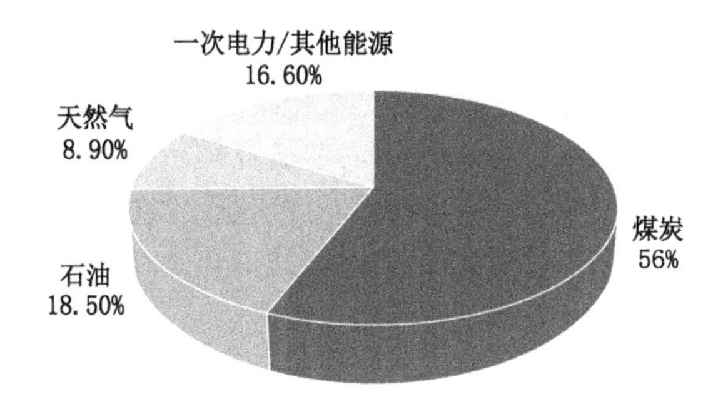

图1-1　2022年我国能源消费比重

矿井火灾是威胁煤矿生产安全的重大灾害之一，按照引火热源不同可将其分为外因火灾和内因火灾。由明火引起的火灾叫外因火灾。内因火灾是由于煤和氧气反应，因热能积累而引起的火灾，即煤自燃。中国、美国和澳大利亚等主要产煤国家都面临着严重的煤自燃问题。以中国为例，具有煤自燃倾向的矿井约占中国国有重点煤矿总数的55%，煤自燃引发的火灾数量在矿井火灾总数中占比高达90%。采空区是煤自燃发生的主要场所，受采空区多孔介质孔隙特性、风流场、温度场的影响，灾害具有隐蔽性较强、流场复杂、治理难度大等特点，且容易引发瓦斯爆炸、粉尘爆炸等次生灾害。如2013年3月29日，吉林八宝煤业因采空区煤自燃引发特别重大瓦斯爆炸事故。随着矿井开采深度的日益增加，煤自燃灾害发生频繁，对深部资源的安全高效开采造成了巨大威胁。

目前采空区煤自燃的防治手段主要包括均压通风、黄泥灌浆、注阻化剂、注惰气等。相对于液体、固体防灭火技术，采空区注惰性气体惰化技术具有流动扩散性好、适用性广、清洁无污染等优点。氮气和二氧化碳是注惰气防灭火技术的常用气体。二氧化碳吸附能力大于氮气，在煤自燃阻化和惰化方面表现突出。随着工业化的加速演进，化石燃料的大规模开采和利用导致温室气体尤其是二氧化碳排放量急剧增加。从碳排放和碳封存角度看，全球煤层储存二氧化碳的能力高达 8.91×10^5 ~ 2.69×10^6 亿 m^3，采空区和低利用价值的煤层都可作为二氧化碳储存库。

采用二氧化碳防灭火技术时，二氧化碳不仅能与采空区漏风场相互作用，改变风流场分布状态，还会与采空区遗煤发生吸附、热量传递等物理化学反应，使得采空区二氧化碳的储存和流动过程极其复杂。对于开放式采空区，二氧化碳惰化技术存在惰化区域较窄、漏气现象严重、控制效果较差等问题，很难完全掌握采空区惰化过程中煤岩体对二氧化碳的吸附及扩散运移规律，从而严重制约了惰化技术的发展。此外，二氧化碳灌注量依靠人工经验调节，缺乏具体技术参数指导。注气参数控制不当可能存在采空区二氧化碳涌入工作面的风险，威胁井下工作人员健康及矿井安全生产。因此，有必要研究煤对二氧化碳的吸附特性、采空区二氧化碳扩散运移规律、采空区压注二氧化碳工艺参数优化，为采空区二氧化碳安全智能防灭火技术提供理论依据，推进和发展采空区二氧化碳防灭火技术。

1.2　国内外研究现状

1.2.1　煤吸附气体研究现状

早期研究煤吸附是为了预防煤矿瓦斯灾害，如利用吸附参数预测瓦斯突出危险性。19 世纪 70 年代，美国提出了将煤体中的瓦斯当作能源，采用温室气体封存技术提高煤层气的回采率，促进了煤对二氧化碳/氮气等惰性气体吸附研究的发展，并于 1995 年在圣胡安盆地开展了深部煤层二氧化碳/氮气捕集与利用实验。日本在 21 世纪初开展了二氧化碳驱替煤层甲烷现场试验，最终证实了注入二氧化碳驱替煤层气技术的可行性。研究表明，相同平衡条件下，煤对二氧化碳的吸附能力强于甲烷，但是煤对氮气和甲烷的吸附能力因煤种不同而大相径庭。

目前常用的煤吸附气体实验研究方法为重量法和测压法。重量法是通过吸附前后吸附剂的质量变化对吸附量进行计算，包括空白、浮力与吸附 3 个步骤。由于重量法探究吸附规律对仪器设备要求较高，成本高，因而研究大多采用测压法。测压法包括定容测压和非定容测压2种，前者为容积法（体积法、容量法），后者为压力法，常使用高压容量吸附仪，需要用氦气测算样品罐内自由空间体积。基于理想气体状态方程，利用吸附前后气体的物质的量或体积变化差计算吸附量。Sripada等利用容积吸附装置研究了煤的变质程度对其吸附二氧化碳能力的影响。煤阶可以描述煤的变质程度，煤阶与煤的变质程度呈正相关关系，与煤的吸附膨胀应变呈倒U形关系。高阶煤因煤阶增大，微孔数量增多。张遵国等利用吸附解吸和变形测试实验系统，研究了等温吸附二氧化碳过程中煤的变形特性，根据吸附变形和吸附量之间的关系建立了等温吸附变形模型；测试了原煤和型煤的吸附量和变形量，对比了原煤和型煤吸附解吸二氧化碳的能力。贺伟等利用气体等温吸附装置和$D-R$模型分析了煤的体积应变与吸附量的变化关系，研究了煤阶和压力对二氧化碳吸附特性的影响。张永利等利用等温吸附解吸仿真实验仪研究了红外功率对煤吸附二氧化碳特性的影响以及吸附过程中的能量变化规律，从能量角度解释了红外作用对二氧化碳吸附效率的影响机制。

微观状态吸附通常采用数值模拟手段。韩光等采用巨正则系综蒙特卡洛法，从吸附量角度和能量角度研究了水分对煤吸附二氧化碳行为的影响，揭示了水分对无烟煤吸附能力影响的微观机理。水分子与二氧化碳之间的竞争吸附主要以占据极性吸附位的数量和吸附空间的大小为主。李树刚等采用巨正则系综蒙特卡洛法研究了温度对二氧化碳吸附行为的影响，分析了吸附量、吸附热和吸附熵等吸附热力学参数之间的关系。降文萍等从量子化学角度计算了二氧化碳在煤表面的吸附势阱。煤层气与二氧化碳/氮气的竞争吸附、惰性气体吸附能力对比的分子模拟研究较多，虽然近年来在煤自燃及其防治方面的分子模拟研究正在兴起，但是在煤的低温吸附氧气特性、惰化组分与氧气的竞争吸附、煤对指标气体的吸附以及水分对惰性气体吸附的影响等研究较少。

采空区环境复杂多变，影响煤对二氧化碳的吸附行为。仅通过实验方法研究采空区环境条件下多因素对煤吸附气体分子的影响耗时长，成本高，且无法排除各因素间的相互影响。因此，亟需结合分子模拟研究煤对二氧化碳的吸附行为，为采空区二氧化碳防灭火技术提供理论基础。

1.2.2 多孔介质孔隙结构研究现状

1. 流场结构网络化

多孔介质结构因自身多样性、随机性以及拓扑结构的复杂性，使得定量表示变得异常困难。Fick定律、液态扩散理论和毛细理论等理论假设多孔介质是均

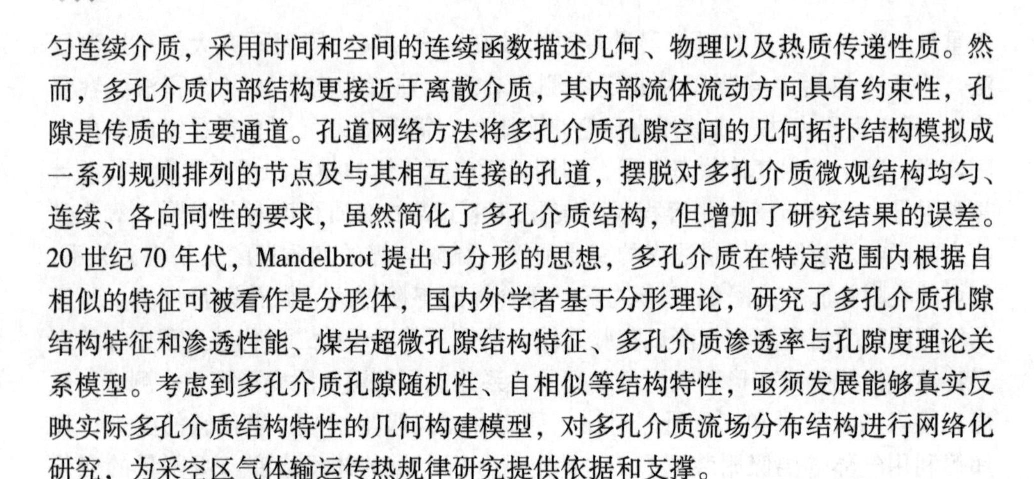

匀连续介质，采用时间和空间的连续函数描述几何、物理以及热质传递性质。然而，多孔介质内部结构更接近于离散介质，其内部流体流动方向具有约束性，孔隙是传质的主要通道。孔道网络方法将多孔介质孔隙空间的几何拓扑结构模拟成一系列规则排列的节点及与其相互连接的孔道，摆脱对多孔介质微观结构均匀、连续、各向同性的要求，虽然简化了多孔介质结构，但增加了研究结果的误差。20 世纪 70 年代，Mandelbrot 提出了分形的思想，多孔介质在特定范围内根据自相似的特征可被看作是分形体，国内外学者基于分形理论，研究了多孔介质孔隙结构特征和渗透性能、煤岩超微孔隙结构特征、多孔介质渗透率与孔隙度理论关系模型。考虑到多孔介质孔隙随机性、自相似等结构特性，亟须发展能够真实反映实际多孔介质结构特性的几何构建模型，对多孔介质流场分布结构进行网络化研究，为采空区气体输运传热规律研究提供依据和支撑。

2. 采空区煤岩体孔隙特性

煤矿井下采空区中底板遗煤和顶板岩层垮落形成了多孔介质结构，煤岩体之间存在气体和液体输运的孔隙通道，为遗煤和气体、液体相互作用提供了机会。采空区数值模拟主要影响因素包括孔隙率、渗透率和初始条件等，根据不同采空区结构分布特征，建立采空区动态模型，将特定的求解条件应用到风流场的数值模拟。Szlazak 等根据数值模拟研究得出采空区孔隙率和风量大小呈线性关系。张春等根据“四维动态”模拟手段分析了采空区孔隙率空间分布特征，得出采空区孔隙率与岩石粒径呈正态分布，采空区孔隙率在垂直方向为非均质结构。周西华将采空区垮落矸石间的孔隙和单位面积的比值定义为孔隙率，根据矿压和采空区垮落情况，得出采空区孔隙率与距离工作面的距离呈负幂指数关系。李宗翔等基于 O 型圈理论和采空区非均质结构分布规律，建立了采空区多场耦合的孔隙率二维分布模型和三维采空区顶板岩层垮落模型。梁运涛等引用顶板岩层沉降理论，建立了工作面与采空区一体的非均匀连续分布模型。Wolf 等利用采空区孔隙率非均质特性，得到了不连续孔隙率和渗透率分布规律。此外，有学者根据孔隙演化规律，将采空区孔隙率作分段函数处理，即将模型中不同位置的孔隙率设为不同的常数。然而，井下采空区孔隙率复杂多变，采空区风流场、温度场等多场分布不均匀，也是数值模拟的计算结果与实际偏差较大原因之一。因此，研究采空区孔隙分布规律对采空区风流场和温度场的影响至关重要。

1.2.3 采空区气体运移规律研究现状

20 世纪 80 年代初，基于多孔介质渗流力学理论，采用解析法、图解法、物理相似模拟和数值模拟方法研究采空区流场。针对采空区流场数值模拟研究，模拟方程从早期的 Darcy 渗流变为非线性的 Bachmat 方程，采空区介质也由均质多孔介质转变为非均质多孔介质。采空区气体流动满足多孔介质渗流理论模型，其理论基础是 Darcy 定律，在修正和完善过程中考虑了惯性阻力、黏性阻力和加速度等，得到了 Darcy - Forchheimer 修正模型、Darcy - Brinkman 修正模型和 Darcy - Brinkman - Forchhemier 模型等。采空区气体流动与 Reynolds 数大小有关，Darcy 渗流属于 Reynolds 数较小的渗流，也叫 Stokes 渗流，流体渗流速度与压力梯度呈线性关系；非 Darcy 渗流属于 Reynolds 数较大的渗流，流体的渗流速度与压力梯度呈现非线性关系。李宗翔等运用 Fluent 模拟非均质多孔介质采空区风流场，结合漏风渗流方程得出了 Y 形通风采空区风流场运移规律，包括一氧化碳和二氧化碳浓度分布规律；蒋曙光等采用实验方法对采空区进行了分区，得出了采煤工作面绝大部分的流场是渗流，只有小部分区域会出现紊流或过渡流的结论；杨运良等推导了三维采空区热力风压的计算公式。

采空区火源相对较为隐蔽，煤自燃危险性大，二氧化碳注入使其温度流场和气体流场分布十分复杂。受工程实践影响，采空区测点布置存在一定局限性和不连续性，当前主要通过相似模拟实验和数值模拟方法研究采空区气体运移以及温度分布规律。相似模拟实验平台以研究采空区煤自燃过程中气体浓度和温度的变化关系为主。孙可明等利用采空区遗煤自燃升温实验系统分析了二氧化碳相变规律，研究了二氧化碳注入前后采空区温度场和气体浓度场的分布特征；任广意等通过采空区煤自燃相似模拟实验装置研究了采空区煤自燃过程中耗氧速率和温度的关系，分析了采空区煤自燃过程中二氧化碳等指标气体浓度的变化趋势以及耗氧速率和温度的关系；王怡等设计了采空区煤自燃相似模拟试验平台，对采空区煤自然发火过程进行了模拟，分析了煤自燃过程中气体成分及其浓度的变化规律以及气体产物与温度的关系。煤自燃发生具有尺度效应，美国、新西兰、澳大利亚和中国等国家已经开发了装载量为 0.5 ~ 18 t 的大型台架平台对煤自燃机理进行研究。小尺寸相似模拟实验方法得到的结果在多数情况下无法成功外推煤矿或煤田的真实环境。大尺度实验使用煤量大，长时间堆放会不断产生热量。由于煤的导热性差，这些热量难以通过热传递方式完全扩散到周围环境中，因此容易形成高温蓄热区。当煤体温度达到临界温度值，未采取灭火措施时则可能引起火灾。

对于采空区气体扩散运移规律的研究主要以数值模拟为主。王国旗等建立了采空区气体渗流场和浓度场三维模型，分析了采空区二氧化碳最佳注入位置、氧化带最大宽度的运移规律以及注气量与氧化带的关系，研究了采空区中二氧化碳的释放口位置和注气流量对采空区自然发火“三带”分布的影响，提出了二氧化碳注气量计算方法；邵昊等在此基础上考虑了重力场对二氧化碳流动的影响，建立了三维采空区几何模型，研究了注气过程中二氧化碳在采空区的运移规律以及二氧化碳注入对采空区的漏风和氧气体积分数的影响；司俊鸿等基于O型圈理论和岩梁理论，建立了采空区孔隙率和渗透率三维模型，结合数值模拟方法分析了采空区渗透率与漏风量和二氧化碳体积分数的关系，研究了不同采空区渗透率下气体的运移特性；柳东明通过数值模拟方法研究了氮气和二氧化碳在采空区中的运移规律以及耦合气体最佳注气比例和注气位置。

综上所述，采空区煤自燃大尺寸相似模拟实验平台使用点状热源，耗费时间比较长，适用于隐蔽火源点的研究，而小尺寸实验装置用以研究指标气体的变化规律和耗氧速率与温度的关系，鲜有学者从实验尺度对采空区二氧化碳注入后气体浓度场和温度场的分布规律进行研究。此外，数值模拟依靠人工经验进行参数取值，对于完全掌握采空区气体扩散运移规律具有局限性。

1.2.4 采空区二氧化碳防灭火技术

根据物化性质的不同，二氧化碳可分为气、液、固3种状态。目前针对气态二氧化碳的注气工艺、分布规律研究较多。王继仁等基于半O型圈理论对遗煤耗氧和放热等相关公式进行了解算，建立了采空区非均质多孔介质三维数值模型，研究了采空区二氧化碳注入前后气体浓度场和温度场分布规律，确定了采空区二氧化碳防灭火技术参数。Liu等基于气体输运和Navier－Stoke方程建立了采空区三维多孔介质模型，研究了二氧化碳注入对采空区氧气分布的影响、二氧化碳主要聚集区域、最佳注气位置以及惰性气体注入后自燃危险区域演化特征。郝朝瑜等根据采空区不同位置的压实程度建立了采空区惰化降温耦合作用模型，研究了二氧化碳注入量、注入位置和注入温度与采空区氧化带的影响。李宗翔等利用封闭耗氧实验获取了窒息带临界氧气浓度参数，与数值模拟结合探究了二氧化碳注入位置和注气流量对采空区氧化带宽度的影响，确定了最佳注入位置和注入流量。Liu等通过数值模拟方法分析了惰性气体最佳释放位置及其对氧化带面积的影响，研究了孤岛小煤柱工作面采空区煤自燃隐患、惰性气体注入采空区的位置对氧化带面积和漏风的影响，确定了漏风强度与煤柱埋深的关系。

液态二氧化碳防治煤自燃主要采用气－液和汽化后输送两种方式，对液态二氧化碳防灭火相关研究主要以井下实际灭火、理论模拟和气态二氧化碳抑制煤自燃的实验为主。宋宜猛等推导了液态二氧化碳注入量的计算公式，分析了液态二氧化碳的注入工艺和注入位置等参数。邓军等对液态二氧化碳实际气化与三相点温度、氧气浓度、压力以及温度的参数进行数据分析及量化。王致新等对低压二氧化碳灭火系统的结冰和爆震进行研究，确定了产生干冰的极限降压比和临界流

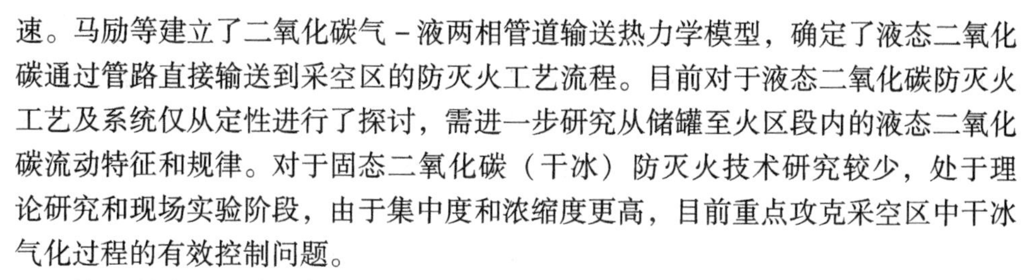

速。马励等建立了二氧化碳气－液两相管道输送热力学模型，确定了液态二氧化碳通过管路直接输送到采空区的防灭火工艺流程。目前对于液态二氧化碳防灭火工艺及系统仅从定性进行了探讨，需进一步研究从储罐至火区段内的液态二氧化碳流动特征和规律。对于固态二氧化碳（干冰）防灭火技术研究较少，处于理论研究和现场实验阶段，由于集中度和浓缩度更高，目前重点攻克采空区中干冰气化过程的有效控制问题。

综上所述，虽然二氧化碳防灭火研究取得了一定研究成果，但由于二氧化碳防灭火机理复杂，且应用矿井条件差异较大，系统研究采空区二氧化碳惰化规律中的气体吸附、扩散运移以及热量传递机制，提出采空区二氧化碳惰化工艺标准，研发智能化安全保障设备，通过控制二氧化碳灌注参数，平衡二氧化碳惰化效果与生产安全之间的关系，是采空区二氧化碳防灭火技术发展面临的关键问题。

1.3 研究内容

1.3.1 破碎煤体对二氧化碳的吸附特性实验研究

分析二氧化碳理化性质、吸附机理和防灭火机理，建立煤吸附二氧化碳影响因素指标体系。设计煤吸附二氧化碳实验装置，开展煤吸附二氧化碳实验，基于实验数据和吸附计算模型，计算煤对二氧化碳的吸附量、吸附势、吸附常数以及吸附热等，分析外部因素对煤吸附二氧化碳的影响、煤对二氧化碳吸附的热效应，绘制二氧化碳气体吸附特征曲线。对比实验煤样与分子模拟吸附结果，验证分子模拟定性定量分析的可行性。开展 TG－DSC 同步热分析实验，分析煤样燃烧特性，对比不同吸附程度煤样活化能大小，研究煤吸附二氧化碳的阻化作用效果。

1.3.2 煤吸附二氧化碳分子模拟研究

通过文献资料搜集确定 3 种不同挥发分烟煤分子构型，利用分子模拟软件初步建立煤分子和气体分子模型。基于分子动力学和分子力学原理，进行几何结构优化和退火处理，得到能量稳定状态模型。利用蒙特卡洛和密度泛函方法，对二氧化碳、氮气和乙烯等分子分别进行单组分吸附，研究温度、压力、水分等外部因素对煤吸附单组分气体能力的影响，对比不同吸附质气体分子吸附能力。对二氧化碳/氧气、二氧化碳/氮气、二氧化碳/氧气/氮气按照不同浓度比例进行混合吸附，得到浓度比、温度、水分等外部因素对煤吸附多组分气体能力的影响，研究煤对二氧化碳的微观吸附机理。

1.3.3 采空区二氧化碳耗散运移理论研究

利用扫描电镜方法对松散煤孔隙结构进行表征，分析采空区孔隙结构影响因素。基于导通孔隙网络基本拓扑结构，提出孔隙网络等效拓扑结构表征方法，研

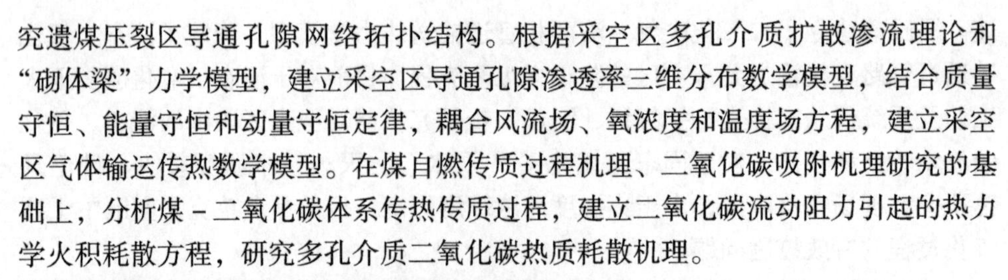

究遗煤压裂区导通孔隙网络拓扑结构。根据采空区多孔介质扩散渗流理论和“砌体梁”力学模型，建立采空区导通孔隙渗透率三维分布数学模型，结合质量守恒、能量守恒和动量守恒定律，耦合风流场、氧浓度和温度场方程，建立采空区气体输运传热数学模型。在煤自燃传质过程机理、二氧化碳吸附机理研究的基础上，分析煤 - 二氧化碳体系传热传质过程，建立二氧化碳流动阻力引起的热力学火积耗散方程，研究多孔介质二氧化碳热质耗散机理。

1.3.4　采空区二氧化碳扩散运移实验研究

设计采空区煤自燃二氧化碳扩散运移相似模拟实验平台；利用大尺度实验平台加热松散煤，增强透气性形成多孔介质渗透通道，研究二氧化碳间歇性注气过程中煤体内部温度场及其随时间的变化特征，计算二氧化碳注入过程中测点的降温速率。理论分析二氧化碳气体运移规律，提出气体运移速率计算公式，研究二氧化碳在采空区高温松散煤体的扩散规律。基于煤吸附二氧化碳实验所得吸附量与温度的关系，反演多孔介质二氧化碳吸附场，提出受限空间多孔介质 - 二氧化碳温度变化机制；从煤自燃发生三要素角度出发，建立煤自燃防治四边形，揭示受限空间二氧化碳防治煤自燃机制。分析二氧化碳在采空区的存在形式，将二氧化碳耗散量引入二氧化碳注气量方程进行计算改进，提高二氧化碳注气量设计的科学性，为二氧化碳防治煤自燃技术提供理论依据。

1.3.5　采空区压注二氧化碳工艺参数优化研究

建立采空区注二氧化碳防灭火影响因素指标体系，提出多源联合压注二氧化碳防灭火技术。基于二氧化碳防灭火理论和采空区多孔介质扩散渗流理论，结合矿井工作面实际状况，建立采空区三维模型，利用 Fluent 软件模拟灌注前后采空区氧气浓度三维分布。基于此模型，进一步模拟不同灌注深度和灌注量工况下采空区注二氧化碳气体流场和温度场分布，对比分析一定埋管深度、灌注量条件下采空区不同位置氧气体积分数的变化，研究二氧化碳灌注对氧化带宽度的影响以及灌注量和埋管深度对上隅角二氧化碳浓度的影响。综合考虑防灭火效果、经济效益和上隅角二氧化碳不超限等因素，确定最佳灌注参数，计算液态二氧化碳安全灌注量。建立含相邻采空区三维物理模型，模拟研究工作面与相邻工作面采空区气体运移规律。基于最优工艺参数，结合模拟结果，计算相邻采空区二氧化碳泄漏量。

1.3.6　采空区二氧化碳安全智能防灭火技术

根据多孔介质二氧化碳输运耗散模型，结合采空区数值模拟结果，预测灌注参数变化量，建立基于预测先行与监测数据反馈校正相结合的采空区二氧化碳灌注参数反馈模型。理论分析气体扩散运移叠加效应，建立开放式采空区二氧化碳

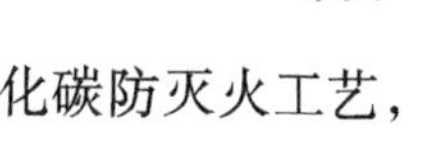

安全防控模型，确定求解方法。分析现代智能调控技术和二氧化碳防灭火工艺，设计二氧化碳安全智能防灭火系统，对二氧化碳灌注安全性能指标自适应调控装置进行关键设备选型，并开展现场试验应用研究。

1.4 研究方法及技术路线

1.4.1 研究方法

本书所用研究方法包括文献资料搜集、理论分析、实验研究、分子模拟、数值模拟、数学建模和现场应用。

1. 文献资料搜集

搜集煤自燃及燃烧机理、矿井火灾防治技术、多孔介质、吸附、运移-扩散-渗流、热力学耗散、智能调控技术等文献和论著等，以及工作面地质、煤自燃、通风等概况，作为理论分析和现场应用的资料来源。

2. 理论分析

通过分析二氧化碳理化性质、吸附机理和防灭火机理，建立煤吸附二氧化碳影响因素指标体系；基于采空区孔隙结构影响因素、煤自燃传热传质机理、二氧化碳在采空区的存在形式、二氧化碳吸附机理，研究遗煤压裂区导通孔隙网络拓扑结构和受限空间多孔介质-二氧化碳温度变化机制；根据采空区多孔介质扩散渗流理论、气体扩散运移叠加效应等，建立采空区注二氧化碳防灭火影响因素指标体系，结合质量守恒、能量守恒和动量守恒定律，推导风流场、氧浓度和温度场方程；对比分析现代智能调控技术和二氧化碳防灭火工艺，研究采空区二氧化碳安全智能防灭火技术，为采空区二氧化碳安全智能防灭火技术研究奠定理论基础。

3. 实验研究

设计煤吸附二氧化碳实验装置，开展煤吸附二氧化碳实验，研究煤吸附二氧化碳外部影响因素及其热效应，对比实验与分子模拟结果，验证分子模拟定性定量分析的可行性；开展TG-DSC同步热分析实验，研究煤吸附二氧化碳的阻化作用效果；利用扫描电镜表征松散煤孔隙结构；设计采空区煤自燃二氧化碳扩散运移相似模拟实验平台，研究二氧化碳在采空区高温松散煤体的扩散规律，反演多孔介质二氧化碳吸附场。

4. 分子模拟

利用分子模拟软件建立能量稳定状态煤分子和气体分子模型。基于蒙特卡洛和密度泛函方法，对二氧化碳、氮气和乙烯等分子进行单组分和混合组分吸附模拟，对比吸附能力，研究煤对二氧化碳的微观吸附机理。

5. 数值模拟

利用 Fluent 软件建立采空区三维模型，研究二氧化碳灌注对氧化带宽度的影响以及灌注量和埋管深度对上隅角二氧化碳浓度的影响；建立含相邻采空区三维物理模型，研究工作面与相邻工作面采空区气体运移规律，确定最佳灌注参数，计算液态二氧化碳安全灌注量和相邻采空区二氧化碳泄漏量。

6. 数学建模

建立采空区导通孔隙渗透率三维分布数学模型、采空区气体输运传热数学模

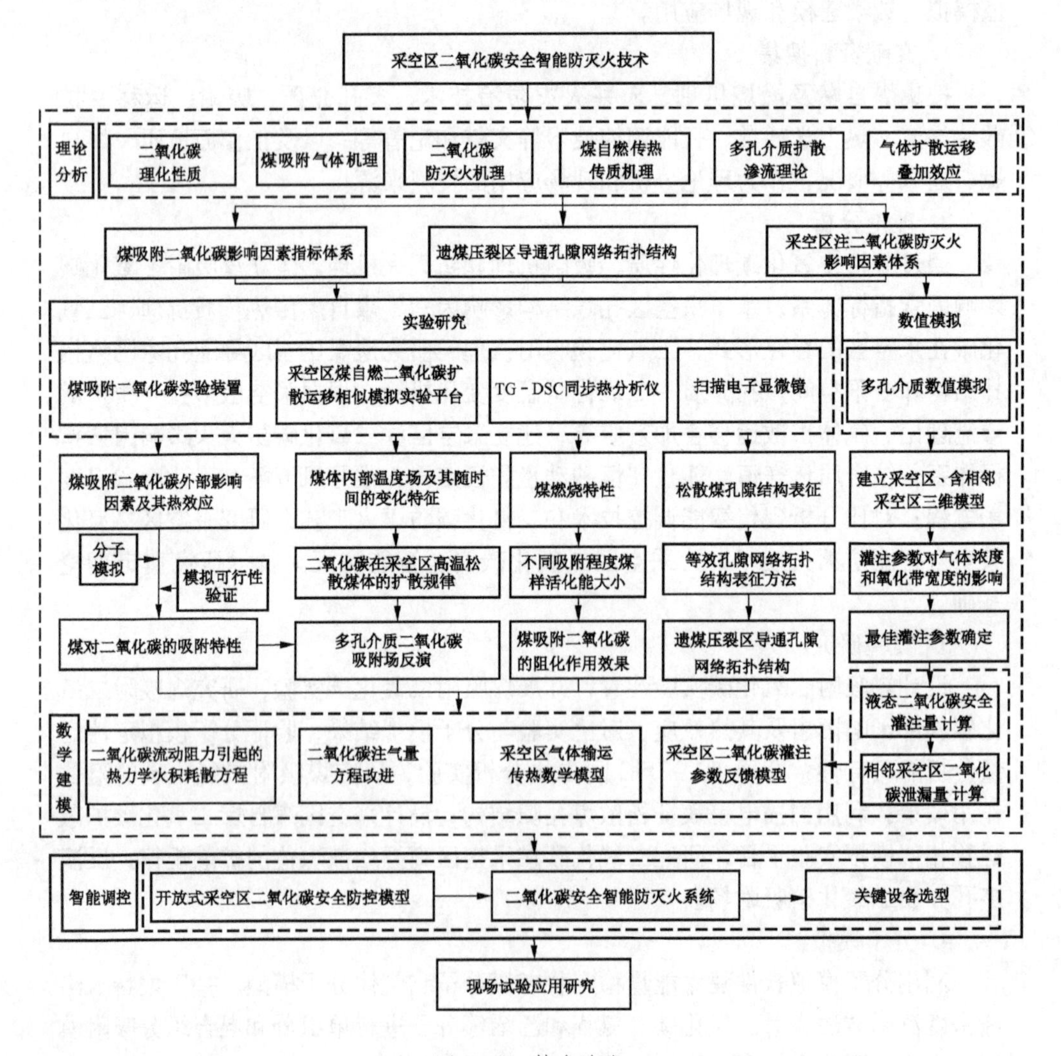

图 1－2　技术路线

型、二氧化碳流动阻力引起的热力学火积耗散方程，研究多孔介质二氧化碳热质耗散机理；通过改进二氧化碳注气量方程，建立基于预测先行与监测数据反馈校正相结合的采空区二氧化碳灌注参数反馈模型以及开放式采空区二氧化碳安全防控模型。

7. 现场应用

设计二氧化碳安全智能防灭火系统，开展二氧化碳灌注安全性能指标自适应调控装置现场应用研究。

1.4.2　技术路线

技术路线如图 1－2 所示。

2　二氧化碳防灭火基础理论

2.1　二氧化碳理化性质

2.1.1　物理性质

二氧化碳是由含碳物质燃烧和动物新陈代谢产生的一种无机物，占大气总体积的0.03%~0.04%，其化学式为CO_2，结构式为C ═ O ═ C，物理参数见表2－1。

表2－1　二氧化碳物理参数

名称（条件）	参数值	单位	名称（条件）	参数值	单位
分子直径	0.35~0.51	nm	分子量	44.01	—
摩尔体积（0 ℃，1 atm）	22.6	L	临界温度	31.4	℃
键长	116	pm	临界压力	7.39	MPa
键能	531.4	kJ/mol	气化热（0 ℃）	235	kJ/kg
电离能	1330.5	kJ/mol	熔化热	198.9	kJ/kg
生成自由能	－394.6	kJ/mol	升华热	151.6	kJ/kg
表面张力（－25 ℃）	9.13	mN/m	蒸汽压（20 ℃）	5.17	MPa
熔点（0.52 MPa）	－56.6	℃	沸点（0.1 MPa）	－78.5	℃
气体黏度	1.0005	mPa·s	水溶性	<0.05	%

二氧化碳有气、液、固3种相态。在标准状况（0 ℃、1 atm）下，气相二氧化碳密度为1.977 kg/m^3，比空气密度大。在低温加压条件下，气相转变为液相，其密度随温度变化较大，－20 ℃时密度为1.01 kg/L，进一步冷却加压制成干冰后，密度为1.56 g/cm^3。气、液、固三相共存的温度和压力分别为－56.6 ℃、0.52 MPa。如图2－1所示，高于－56.6 ℃时，不再存在固相；低于0.52 MPa，不再存在液相。二氧化碳还存在超临界状态（Supercritical状态，简称SC状态），

超临界二氧化碳的物理、化学性质介于气体和液体之间，与液体溶解能力和传热系数相近，与气体黏度系数和扩散系数相近。

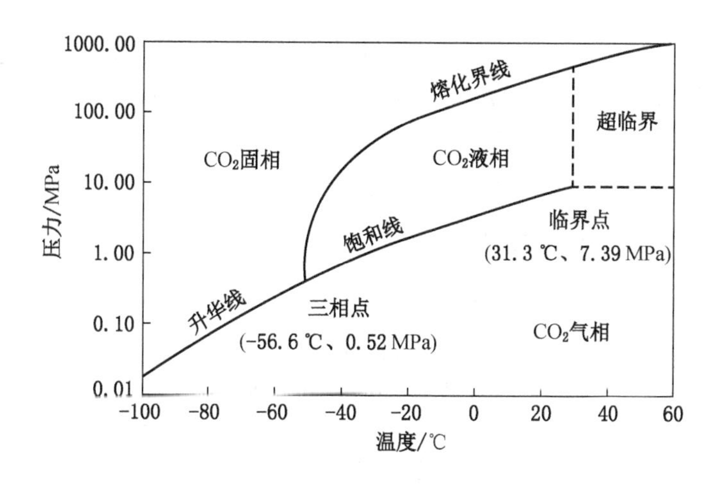

图 2-1　二氧化碳相态变化

气相二氧化碳注入火区后可降低氧气含量，使火区因缺氧而窒息。固相二氧化碳升华时吸热 137 kcal/kg；液相二氧化碳汽化时体积膨胀 450～640 倍，形成 -78.5～-43 ℃的低温环境，变成雪花状的固体干冰，可致皮肤和眼睛冻伤。因此，固相二氧化碳升华、液相二氧化碳汽化时吸收大量热，可降低火区温度，加快熄灭。

2.1.2　化学性质

常温常压下，二氧化碳为无色、略带酸味、无毒的气体。当二氧化碳浓度大于 1% 时会对人体生理反应产生不同程度的影响，见表 2-2。当二氧化碳进入人体血液和组织时，碳酸浓度增大，pH 值减小，容易导致酸中毒。

表 2-2　二氧化碳浓度对人体生理反应的影响

浓度/%	人体生理反应
1	沉闷、注意力不集中、心悸
4～5	眩晕、头疼、耳鸣、恶心呕吐、呼吸不畅
6	严重哮喘，极度虚弱无力
10	滞留数分钟后导致死亡

在化学性质方面，二氧化碳的化学性质不活泼，热稳定性高，不能燃烧，通常也不支持燃烧，低浓度时无毒性。二氧化碳中的碳元素的化合价为+4价，处于碳元素的最高价态，故其具有氧化性而无还原性，但氧化性不强。

二氧化碳化学稳定性高，长期存放不变质，一般不会与其他物质发生化学反应，但在温度极高条件下可与强还原剂发生反应。通常情况下，二氧化碳自身不燃烧，也不支持燃烧，但在点燃条件下可与金属镁反应生成氧化镁和碳，因此，镁着火不可使用二氧化碳灭火。

2.2 煤吸附二氧化碳特性

2.2.1 煤吸附二氧化碳影响因素

煤吸附二氧化碳影响因素包括煤自身因素和外部因素，自身因素包括煤的结构、水分和煤阶，外部因素包括温度、压力和接触时间，如图2-2所示。

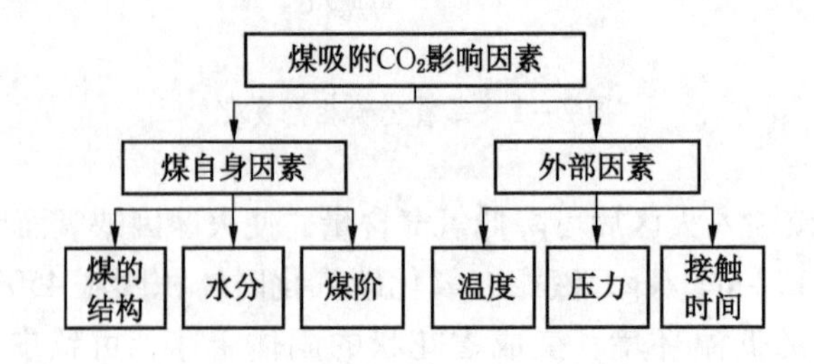

图2-2 煤吸附二氧化碳影响因素

1. 煤自身因素

（1）煤的结构。煤的结构包括化学结构和物理结构。化学结构主要是指煤的分子结构，其影响煤的吸附性能。物理结构主要是指煤的孔隙结构，其影响煤的吸附、力学性质和孔隙中流体的运动状态，包括扩散和渗流，通常用孔隙体积、孔隙分类、煤的比表面积和孔径分布等参数来表征。

（2）水分。水为极性分子，水分子和煤分子间不存在共价键，范德华力是主要作用力。吸附在煤中的水分含量超过临界阈值的部分仅起到水封作用，覆盖在煤的表面，对吸附进程没有影响。煤对水分的吸附为极性吸附，对二氧化碳的吸附为无差别吸附。因此，水分对煤吸附能力影响的本质是通过优先占据极性吸附位，改变有效吸附位数量，从而控制气体在煤表面的吸附量。

（3）煤阶。煤的变质程度是指在温度、压力、时间及其相互作用下，煤的物理、化学性质变化的程度，以煤阶来表征。随着煤的变质程度增大，煤对二氧

化碳气体的吸附能力先减小后增大，呈U形分布，主要受微孔（<10 nm）及其比表面积影响。煤的变质程度增加，煤分子偶极矩减小，苯环排列的紧密程度增强，煤分子结构对称性加强，吸附位点趋向体系中心，气体分子占据吸附位的数量及其与煤分子之间的距离对煤的吸附能力产生影响。

2. 外部因素

（1）温度。吸附势垒是指煤分子和二氧化碳分子相互作用能的代数和。煤对二氧化碳的吸附能力随着温度的增加而减小。当煤－二氧化碳体系温度升高时，气体分子无规则运动剧烈，分子间碰撞程度加剧，其吸附动能增加，大于吸附势垒的机会增多，分子在煤表面的停留时间减少，所以吸附能力减弱。

（2）压力。增加压力有利于气体吸附，降低压力有利于气体解吸。在低压阶段，吸附量随着压力的增加呈线性增长趋势。压力继续增加，二氧化碳分子对煤的撞击几率和煤的吸附速度增大，煤表面气体分子排列的稠密度增加。当压力增大到一定程度，煤对二氧化碳气体的吸附能力达到最大值。

（3）接触时间。二氧化碳和煤接触时间的长短影响煤的吸附能力。二氧化碳和煤充分接触达到平衡才能最大限度发挥其吸附能力。温度和压力变化也会对二氧化碳和煤的接触时间产生影响。

2.2.2　吸附分类

气固吸附是指多孔固体吸附剂将混合气体中的一种组分或多种组分浓缩在其表面，分离其他组分的过程。根据结合形式不同，可将吸附分为吸收和吸着。吸收指气体分子在较高的气体压力作用下进入煤分子团内部，类似于气体溶解于液体的现象。吸着指气体分子在分子间引力下吸附于煤体孔隙表面上，形成薄膜状附着层。根据作用类型不同，可将吸附分为物理吸附和化学吸附，其特点见表2－3。

表2－3　物理吸附和化学吸附特点

性质	物　理　吸　附	化　学　吸　附
作用力	范德华力	化学键力
吸附热	近于液化热（<40 kJ/mol）	与化学反应热同数量级，80～400 kJ/mol
吸附速率	吸附、脱附快	比物理吸附慢
选择性	无选择性	具有选择性，高度的专属性
吸附层厚度	单层吸附、多层吸附	仅限于单分子层或单原子层

表 2-3（续）

性质	物理吸附	化学吸附
结构	变化不大、不形成新化学键	形成新化学键
吸附态光谱	红外和紫外观测中无新峰出现，但可能出现峰移动或原吸收峰强度发生改变现象	在紫外、红外或可见光的光谱区产生新的吸收峰
压力	相对压力≥20.01 时才有显著效果	较物理吸附压力低
吸附性质	全脱附（可逆）	脱附困难，常伴有化学变化（不可逆）
活化能	自发进行，不需要活化能	需要活化能
影响因素	压力、温度和表面积的大小	固体表面的特殊性质

2.2.3 等温吸附曲线类型

通常用等温吸附曲线表示一定温度下吸附量和压力的关系，压力为横坐标，吸附量为纵坐标。Brunauer 将气固等温吸附曲线分为 5 类，Gregg 在 BDDT 分类基础上增加了Ⅵ型等温吸附曲线（图 2-3），6 类等温吸附曲线存在差异，其特点见表 2-4。

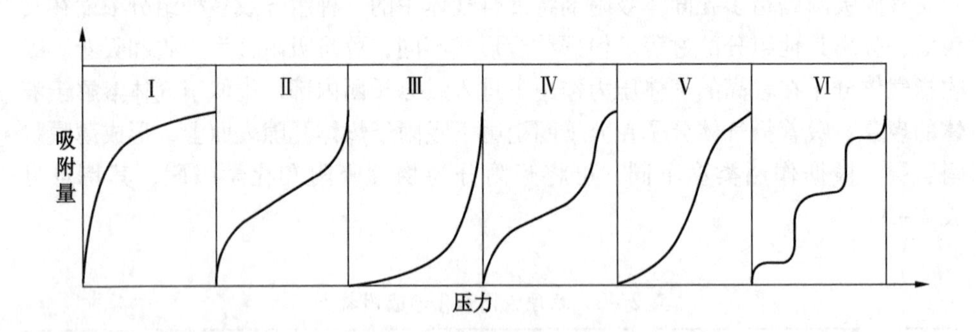

图 2-3　等温吸附曲线

表 2-4　等温吸附曲线特点

类型	分子层	孔隙结构	特　点
Ⅰ型	单层	微孔	满足 Langmuir 等温吸附曲线
Ⅱ型	单层、多层	过渡型孔、大孔	又称 BET 型等温线，没有饱和点

表2-4（续）

类型	分子层	孔隙结构	特　　点
Ⅲ型	多层	大孔	气固分子间的吸附作用力小于气体分子；低压区吸附量少，高压区吸附量迅速增加
Ⅳ型	多层	—	吸附质在某个相对压力时发生毛细凝聚，等温吸附曲线迅速上升；有滞后圈
Ⅴ型	多层	多孔固体	表面相互作用与Ⅲ型相同，有滞后圈
Ⅵ型	多层	孔隙结构较复杂	呈多个阶梯状，吸附较复杂，一般不常见

2.2.4 吸附计算模型

理想气体状态方程：

$$PV = n\mathrm{R}T \tag{2-1}$$

式中，P 为绝对压力，MPa；V 为气体体积，cm^3；n 为气体摩尔数，mol；R 为气体常数，J/(mol·k)；T 为绝对温度，K。

根据各压力点平衡前后气体的摩尔数计算煤体吸附气体的摩尔数，即：

$$n = n_1 - n_2 \tag{2-2}$$

式中，n_1 为平衡前气体的摩尔数，mol；n_2 为平衡后气体的摩尔数，mol。

各压力点吸附气体的总体积为：

$$V_i = n_i \times 22.4 \times 1000 \tag{2-3}$$

式中，V_i 为吸附气体总体积，cm^3。

各压力点的吸附量：

$$V_{吸附量} = \frac{V_i}{G_c} \tag{2-4}$$

式中，$V_{吸附量}$为吸附量，cm^3/g；G_c 为煤样质量，g。

过剩吸附是指吸附相中超过气相密度的过剩量，即绝对吸附量+自由相-自由空间体积与自由相密度相等的量，如图2-4所示。过剩吸附量：

$$V_{ex} = V_{ab}\left(1 - \frac{\rho_{free}}{\rho_{ad}}\right) \tag{2-5}$$

式中，V_{ex}为过剩吸附量，cm^3/g；V_{ab}为绝对吸附量，cm^3/g；ρ_{free}为自由相密度，g/cm^3；ρ_{ad}为吸附相密度，g/cm^3。

Langmuir 单分子层吸附模型、吸附势模型、克劳修斯-克拉贝龙(Clausius-Clapeyron）吸附热模型是常见吸附计算模型。单分子层吸附理论基于以下假设：

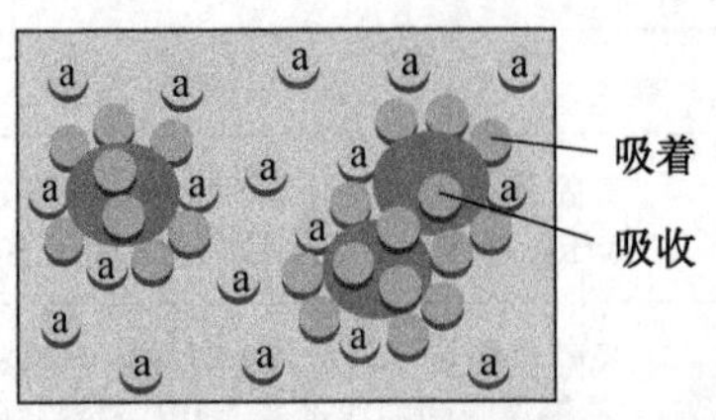

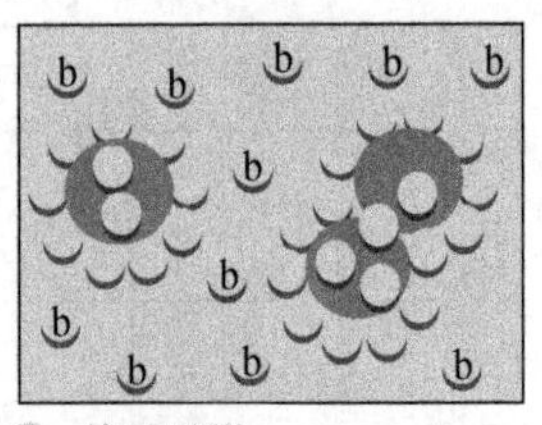

图2-4　吸附概念模型

一是固体表面的原子力场未饱和，具有吸附能力；二是固体表面吸附的气体分子间存在相互作用力；三是吸附为单分子层吸附，吸附满一层之后不再进行吸附；四是固体表面均匀吸附气体，吸附热不变。

基于上述假设和气体分子运动理论，Langmuir 单分子吸附理论：

$$V=\frac{V_m bP}{1+bP} \tag{2-6}$$

式中，V 为吸附平衡压力下的吸附量，m^3/g；V_m 为极限吸附量，又称 Lamguir 体积，m^3/g；P 为吸附平衡压力，MPa；b 为吸附平衡常数，MPa^{-1}，吸附平衡常数和极限吸附量取决于吸附剂和吸附质所构成体系的综合吸附性能。

Langmuir 方程：

$$\frac{P}{V}=\frac{P}{V_m}+\frac{P_m}{V_m} \tag{2-7}$$

式中，P_m 为 Langmuir 压力，MPa。

以 P 为横坐标，以 P/V 为纵坐标绘制散点图，求出线性回归方程和相关系数 R。根据直线的斜率和截距得到 Langmuir 体积和压力。

吸附势是指单位摩尔质量的吸附质在固体表面进行吸附时从气相转移到吸附层所做的功。该理论认为气体在多孔固体表面的吸附是物理吸附，受色散力作用，与温度无关。因此，在相同吸附体系中，吸附势与吸附相平衡条件下的体积之间的关系不受温度影响，即二者之间的关系曲线表述单一，称为吸附特性曲线（$\varepsilon-V_{ad}$）。吸附势：

$$\varepsilon=\mathrm{R}T\ln\left(\frac{P_0}{P_i}\right) \tag{2-8}$$

式中，ε 为吸附势，J/mol；P_0 为固体表面吸附层的压力，MPa；P_i 为理想气体

的恒温平衡压/理想气体被吸附时的压力，MPa。

吸附相体积：

$$V_{ad}=\frac{m}{\rho_{ad}}=\frac{V_{吸附量}\times 44}{22400\times\rho_{ad}} \tag{2-9}$$

式中，V_{ad}为吸附相平衡条件下的体积，cm^3/g；m 为吸附气体的质量，g。

吸附热是指煤分子与二氧化碳分子进行物理吸附时，范德华力弱，熵值降低，失去部分自由能释放出的热量。等量吸附热是指一定量二氧化碳气体分子从游离态变为吸附态释放的热量，可以反映煤和二氧化碳之间的吸附类型和吸附强弱。等量吸附热有直接法和间接法 2 种获取方式，直接法测量难度较大，通常通过 Clausius - Clapeyron 方程进行理论计算得到二氧化碳气体在煤表面的吸附热数据。吸附热计算式：

$$\ln P=-\frac{\Delta H}{RT}+C \tag{2-10}$$

式中，ΔH 为等量吸附热，J/mol；C 为常数。

将吸附等温曲线转换成等量吸附曲线，以 T^{-1} 为横坐标，$\ln P$ 为纵坐标进行线性拟合，求出吸附线斜率和相关系数 R^2，根据吸附线斜率得到等量吸附热数据。在煤 - 二氧化碳吸附体系中，煤吸附二氧化碳是自由焓减少的自发过程，即气体从无序向有序状态过渡，吉布斯自由能 $\Delta G<0$，吸附熵减小 $\Delta S<0$。由 $\Delta G=\Delta H-T\cdot\Delta S$ 可知，焓变恒为负值，即 $\Delta H<0$。因此，吸附反应是一种放热反应。

2.3 二氧化碳抑制煤自燃惰化特征

2.3.1 二氧化碳防灭火机理

二氧化碳防灭火速度快，可在短时间内扑灭隐蔽火源和明火，广泛应用于各类火灾的治理，其对煤自燃过程的抑制机理主要体现为：

1. 惰化窒息作用

惰化窒息作用主要包括覆盖隔氧和正压驱氧 2 个作用机理。二氧化碳为惰性气体，与采空区内混合气体中的其他气体相比，二氧化碳比重更大，更易沉降在空间下部。当二氧化碳连续注入采空区等相对封闭的受限空间后会进行扩散运动，稀释空间中的氧气浓度。二氧化碳受风流干扰较小，能够沉降在采空区底部，形成惰化带，也可以在煤表面形成保护层，阻隔煤与氧气接触，使遗煤表面因氧含量不足而无法发生自燃。当氧气浓度低于 5% 时，可有效抑制煤的阴燃和复燃。正压驱氧机理是指大量二氧化碳气体在受限空间中积聚和扩散会使气体静压增大，保持正压，从而减少漏风流入。此外，二氧化碳使受限空间中危险区域的爆炸性气体浓度降低，失去爆炸性。

2. 吸附阻化作用

煤是一种天然的多孔固体吸附剂，孔隙空间为吸附质提供场所，不同吸附质的吸附能力和吸附速度存在差异。通常吸附质气体的临界温度和沸点越高，越容易扩散和吸附。气体临界温度和沸点参数见表2－5。

表2－5 气体临界温度和沸点参数统计

气 体	二氧化碳（CO_2）	甲烷（CH_4）	一氧化碳（CO）	氮气（N_2）
临界温度/K	304.2	191.1	132.8	126.2
沸点/K	194.7	109.2	81.5	77.4

由表2－5可知，煤对气体吸附能力的排序为：$CO_2 > CH_4 > CO > N_2$。煤对二氧化碳的饱和吸附量为48 L/kg，是氧气在煤表面达到饱和吸附量的6倍。当大量二氧化碳注入采空区时，二氧化碳迅速吸附在煤岩体表面及其内部孔隙，抢夺煤岩体已经吸附的氧气吸附位，同时包裹隔离遗煤，减小煤和氧气接触的机会，抑制或减缓煤的氧化。由于煤对二氧化碳的吸附能力强于甲烷和氮气等气体，当同时向采空区注入上述几种吸附质气体时，二氧化碳率先吸附在煤体表面，阻断煤氧结合进程，链式反应失去活性而终止。

3. 冷却降温作用

液态二氧化碳从储罐口释放后压力骤降，从液相转化为气相。二氧化碳气体吸热快，散热也快，注入采空区的二氧化碳覆盖在煤岩体表面，迅速将采空区内积聚的热量吸收，使得遗煤氧化产生的热量不能积聚，从而抑制采空区遗煤自燃。当温度低于－78 ℃时，一部分二氧化碳从气相转化为固相（即“干冰”）。干冰可以迅速吸收热量升华，冷却危险区域，从而阻止燃烧。

2.3.2 二氧化碳吸附阻化微观机制

煤是一种由缩合芳香环通过三维空间交联而形成的一种大分子有机岩，其大分子结构如图2－5所示。煤的孔隙结构很大程度上决定了煤的物理性质，尤其是吸附、脱附特性。煤的孔隙率与煤化程度、煤的裂隙有关。研究表明，煤的孔隙率随煤化程度的变化呈开口向上的凹型曲线，含碳量至88%时孔隙率最低，仅有3%左右。

煤自燃氧化开始于煤对氧的物理吸附，吸附的氧气在煤表面做短暂停留，释

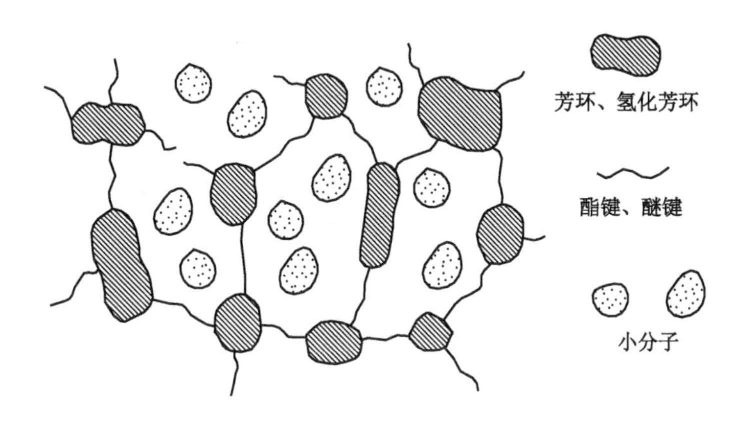

图2-5 煤大分子结构

放一定热量，为煤和氧的化学吸附提供能量。吸附过程中部分氧分子在一定条件下脱离煤表面返回气相，部分氧分子转入化学吸附。在不受其他因素影响时，煤和氧之间进行动态吸附，逐渐形成化学键作用力，直至达到吸附平衡。

二氧化碳对煤存在较强的吸附选择性。无论是对单组分气体吸附还是对混合气体吸附，二氧化碳的吸附量远高于其他气体（氮气、氧气、甲烷）。一是因为煤对二氧化碳的吸附是物理吸附，主要作用力是范德华力。相比于对氮气、氧气和甲烷，煤分子与二氧化碳的相互作用能高，分子作用力更稳固。二是因为煤分子表面的吸附位点优先被二氧化碳占据，更容易进入煤内部的孔隙结构。进入煤的孔隙结构中的二氧化碳气体会优先与苯环、含氧官能团发生相互作用。

对于苯环，煤分子与二氧化碳分子相互作用时，二氧化碳分子以平行于煤表面的方式进行吸附作用最大。苯环和二氧化碳分子相互作用时模型如图2-6所示。

对于含氧官能团，二氧化碳具有极强的四极矩和极化率，易与极性含氧官能团相互作用。二氧化碳与含氧官能团的吸附能均大于氧气、氮气。氮气和氧气是原子上没有电荷的非极性双原子分子，物理吸附主要取决于范德华力，而二氧化碳在原子上具有电荷，物理吸附受静电力和范德华力影响。煤分子的部分含氧官能团具有氢键，如—OH，更容易吸附二氧化碳，且吸附相对集中，主要发生在含氧官能团附近，在褐煤中最显著。二氧化碳临界温度高，密度高于氮气、氧气，吸附效率更高，当压力较低时可以吸附更多气体分子。二氧化碳、氧气和氮气与—COOH的吸附能绝对值均远高于其他含氧官能团，表明—COOH对二氧化碳、氧气和氮气具有较强的吸附能力。

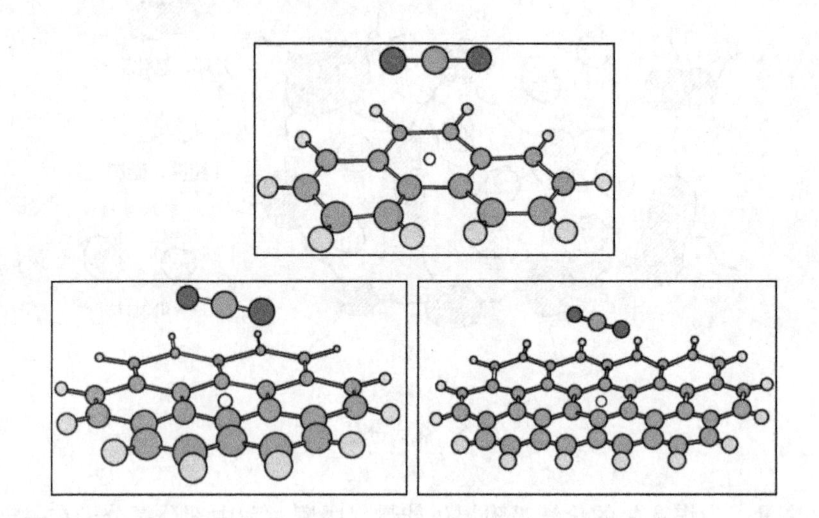

图 2-6 苯环和二氧化碳分子相互作用模型

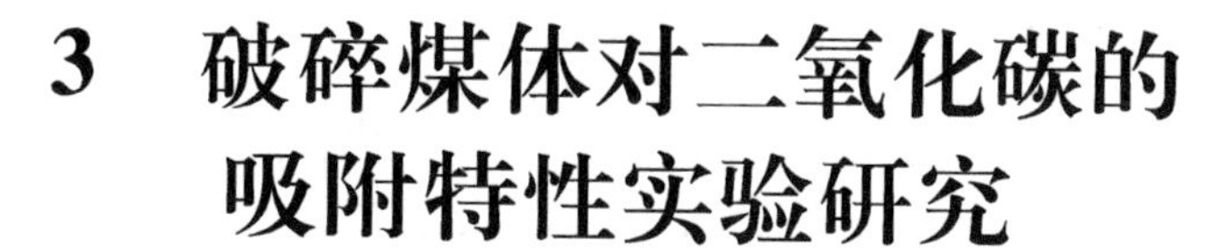

3　破碎煤体对二氧化碳的吸附特性实验研究

3.1　煤吸附实验装置设计

3.1.1　设计思路

目前二氧化碳吸附研究的主要目的是对温室气体二氧化碳进行地质封存或者利用二氧化碳驱替煤层中的瓦斯以实现煤层气开发。多数学者依托德国和美国等地进口的等温吸附仪来实现粒径为 0.18～0.2 mm 煤样的吸附量测定，压力范围为 0～30 MPa，温度范围在 30～100 ℃之间。等温吸附仪成本高昂，对于改变实验条件进行研究存在一定局限性，尤其体现在针对煤粉的研究，与实际生产条件相差甚远。基于此，设计煤吸附二氧化碳实验装置。设计思路如下：

（1）研究目的：当前对于防灭火技术参数优化问题的研究较多，往往忽略了煤吸附对于二氧化碳注入量设计的影响，注入量不足将会影响防灭火效果，注入量过多二氧化碳气体会涌向工作面，产生影响系统安全和人员安全的风险。煤吸附二氧化碳的研究为注气环节中注气量的科学设计以及采空区火灾的早期预防提供理论依据。

（2）研究方法：受限于现场苛刻的条件，实验研究是获得煤吸附二氧化碳规律及相关模型的有效手段，通过控制变量法对除实验因素外所有影响实验结果的其他因素进行排除。

（3）装置本身设计：装置成本低，实验操作简单，可重复操作，装置的适用性打破了仅针对煤粉的吸附研究。

3.1.2　装置设计原理

在固－气物理吸附领域，通常通过实验研究温度、压力和吸附量之间的关系。高压容积法是最为常用的一种研究煤对气体物理吸附的方法，其原理如图 3－1 所示。

吸附实验开始前计算盛煤样品罐内自由空间体积。煤样体积计算式：

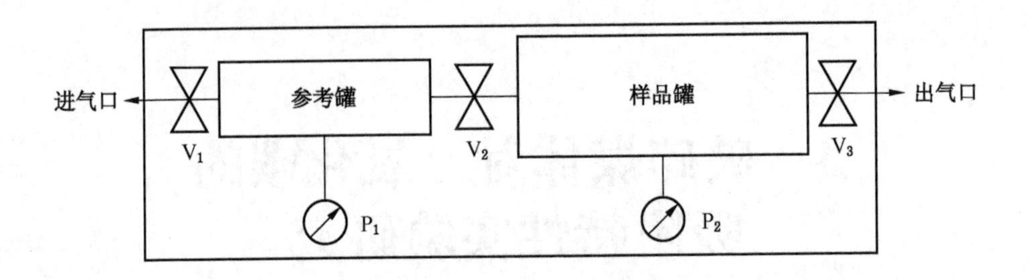

图 3-1　容积法装置原理示意

$$V_S=\frac{(P_2\times V_2)/(Z_2\times T_2)+(P_3\times V_3)/(Z_3\times T_3)-(P_1\times V_1)/(Z_1\times T_1)}{P_2/(Z_2\times T_2)-P_1/(Z_1\times T_1)} \tag{3-1}$$

式中，V_S 为煤样体积，cm^3；P_1 为平衡后压力，MPa；P_2 为参考缸初始压力，MPa；P_3 为样品缸初始压力，MPa；T_1 为平衡后温度，K；T_2 为参考缸初始温度，K；T_3 为样品缸初始温度，K；V_1 为系统总体积，cm^3；V_2 为参考缸体积，cm^3；V_3 为样品缸体积，cm^3；Z_1 为平衡条件下气体的压缩因子；Z_2 为参考缸初始气体的压缩因子；Z_3 为样品缸初始气体的压缩因子。

样品缸内自由空间体积计算式：

$$V_f=V_0-V_S \tag{3-2}$$

式中，V_f 为自由空间体积，cm^3；V_0 为样品缸总体积，cm^3。

吸附量计算见第 2 章。在标准状况下，利用气体体积计算吸附量时，煤对气体的吸附量 22.4 cm^3/g 换算成物质的量为 1 mmol/g。

3.1.3　装置组成及功能

煤吸附二氧化碳实验装置包括进气系统、抽气系统、数据采集模块、空间调节模块和出气系统，如图 3-2 所示。装置设计示意如图 3-3 所示。

(1) 进气系统由液态二氧化碳钢瓶、减压阀、流量计和注气管路组成，通过连通管路向煤样罐内充入二氧化碳气体。

(2) 抽气系统由真空泵和抽气管路组成，对实验装置内部进行脱气处理，排除无关气体干扰。

(3) 数据采集模块包括温度传感器、智能多路巡检仪、温度控制器、压力测试仪，其中温度传感器与智能多路巡检仪和温度显示系统连接，用于采集、监测和显示温度；温度控制器控制温度；压力测试仪具有采集、监测和显示压力数

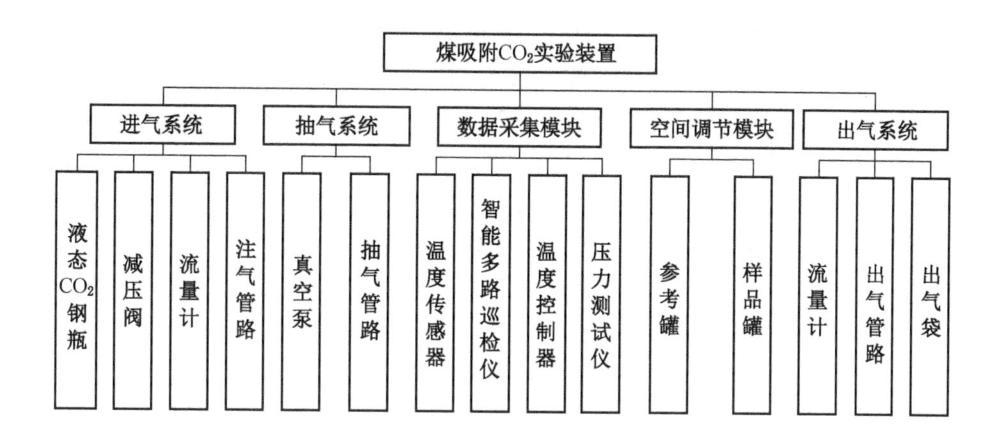

图3-2　装置构成

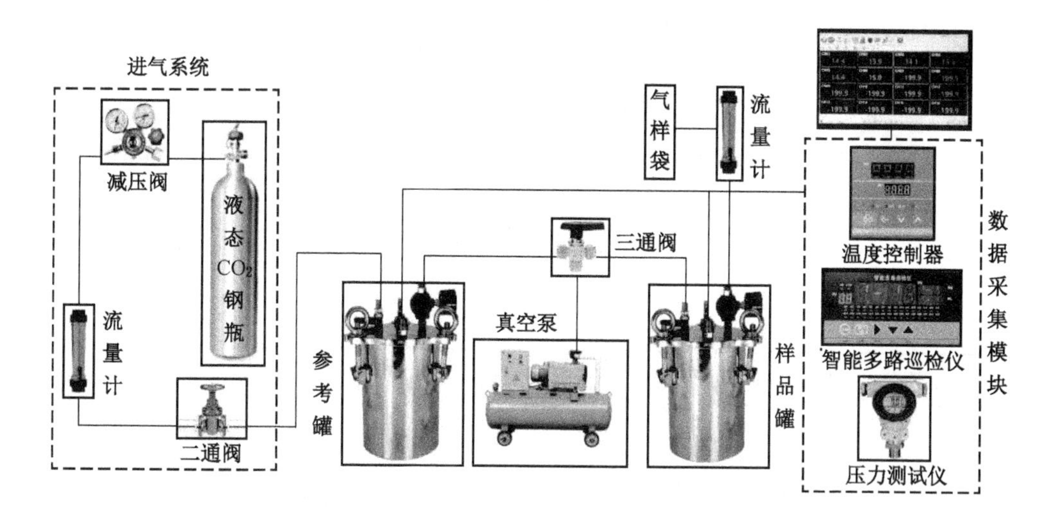

图3-3　装置设计示意图

据的功能。

（4）空间调节模块包括参考罐和样品罐，由圆柱形中空罐体和罐盖组成，碳钢材料制成，连接处设有密封圈，罐体和罐盖上预留监测点布置孔口，在罐体内和罐盖上布设目数小于实验煤样的铁丝网，防止细煤堵塞管路或出气口。

（5）出气系统由流量计、出气管路和气样袋组成，当充入煤中的二氧化碳气体吸附平衡后，排出煤样罐内剩余二氧化碳气体，气样袋收集二氧化碳气体。

图3－4为实验装置实物图。煤样罐为圆柱形中空结构腔体，由碳钢材料制成，容量为5 L。罐体高度为270 mm，直径155 mm，通过4个拉环固定罐体和罐盖。罐盖内为凹槽设计，配置耐高温密封圈，以保证高密封性不漏气。在罐盖上布置有6个尺寸为G1/4的内螺纹孔口，分别作为进气系统、出气系统、抽气系统、加热点以及温度和压力采集点，通过热电偶与智能多路巡检仪和温度显示系统连接，实时采集、监测、显示和记录各测点的温度数据，数据记录间隔为5 s。实验主要仪器规格及功能见表3－1。

图3－4　实验装置

表3－1　实　验　仪　器

仪器	规　格	作　用	仪器现场图
压力变送器	HYP300，0～2.5 MPa，4～20 mA	采集压力	
压力记录仪	HY－R200T	监测、显示和存储压力	

表3-1（续）

仪　器	规　格	作　用	仪器现场图
温度控制器	CHB702	控制加热温度	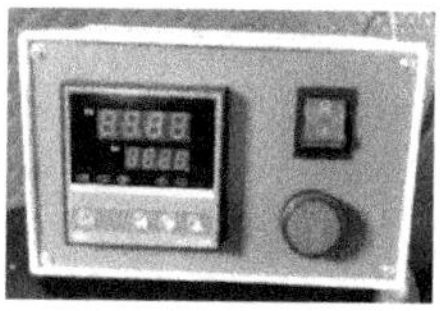
智能多路巡检仪	CR-MDD832	与温度显示系统相连，监测、显示和记录温度	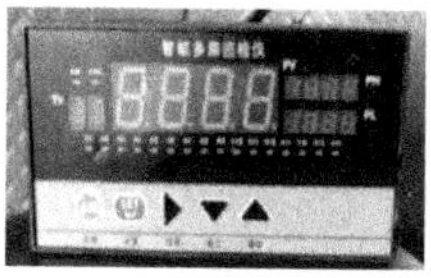
热电偶	K型，测温范围 0～600 ℃	采集温度	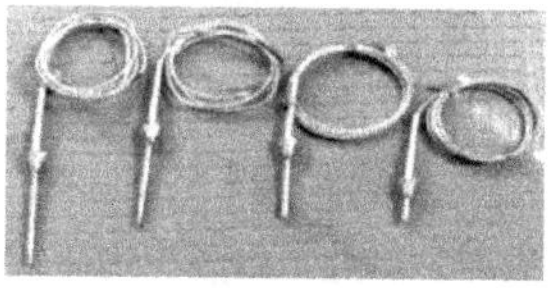
加热棒	ϕ8×150 mm，电压 220 V，功率 700 W	加热煤体	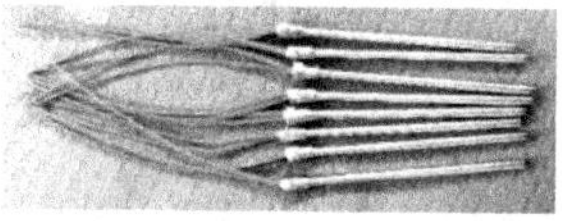
真空泵	藤原负压无油真空泵	脱气处理	
浮子流量计	0～15 L/min	注气流量控制	
数显流量计	0～2 L/min	监测瞬时流量和累积流量	

表3-1（续）

仪器	规格	作用	仪器现场图
铁丝网	200目	防止煤过细堵塞管路	

3.2 实验流程及条件

3.2.1 煤样采集与制备

按《煤层煤样采取方法》(GB/T 482—2008）采集煤样。煤样制备工艺如图3-5所示，用密封袋包裹煤样并装入运输箱，密封运送至实验室，防止因接触空气而发生氧化变质。使用颚式破碎机，型号为TJEP-3，将块状煤破碎为粒径0~30 mm的混合煤样。破碎筛分煤体，制备实验所需粒径的煤样，分类贴标签，做好编号，并密封保存。

图3-5　煤样制备工艺

3.2.2 实验过程与方法

（1）连接实验系统，将煤装入煤样罐内，检查装置的气密性；对装煤前后的煤样罐进行称重，记录煤重；进行自由空间体积测定，校正样品体积。

（2）关闭除抽气系统以外所有管路的阀门，使用真空泵对腔体进行脱气，脱气完成后关闭抽气管路的阀门。

（3）充气至0.01 MPa，调节并开启温度控制器，等待热电偶监测温度达到预设温度±5 ℃，关闭温度控制器，等待10~20 min，排除加热棒的余温对实验数据的影响。

（4）打开进气系统阀门，通过减压阀调节管道出口压力，将流量计调整至稳定状态，向腔体注入二氧化碳气体至预设压力，当压力稳定不变时认为吸附达到平衡，期间记录开始和结束注气时间、平衡前后压力及相应时间数据。

（5）待一组实验结束后，打开出气管路的阀门，采集排出的二氧化碳气体，记录开始和结束排气时间以及流量。根据表3－3所列实验条件，重复实验流程，完成实验。

（6）结束实验，整理并分析数据。

3.2.3　煤样条件及实验方案

采集我国3个不同区域煤样，分别记为CC、ZJ和QYZ。其中ZJ和QYZ均为烟煤煤样。根据《煤的工业分析方法》（GB/T 212—2008）对粒径为0.1～0.15 mm的煤样进行工业分析。工业分析结果见表3－2。

表3－2　工　业　分　析

名称	M_{ad}/%	A_{ad}/%	V_{ad}/%	FC_{ad}/%
CC	3.442	6.917	31.796	57.845
ZJ	2.006	11.431	29.158	57.405
QYZ	1.943	12.238	24.997	60.822

利用工业分析确定了其水分含量，筛分同一范围粒径保证其物理结构，开展煤吸附实验研究采空区温度、压力和吸附平衡时间对煤吸附二氧化碳特性的影响。实验条件见表3－3。

表3－3　实　验　条　件

名称	粒径/mm	温度/℃	平衡压力/MPa
CC	[1.0，1.25)	30、50	0.1～0.7（间隔0.1）
	[0.2，0.3)	30、40、50、60	0.1～0.7（间隔0.1）
	[1.25，30)	30、50、70、90、110、130、150	0.1
QYZ	0.1～0.2	30	0.2～2.5（间隔0.5）

3.3 煤吸附二氧化碳特性研究

3.3.1 外部因素对煤吸附二氧化碳的影响

1. 吸附量与压力的关系

当平衡压力为0.1~0.7 MPa时，分别绘制不同温度下粒径为1.0~1.25 mm和0.2~0.3 mm CC煤样的吸附量与压力的关系曲线，如图3-6所示。

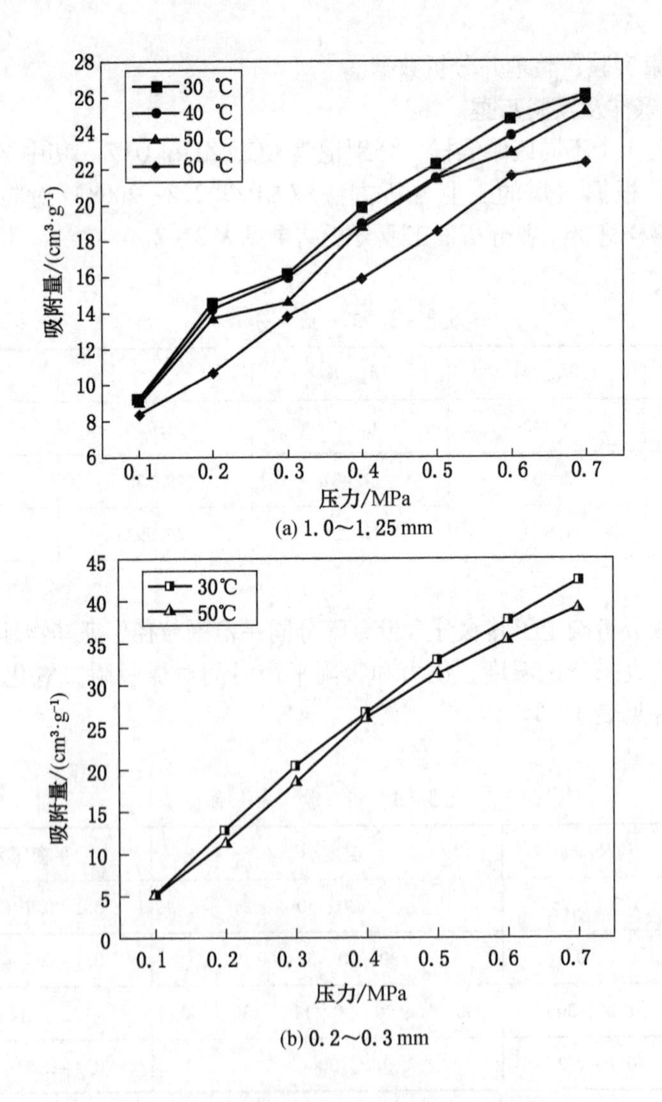

图3-6 CC煤样吸附量与压力的关系曲线

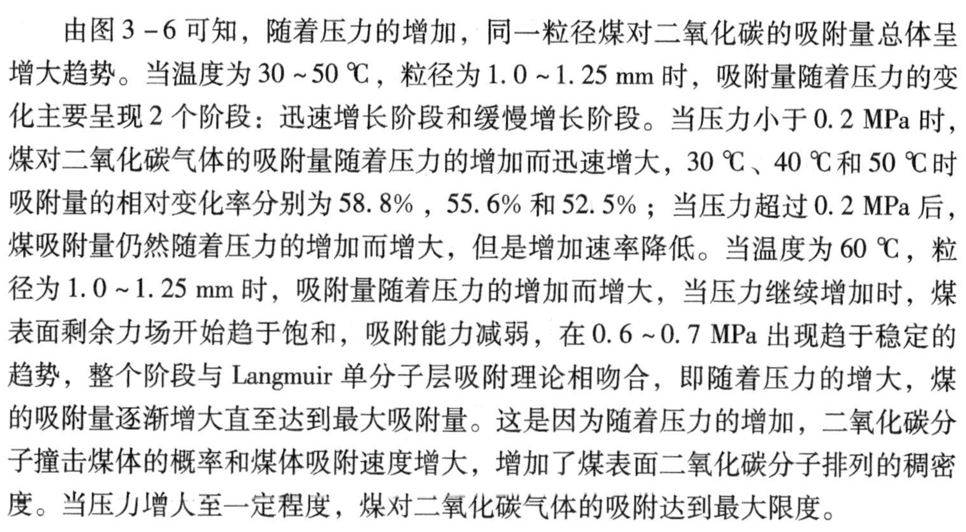

由图3-6可知，随着压力的增加，同一粒径煤对二氧化碳的吸附量总体呈增大趋势。当温度为30~50 ℃，粒径为1.0~1.25 mm时，吸附量随着压力的变化主要呈现2个阶段：迅速增长阶段和缓慢增长阶段。当压力小于0.2 MPa时，煤对二氧化碳气体的吸附量随着压力的增加而迅速增大，30 ℃、40 ℃和50 ℃时吸附量的相对变化率分别为58.8%，55.6%和52.5%；当压力超过0.2 MPa后，煤吸附量仍然随着压力的增加而增大，但是增加速率降低。当温度为60 ℃，粒径为1.0~1.25 mm时，吸附量随着压力的增加而增大，当压力继续增加时，煤表面剩余力场开始趋于饱和，吸附能力减弱，在0.6~0.7 MPa出现趋于稳定的趋势，整个阶段与Langmuir单分子层吸附理论相吻合，即随着压力的增大，煤的吸附量逐渐增大直至达到最大吸附量。这是因为随着压力的增加，二氧化碳分子撞击煤体的概率和煤体吸附速度增大，增加了煤表面二氧化碳分子排列的稠密度。当压力增大至一定程度，煤对二氧化碳气体的吸附达到最大限度。

2. 吸附量与粒径的关系

当平衡压力为0.1~0.7 MPa时，选取粒径为1.0~1.25 mm和0.2~0.3 mm，在温度为30 ℃和50 ℃条件下进行实验，绘制不同粒径CC煤样在30 ℃和50 ℃时吸附量与压力的关系曲线，对比分析煤对二氧化碳吸附量与粒径的关系，如图3-7所示。

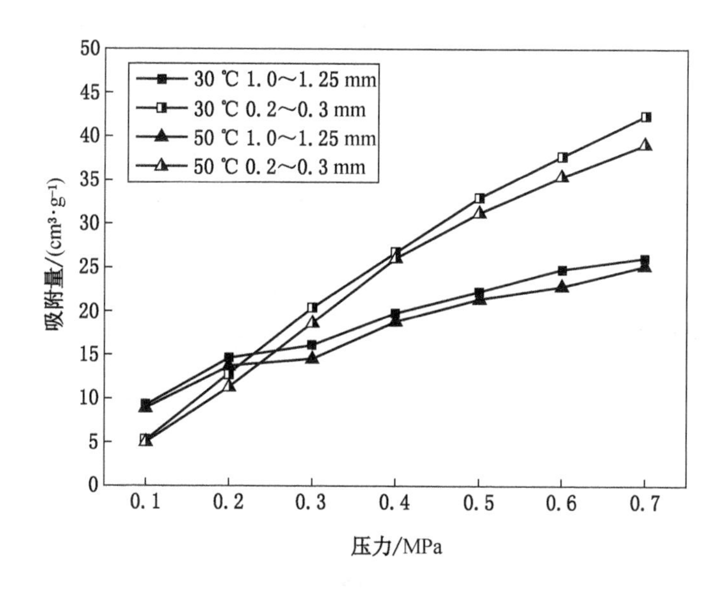

图3-7　不同粒径CC煤样吸附量与压力的关系曲线

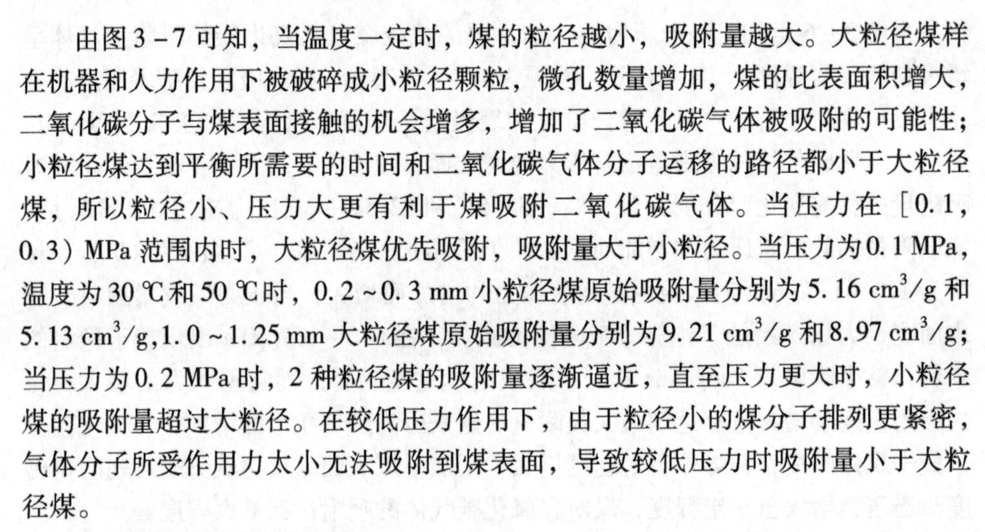

由图 3 - 7 可知，当温度一定时，煤的粒径越小，吸附量越大。大粒径煤样在机器和人力作用下被破碎成小粒径颗粒，微孔数量增加，煤的比表面积增大，二氧化碳分子与煤表面接触的机会增多，增加了二氧化碳气体被吸附的可能性；小粒径煤达到平衡所需要的时间和二氧化碳气体分子运移的路径都小于大粒径煤，所以粒径小、压力大更有利于煤吸附二氧化碳气体。当压力在［0.1, 0.3）MPa 范围内时，大粒径煤优先吸附，吸附量大于小粒径。当压力为 0.1 MPa，温度为 30 ℃和 50 ℃时，0.2 ~ 0.3 mm 小粒径煤原始吸附量分别为 5.16 cm^3/g 和 5.13 cm^3/g，1.0 ~ 1.25 mm 大粒径煤原始吸附量分别为 9.21 cm^3/g 和 8.97 cm^3/g；当压力为 0.2 MPa 时，2 种粒径煤的吸附量逐渐逼近，直至压力更大时，小粒径煤的吸附量超过大粒径。在较低压力作用下，由于粒径小的煤分子排列更紧密，气体分子所受作用力太小无法吸附到煤表面，导致较低压力时吸附量小于大粒径煤。

3. 吸附量与温度的关系

在常压条件下，绘制粒径为 1.0 ~ 1.25 mm、0.2 ~ 0.3 mm 和 ≥1.25 mm 3 种粒径 CC 煤样对二氧化碳的吸附量与温度的关系曲线，如图 3 - 8 所示。考虑到压力传感器本身的耐温性，以及采空区煤自燃注二氧化碳对温度场分布影响的动态模拟平台中设计采用的煤粒径范围，拆卸压力传感器，选取粒径不小于 1.25 mm 的煤常压条件下的温度与吸附量数据，绘制散点图，并进行非线性曲线

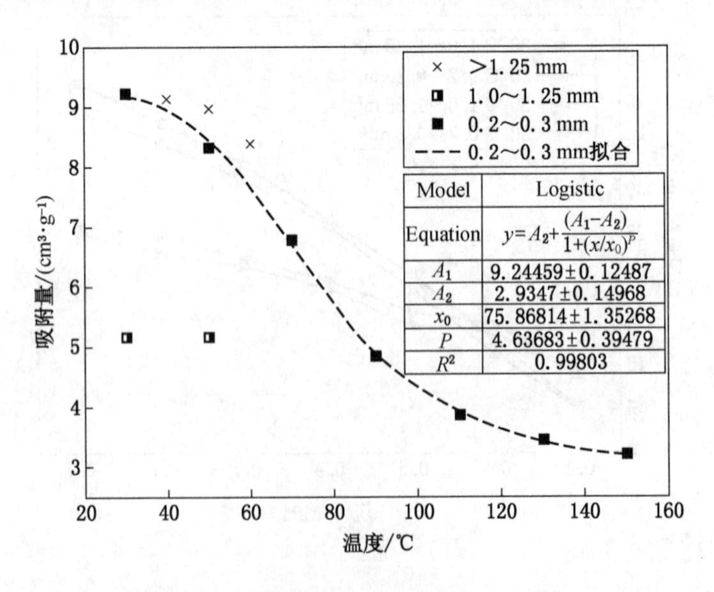

图 3 - 8　CC 煤样吸附量与温度的关系曲线

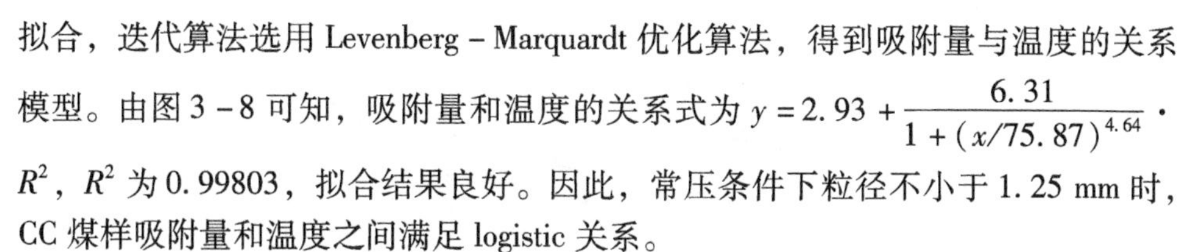

拟合，迭代算法选用 Levenberg – Marquardt 优化算法，得到吸附量与温度的关系模型。由图 3 – 8 可知，吸附量和温度的关系式为 $y = 2.93 + \dfrac{6.31}{1 + (x/75.87)^{4.64}} \cdot R^2$，$R^2$ 为 0.99803，拟合结果良好。因此，常压条件下粒径不小于 1.25 mm 时，CC 煤样吸附量和温度之间满足 logistic 关系。

4. 吸附量与平衡时间的关系

当温度为 30 ℃，平衡压力为 0.2 ~ 2.5 MPa 时，不同压力下 QYZ 煤样吸附平衡时间变化曲线如图 3 – 9 所示。

以压力数值在 2 h 以上基本不变作为达到吸附平衡状态的判断依据。由图 3 – 9 可知，一次吸附和二次吸附在相同压力下到达吸附平衡所需的时间基本

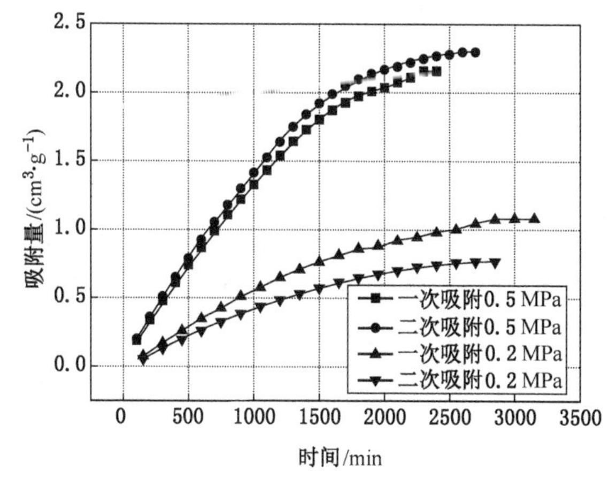

(a) 0.2 MPa、0.5 MPa 吸附平衡时间

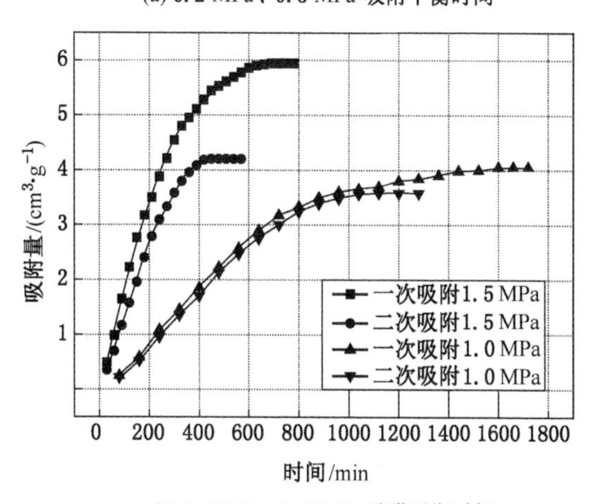

(b) 1.0 MPa、1.5 MPa 吸附平衡时间

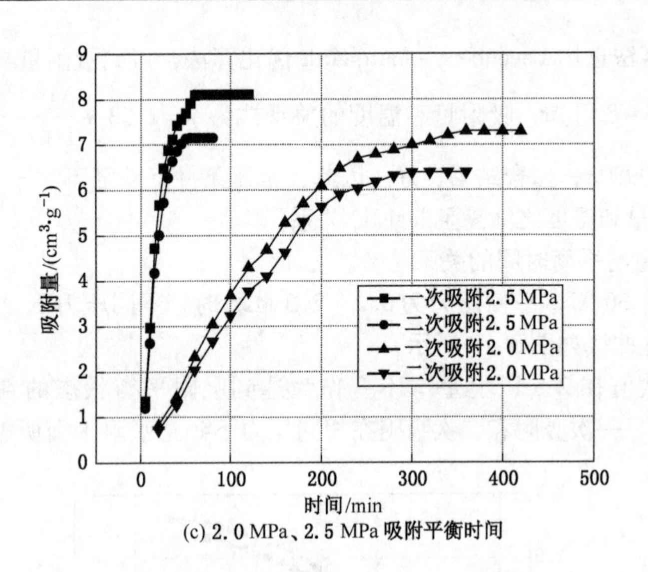

(c) 2.0 MPa、2.5 MPa 吸附平衡时间

图 3-9　不同压力下 QYZ 煤样吸附平衡时间变化曲线

一致，但一次吸附量大于二次吸附量。在一次吸附完成后，煤表面的吸附位被二氧化碳分子占据，在不完全占据情况下，二次吸附会继续补位。由于吸附是一个动态平衡过程，有部分二氧化碳从已经占据的吸附位脱离，即发生解吸，所以二次吸附仍会发生，但是吸附量少于一次吸附。由图 3-10 可知，吸附平衡时间随

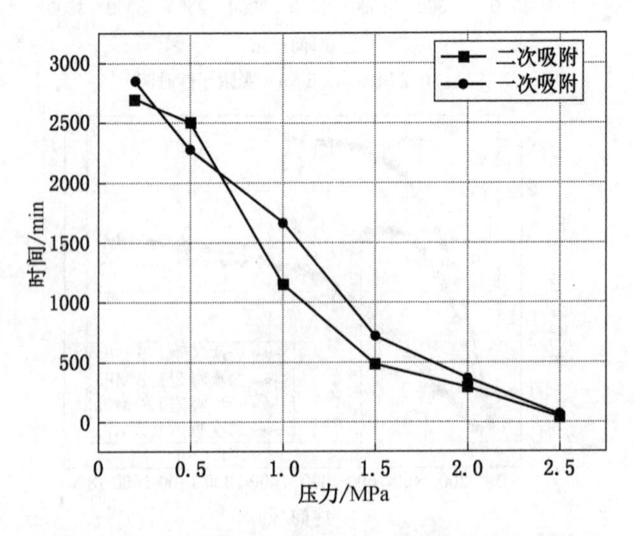

图 3-10　QYZ 煤样吸附平衡时间随压力的变化曲线

着压力的增大而减小。由于吸附为累积吸附，随着时间的增加，煤为二氧化碳提供的空间越来越小，相对而言吸附达到平衡的时间缩短。由表 3－4 可知，二次吸附煤的质量增量大于一次吸附煤的质量增量，煤在一次吸附后未达到饱和吸附，通过再次注气使得煤对二氧化碳趋近于饱和吸附。因此，采用煤自燃惰化技术时，多次间歇性注气具有一定的必要性。

表 3－4 QYZ 煤样两次吸附前后质量变化

实验次数	实验前煤样质量/g	实验后煤样质量/g	增重量/g
一次吸附	516.12	517.62	1.5
二次吸附	506.86	508.98	2.12

3.3.2 煤对二氧化碳吸附的热效应分析

1. 温度与吸附常数的关系

由 3.3.1 节分析可知，CC 煤样粒径为 1.0～1.25 mm，温度为 30～60 ℃时，实验结果符合 Langmuir 单分子层吸附理论。根据 Langmuir 方程可知，a 值代表极限吸附量，即 Lamguir 体积。b 值的倒数是 Lamguir 压力，表征煤吸附二氧化碳气体的快慢程度。根据实验获得的粒径 1.0～1.25 mm 时的压力和吸附量数据，以 P 为横坐标，以 P/V 为纵坐标，分别绘制温度为 30 ℃、40 ℃、50 ℃和 60 ℃时的散点图，求出对应的线性回归方程和相关系数 R^2，见表 3－5，相关系数均在 0.90 以上，具有较强的可信度。

表 3－5 吸附常数统计表

粒径/mm	温度/℃	线性回归方程	R^2	Langmuir 体积/($cm^3 \cdot g^{-1}$)	Langmuir 压力/MPa
1.0～1.25	30	$y=0.00914+0.02600x$	0.969	38.462	0.352
	40	$y=0.00936+0.02671x$	0.964	37.439	0.350
	50	$y=0.00988+0.02710x$	0.941	36.900	0.365
	60	$y=0.01171+0.02914x$	0.922	34.317	0.402

根据直线的斜率和截距得到 Langmuir 体积和 Langmuir 压力，绘制温度与 CC 煤样吸附常数的关系曲线，如图 3－11 所示。

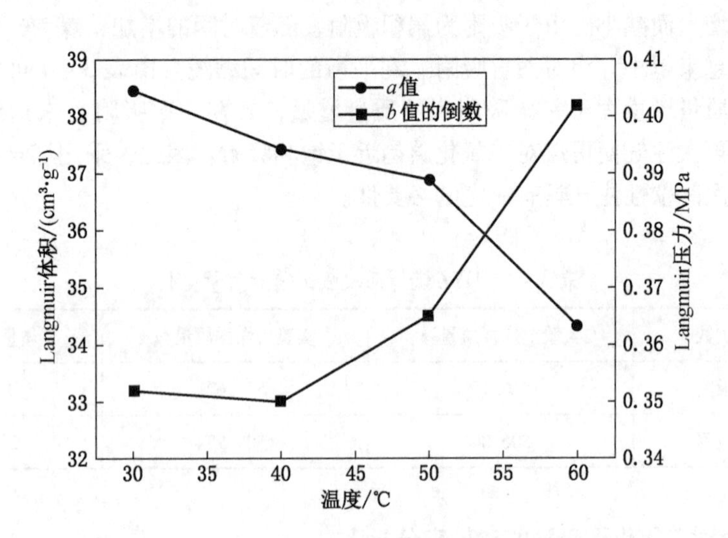

图 3-11　温度与 CC 煤样吸附常数的关系曲线

由图 3-11 可知，Langmuir 体积随着温度的升高而呈现降低趋势，Langmuir 压力随着温度的升高总体呈现增大趋势，即 a 值和 b 值都随着温度的升高而减小。煤吸附二氧化碳过程为物理吸附过程，伴随着热量的产生。温度升高，气体分子的平均动能增大，减少了在煤表面停留的时间；随着温度的升高，二氧化碳分子在煤表面的吸附作用减弱，二氧化碳分子克服了吸附作用脱离煤表面，发生解吸作用，恢复为气相状态。因此，随着温度的升高，Langmuir 体积减小，煤-二氧化碳体系的综合吸附能力减弱，表现为 a 值减小。由于 b 值与煤-二氧化碳体系中吸附质和吸附剂的特征以及温度有关，所以不能单纯认为 b 值随温度的升高而减小。受限于压力传感器温度的适用范围，缺乏该工况下高温时的探索。

2. 温度与吸附热的关系

通过直接测量获得吸附热数据较为困难，普遍做法是根据 Langmuir 单分子层吸附模型和 Clausius-Clapeyron 方程进行理论计算来获得。根据 Langmuir 方程获得吸附量和压力的关系，计算等量吸附量下对应的 $\ln P$ 与 T^{-1}，绘制 CC 煤样对二氧化碳的等量吸附线，如图 3-12 所示。

由图 3-12 可知，在等量吸附量条件下，温度越小对应的吸附压力越小，满足 Clausius-Clapeyron 方程中 $\ln P$ 与 T^{-1} 的负线性相关关系，以 T^{-1} 为横坐标，$\ln P$ 为纵坐标进行线性拟合，求出对应的吸附线斜率和相关系数 R^2，见表 3-6，相关系数均在 0.93 以上，拟合度良好，根据吸附线斜率得到等量吸附热数据。

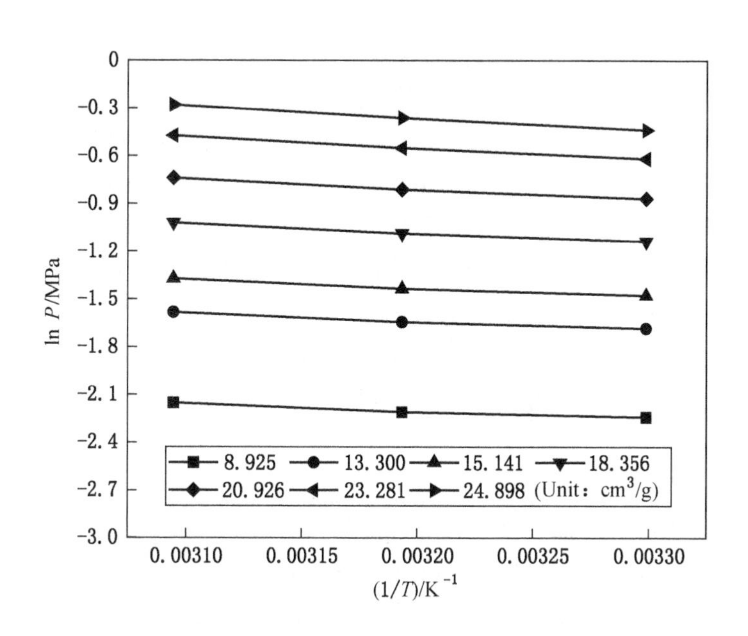

图 3-12　CC 煤样吸附压力与温度的关系曲线

表 3-6　等量吸附热统计表

等量吸附量/($cm^3\cdot g^{-1}$)	吸附线斜率	R^2	等量吸附热/($kJ\cdot mol^{-1}$)
8.925	-442.813	0.932	-3.682
13.300	-490.702	0.953	-4.080
15.141	-516.420	0.961	-4.294
18.356	-573.074	0.975	-4.765
20.926	-634.061	0.984	-5.272
23.281	-709.053	0.991	-5.895

由表 3-6 可知，等量吸附热值随着等量吸附量的减小而减小。当等量吸附量为 8.925 ~ 24.898 cm^3/g 时，二氧化碳在褐煤上的等量吸附热为 -3.682 ~ 6.457 kJ/mol，平均为 -4.920 kJ/mol，吸附过程中产生的吸附热相对较小，且其值均为负值，表明褐煤吸附二氧化碳的过程为物理吸附，且为放热过程。通常从吸附剂和吸附质 2 个角度考量影响等量吸附热的因素。从吸附剂角度来看，煤表

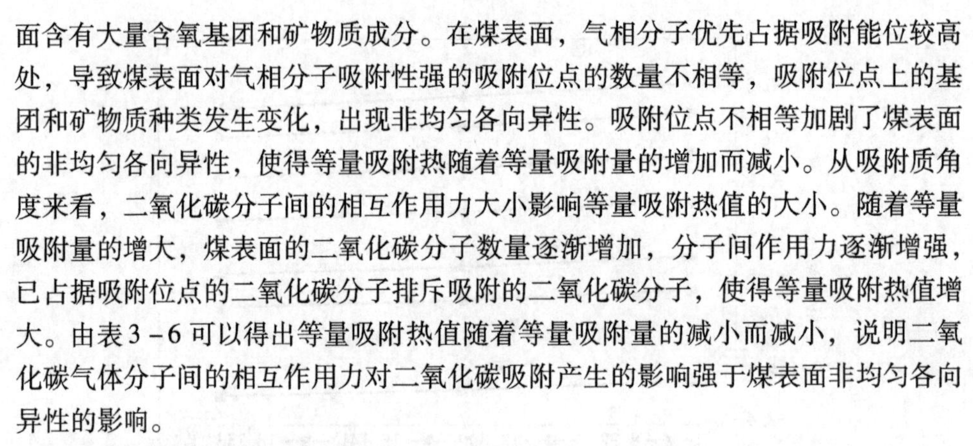

面含有大量含氧基团和矿物质成分。在煤表面，气相分子优先占据吸附能位较高处，导致煤表面对气相分子吸附性强的吸附位点的数量不相等，吸附位点上的基团和矿物质种类发生变化，出现非均匀各向异性。吸附位点不相等加剧了煤表面的非均匀各向异性，使得等量吸附热随着等量吸附量的增加而减小。从吸附质角度来看，二氧化碳分子间的相互作用力大小影响等量吸附热值的大小。随着等量吸附量的增大，煤表面的二氧化碳分子数量逐渐增加，分子间作用力逐渐增强，已占据吸附位点的二氧化碳分子排斥吸附的二氧化碳分子，使得等量吸附热值增大。由表3－6可以得出等量吸附热值随着等量吸附量的减小而减小，说明二氧化碳气体分子间的相互作用力对二氧化碳吸附产生的影响强于煤表面非均匀各向异性的影响。

3. 注气参数对煤温的影响

煤吸附二氧化碳实验中吸附放热或解吸吸热引起的煤温变化能够反映煤对二氧化碳的吸附效果。为了探究注气位置和注气压力等注气参数对煤温的影响，在样品罐底部、中部和上部，分别设置温度测点，对应记为 T_1、T_2 和 T_3，在常压条件下粒径不小于1.25 mm和注气压力分别为0.3 MPa和0.6 MPa条件下粒径1.0～1.25 mm时，研究CC煤样的温度变化，绘制CC煤样温度随时间的变化曲线。常压条件下粒径不小于1.25 mm时温度随时间的变化曲线如图3－13所示。不同注气压力下粒径为1.0～1.25 mm时温度随时间的变化曲线如图3－14所示。

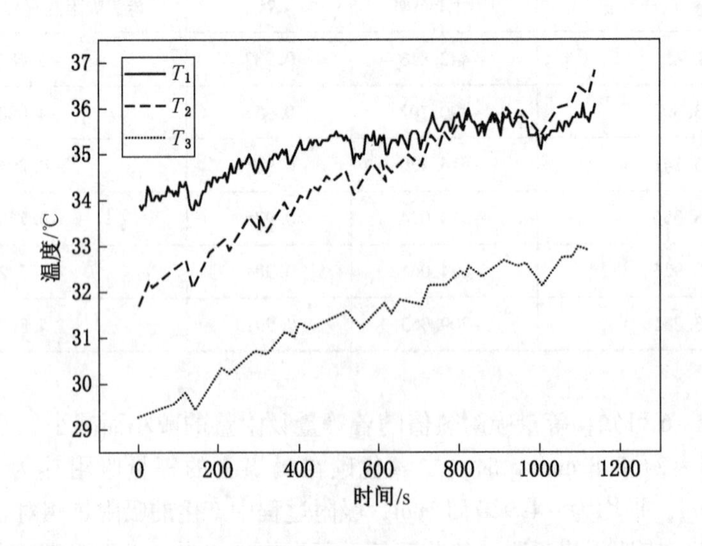

图3－13　常压下温度随时间的变化曲线

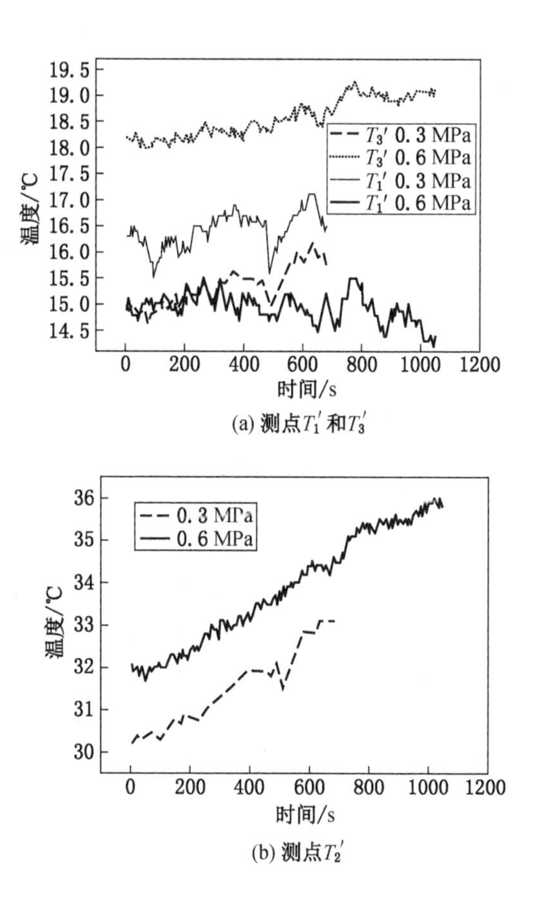

(a) 测点T_1'和T_3'

(b) 测点T_2'

图 3－14　不同注气压力下温度随时间的变化曲线

由图 3－13 可知，常压条件下向煤样罐内注入二氧化碳的过程中，测点 T_1、T_2 和 T_3 的温度总体呈现随时间的增加而增大的趋势，在 800 s 之前，测点 T_1 的温度大于测点 T_2 的温度，800～1000 s 时间段内两测点温度趋于一致，1000 s 后 T_2 温度高于 T_1 温度，而在注气过程中测点 T_3 温度一直低于其他两个测点的温度。注气阶段，气体分子无规则运动剧烈，且煤吸附二氧化碳为放热过程，导致样品罐内温度升高。二氧化碳吸附解吸是一个动态平衡过程，温度高更有利于气体解吸，从 200 s 开始每间隔 400 s 出现温度显著降低趋势，此时解吸作用强于吸附，但作用时间不长，吸附过程仍占主导作用。随着时间的增加，中部煤温积聚，不易散发，温度逐渐超过了注气口温度。由于测点 T_3 与进气口之间的距离

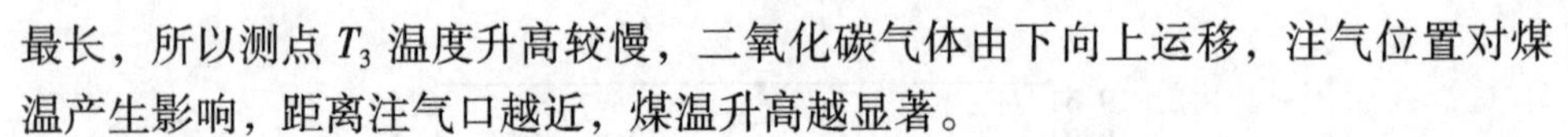

最长，所以测点 T_3 温度升高较慢，二氧化碳气体由下向上运移，注气位置对煤温产生影响，距离注气口越近，煤温升高越显著。

由图 3－14 可知，当注气压力为 0.3 MPa 时，测点 T'_1 的温度大于 T'_3，注气压力为 0.6 MPa 时，测点 T'_1 的温度小于 T'_3。注气压力较小时，二氧化碳由下向上运移，当注气压力增大，渗流通道形成，二氧化碳射流较远，使得测点 T'_3 温度高于 T'_1。在注气压力达到 0.3 MPa 和 0.6 MPa 的过程中，测点 T'_2 的温度总体呈现随时间的增加而增大的趋势，注气压力为 0.6 MPa 时测点 T'_2 的温度比 0.3 MPa 大。因此，煤温随着注气压力的增大而升高。

4. 二氧化碳气体吸附特征曲线分析

依据吸附势理论计算吸附势和吸附相平衡下的体积，得到了不同温度下 CC 煤样粒径 1.0～1.25 mm 和 0.2～0.3 mm 的二氧化碳气体吸附特征曲线，如图 3－15 所示，并对 30 ℃和 50 ℃条件下 2 种粒径的二氧化碳气体吸附特征曲线进行了对比，如图 3－16 所示。

由图 3－15 可知，吸附势随着吸附相平衡下的体积的增大而减小，由对应温度的拟合曲线可知，吸附势与吸附相平衡条件下的体积满足指数函数关系，相关系数 R^2 均在 0.95 以上。在煤－二氧化碳构成的吸附体系下，不同温度煤的二氧化碳气体吸附特征曲线基本重合，二氧化碳气体吸附特征曲线不会受到温度的影响，分子间作用力主要是弥散力，吸附过程为物理吸附。

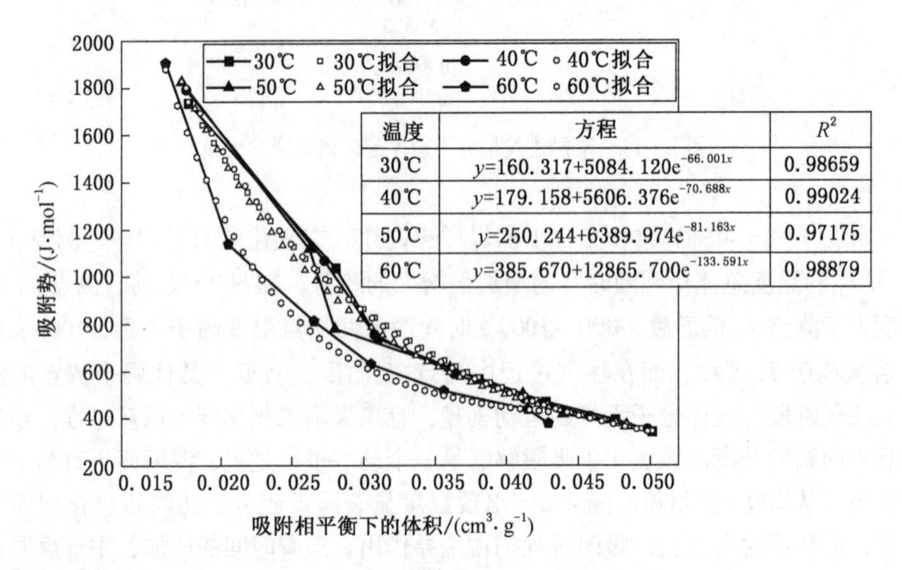

(a) 1.0～1.25 mm

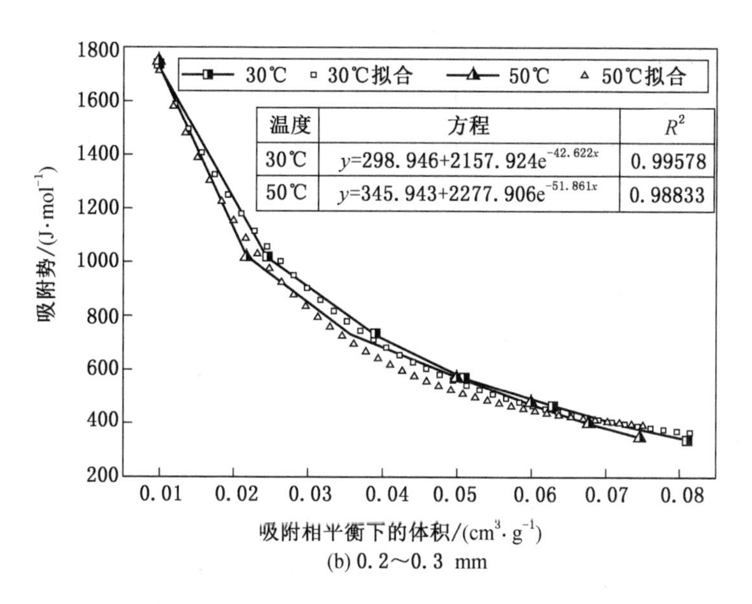

温度	方程	R^2
30℃	$y=298.946+2157.924e^{-42.622x}$	0.99578
50℃	$y=345.943+2277.906e^{-51.861x}$	0.98833

(b) 0.2～0.3 mm

图3-15 CC煤样二氧化碳气体吸附特征曲线

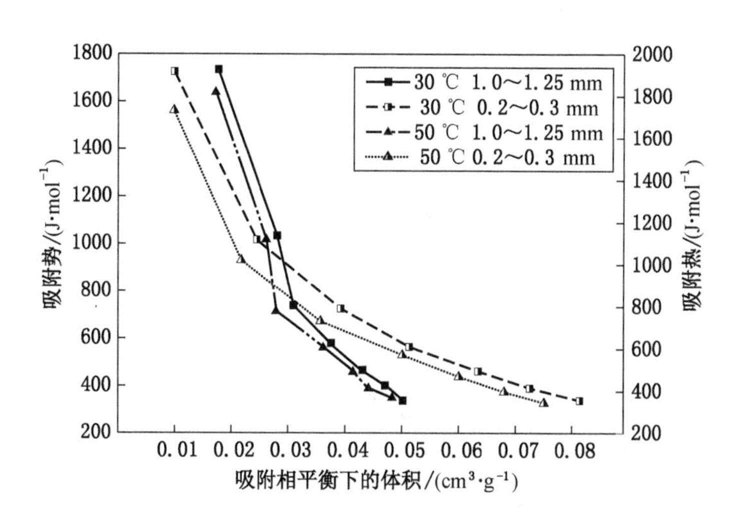

图3-16 不同粒径CC煤样二氧化碳气体吸附特征曲线

由图3-16可知，同一粒径条件下，CC煤样二氧化碳气体吸附特征曲线基本一致，但不同粒径煤的二氧化碳气体吸附特征曲线存在差异，粒径为1.0~1.25 mm的吸附相平衡下的体积较粒径为0.2~0.3 mm的吸附相平衡下的体积小，且吸附势低。

5. 实验与模拟对比研究

将 QYZ 烟煤煤样对二氧化碳吸附的实验结果与 Wiser 烟煤模型的模拟数据进行对比，验证 Wiser 模型的可靠性。QYZ 煤样在 30 ℃条件下吸附量随压力的变化曲线如图 3－17 所示。

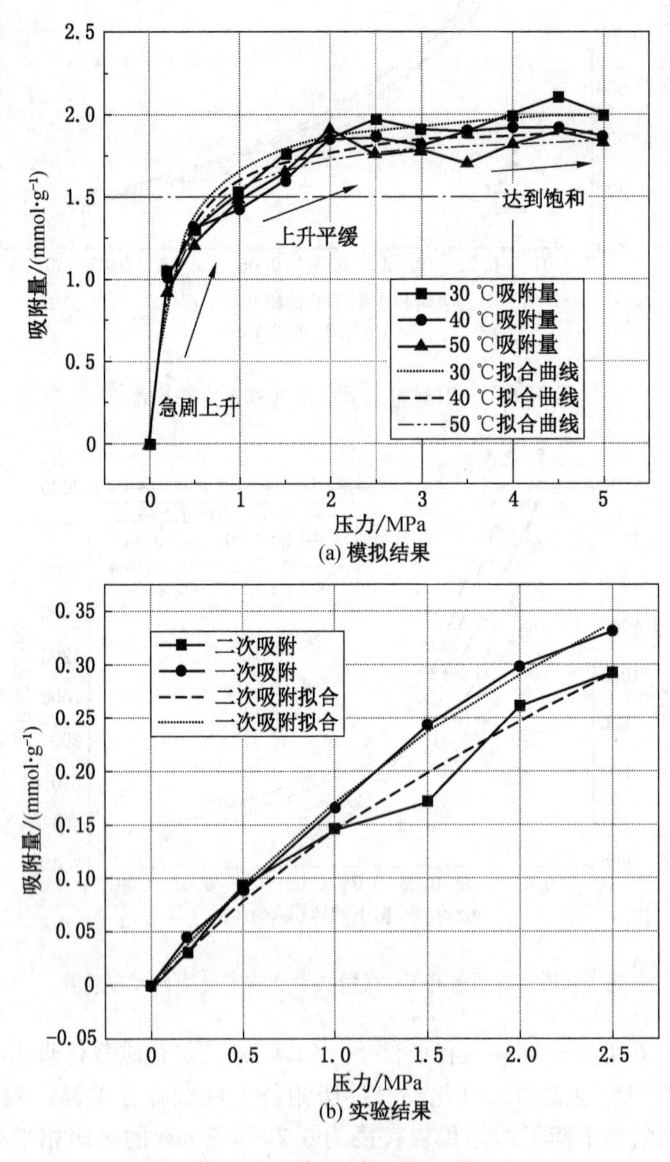

图 3－17　QYZ 煤样吸附量随压力的变化

由图3－17a可知，吸附量随着压力的增加而增大，在2.5 MPa吸附量趋于饱和。由图3－17b可知，经过一次吸附和二次吸附煤样的吸附量均随着压力的增加而增大。一次吸附煤样的吸附量大于二次吸附煤样，这是因为二次吸附是基于一次吸附，在第一次吸附完成后，煤表面大部分吸附位被二氧化碳占据，吸附平衡后解吸量少，所以二次吸附达到相同压力的饱和吸附值低于第一次实验的吸附量。由于宏观吸附实验与微观吸附分子模拟计算模型的尺度不同，因此在吸附量的比较上存在差异，但曲线变化趋势基本一致。当压力从2 MPa增至2.5 MPa时，吸附量增加0.03 mmol/g，趋于饱和状态，结果与相同环境条件下分子模拟达到饱和吸附的压力相同。因此，煤分子模拟可以用于烟煤煤样吸附规律的定性分析，具有一定可靠性。

3.4　吸附煤样燃烧特性研究

3.4.1　燃烧动力学理论

TG－DSC分析是利用程序升温方法研究物质随温度和时间的质量变化和热变化，得到热重曲线(TG)、差示扫描热值曲线(DSC)、微商热重曲线(DTG)。氧化反应类型为A(固)→B(固)＋C(气)。

1. 质量转化率计算公式：

$$\alpha = \frac{W_0 - W}{W_0 - W_f} = \frac{\Delta W}{\Delta W_f} \tag{3-3}$$

式中，α为物质在程序升温过程中物质重量损失率，即转化百分率；W_0为煤样起始质量，g；W为煤燃烧某时刻的质量，g；W_f为煤样燃烧残余质量，g；ΔW为煤燃烧某时刻损失的质量，g；ΔW_f为煤燃烧最大损失质量，g。

2. 燃烧动力学方程

燃烧动力学方程2种形式：

$$\frac{d\alpha}{dt} = kf(\alpha) \tag{3-4}$$

$$G(\alpha) = kt \tag{3-5}$$

式中，α为转化百分率；t为时间，s；k为反应速率常数；$f(\alpha)$和$G(\alpha)$分别为动力学微分形式与积分形式的机理函数。

阿伦尼乌斯方程（Arrhenius）：

$$k(T) = A\exp\left(-\frac{E}{RT}\right) \tag{3-6}$$

式中，k为反应速率常数；T为反应温度，K；A为指前因子；E为活化能，

J/mol。

对于非等温情形：

$$T = T_0 + \beta t \tag{3-7}$$

式中，T_0 为起始温度，K；β 为恒定加热速率，K/min。

联立公式（3-4）、公式（3-6）和公式（3-7），并进行积分：

$$\int_0^{\alpha} \frac{d\alpha}{f(\alpha)} = G(\alpha) = \frac{A}{\beta}\int_{T_0}^{T} \exp\left(-\frac{E}{RT}\right)dT \tag{3-8}$$

为了得到温度积分近似解，令

$$u = \frac{E}{RT} \tag{3-9}$$

由公式（3-9）：

$$dT = -\frac{E}{Ru^2}du \tag{3-10}$$

代入公式（3-8）：

$$G(\alpha) = \frac{A}{\beta}\int_{T_0}^{T} \exp\left(-\frac{E}{RT}\right)dT = \frac{AE}{\beta R}\int_{\infty}^{u} -\frac{e^{-u}}{u^2}du = \frac{AE}{\beta R}\cdot P(u) \tag{3-11}$$

通过分部积分：

$$P(u) = \int_{\infty}^{u} -\frac{e^{-u}}{u^2}du = \frac{e^{-u}}{u^2}\left(1 - \frac{2!}{u} + \frac{3!}{u} - \frac{4!}{u} + \cdots\right) \tag{3-12}$$

联立公式（3-11）、公式（3-12）：

$$\int_{T_0}^{T} \exp\left(-\frac{E}{RT}\right)dT = \frac{E}{R}\,\frac{e^{-u}}{u^2}\left(1 - \frac{2!}{u} + \frac{3!}{u} - \frac{4!}{u} + \cdots\right) \tag{3-13}$$

根据公式(3-13)导出温度积分近似方程，如 Coats - Redfern 方程、Frank - Kameneskii 方程。取公式（3-13）等式右侧括号第一项可得到初级近似 Frank - Kameneskii 方程，见公式（3-14），取前两项可得一级近似 Coats - Redfern 方程，见公式（3-15）。Frank - Kameneskii 方程采用分部积分式第 1 项，精确度低，而 Coats - Redfern 方程采用分部积分式前两项，精确度高于 Frank - Kameneskii 方程。

$$\int_{T_0}^{T} \exp\left(-\frac{E}{RT}\right)dT = \frac{E}{R}\,\frac{e^{-u}}{u^2} = \frac{RT^2}{E}\exp\left(-\frac{E}{RT}\right) \tag{3-14}$$

$$\int_{T_0}^{T} \exp\left(-\frac{E}{RT}\right)dT = \frac{E}{R}\,\frac{e^{-u}}{u^2}\left(1 - \frac{2}{u}\right) = RT^2\left(1 - \frac{2RT}{E}\right)\exp\left(-\frac{E}{RT}\right) \tag{3-15}$$

联立公式（3-8）和公式（3-14），并设 $f(\alpha) = (1-\alpha)^n$，对 P(u) 做一级近似：

$$\int_0^{\alpha}\frac{d\alpha}{(1-\alpha)^n}=\frac{A}{\beta}\frac{RT^2}{E}\left(1-\frac{2RT}{E}\right)\exp\left(-\frac{E}{RT}\right) \quad (3-16)$$

两边取对数，当 $n\neq1$ 时：

$$\ln\left[\frac{1-(1-\alpha)^{1-n}}{T^2(1-n)}\right]=\ln\left[\frac{AR}{\beta E}\left(1-\frac{2RT}{E}\right)\right]-\frac{E}{RT} \quad (3-17)$$

当 $n=1$ 时：

$$\ln\left[\frac{-\ln(1-\alpha)}{T^2}\right]=\ln\left[\frac{AR}{\beta E}\left(1-\frac{2RT}{E}\right)\right]-\frac{E}{RT} \quad (3-18)$$

将公式（3-14）与 $P(u)$ 联立，两侧取对数得到 Coats-Redfern 方程另一种形式：

$$\ln\left[\frac{G(\alpha)}{T^2}\right]=\ln\left(\frac{AR}{\beta E}\right)-\frac{E}{RT} \quad (3-19)$$

由 $\ln[G(\alpha)/T^2]$ 对 $1/T$ 作图，利用拟合直线的斜率 $-E/R$ 与截距 $\ln(AR/\beta E)$ 分别计算反应的活化能 E 和指前因子 A。

3.4.2 实验煤样及方法

利用 QYZ 原始煤样、干燥煤样、一次吸附煤样和二次吸附煤样开展 TG-DSC 同步热分析实验。原始煤样在干燥箱烘干 12 h 制备得到干燥煤样，一次吸附煤样和二次吸附煤样均来自 3.3 节吸附二氧化碳实验后预留的煤样。称取 25 mg 煤样置于坩埚中，利用程序升温方法，空气流量为 100 mL，温度为 30～800 ℃，分别对 4 种煤样进行 TG-DSC 分析。

3.4.3 结果分析

1. TG-DSC 曲线分析

DTG 曲线是 TG 曲线的一阶导数曲线，极值点代表着重量随温度变化最快的温度。DSC 曲线表示物质化学反应过程中热流率随温度的变化，表示化学变化的剧烈程度。煤样燃烧的剧烈程度既可以观察 DTG 极值点，也可以观察 DSC 曲线峰值点，通常燃烧过程越剧烈，热流率越高。QYZ 原始煤样、干燥煤样、一次吸附煤样和二次吸附煤样的热重曲线如图 3-18 所示。

由图 3-18 可知，4 种煤样的热重曲线总体差异不显著。为了探究吸附煤样燃烧特性，只关注煤样开始燃烧失重的过程。干燥煤样失重开始温度为 330 ℃，原始煤样为 334 ℃，滞后于干燥煤样，受煤的含水量影响，一次吸附煤样和二次吸附煤样失重开始温度分别为 318 ℃和 325 ℃，均低于干燥煤样。4 种煤样的含水量见表 3-7。水分含量越低，煤样进入燃烧阶段的温度越低。煤在燃烧过程中先失去水分，再开始燃烧，CO_2 吸附在一定程度上对煤起干燥作用，也可能是

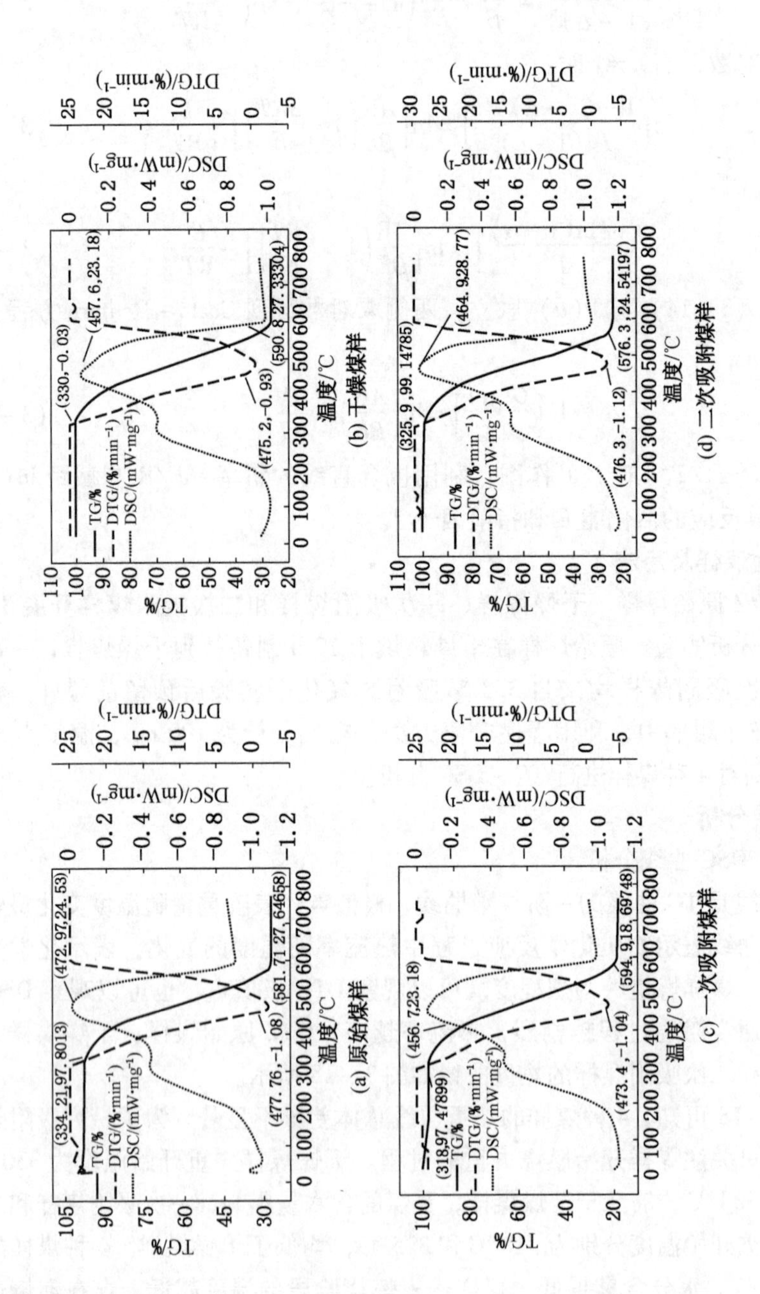

图 3-18 QYZ 煤样热重曲线

由于煤对二氧化碳的吸附能力大于其对水的吸附能力，二氧化碳占据水在煤表面的吸附位，所以吸附煤样水分含量低。

表3－7　煤样含水量

煤　样	原始煤样	干燥煤样	一次吸附煤样	二次吸附煤样
含水率/%	2.01	1.81	1.52	1.40

2. 活化能分析

活化能是煤与氧气发生反应所需的最小能量。图3－19为QYZ煤样 $\ln[G(\alpha)/T^2]-1/T$ 图，其线性拟合结果见表3－8。

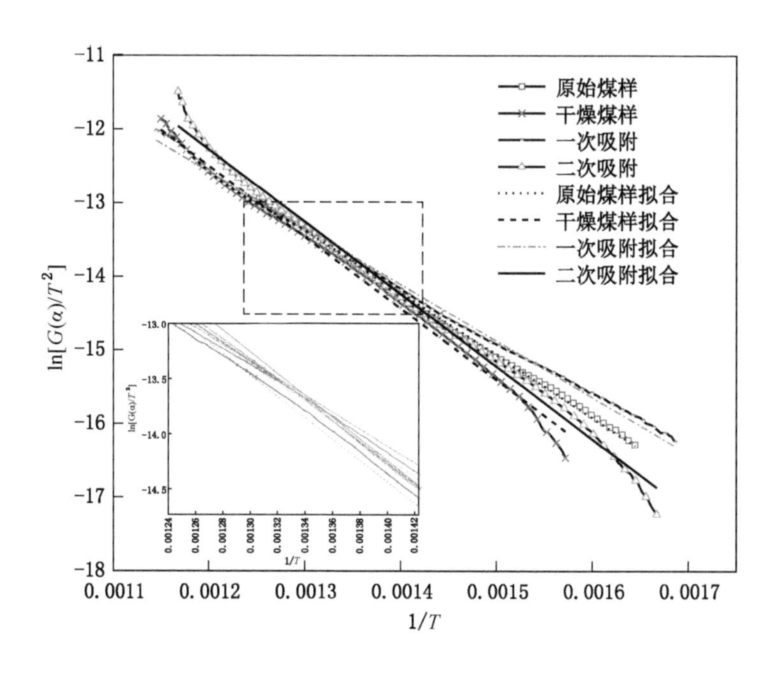

图3－19　QYZ煤样 $\ln[G(\alpha)/T^2]-1/T$ 图

由图3－19和表3－8可知，4种煤样的活化能大小排序依次为：二次吸附煤样＞干燥煤样＞原始煤样＞一次吸附煤样。一次吸附后煤样重量增加1.5 g，二次吸附煤样重量增加2.12 g，结合二次吸附煤样、干燥煤样和一次吸附煤样的活化能排序，说明煤对二氧化碳的吸附量对煤燃烧作用影响显著，其吸附程度对煤燃烧有促进和抑制两种作用。

表3-8　QYZ煤样活化能统计表

名称	斜率	R^2	活化能/（kJ·mol⁻¹）	名称	斜率	R^2	活化能/（kJ·mol⁻¹）
原始煤样	-8490.70	0.998	70.5917	一次吸附	-7669.43	0.997	63.7637
干燥煤样	-9698.23	0.995	80.6311	二次吸附	-9741.86	0.994	80.9938

4　煤吸附二氧化碳分子模拟研究

4.1　分子模拟建模

4.1.1　模拟方法及步骤

煤对气体的宏观测试结果是对吸附现象的直接反映，结合微观模拟或表征深入探讨吸附机理可以揭示煤吸附气体的本质，有利于从根本指导现场实际，提出防治措施。分子模拟是研究煤吸附气体的主要手段之一，以分子力学和统计力学为基础，联合宏观实验参量与微观分子参数，利用计算机技术得出物质的静态分子结构，模拟最佳分子运动行为，其实现方式为 Materials Studio 分子模拟（MS）软件。利用分子动力学模拟（Molecular dynamics，简称 MD）、蒙特卡洛模拟（Monte Carlo simulation，简称 MC）和密度泛函理论（Density functional theory，简称 DFT）模拟研究煤对气体分子的吸附量、吸附热、相互作用能等吸附行为，可从微观角度解释和预测宏观现象。

分子动力学模拟（MD）、蒙特卡洛模拟（MC）和密度泛函理论（DFT）等方法常用于探究煤对气体的微观吸附机理。MD 基于牛顿力学，利用仿真模拟获得分子动力学和热力学性质，以评估分子的位置和动量等。MC 基于随机布朗运动理论，通过跟踪一系列随机原子的位置，计算两位置的平均值，推导平均位置上粒子的特征。DFT 以电子密度作为基本变量，采用简化方法取近似值求解方程，得出原子核的最低能态和原子核周围的电子结构，从而确定电子的特征。

1. MD 模拟

MD 模拟基本步骤为确定起始构型、选用适当力场和模拟软件、构建体系和能量最小化、平衡体系、数据采集、MD 结果分析。具体如下：

1）确定起始构型

构建一个能量较低、结构合理的起始三维构型是 MD 模拟的第一步。大分子起始构型的确定有 2 种方式。一是通过元素分析、X 射线光电子能谱（XPS）、傅立叶红外光谱（FTIR）、碳 - 13 核磁共振（^{13}C NMR）等实验方法测定分子结构。二是根据已知分子结构通过同源建模确定。

2）选用适当力场和模拟软件

选择适当的力场是进行MD模拟的基础。不同力场适用范围不同，且具有局限性，需要根据所研究的体系和问题选取合适的力场进行模拟，同时使用多种力场时应注意所用力场间的兼用性。

3）构建体系和能量最小化

根据研究对象所处气相、水溶液或跨膜等环境构建模拟体系，在大分子周围加上足够的溶剂分子。体系的大小和模拟元胞的形状应根据具体情况而定，兼顾合理性和可行性。

4）平衡体系

体系构建完成后，在一定温度下玻尔兹曼分布随机生成，并赋予各原子初始速度，然后调整原子运动速度，使体系在各个方向的动能之和为0，即保证体系没有平动位移。

5）数据采集

体系平衡后进行长时间模拟和采样分析，观察体系中粒子的坐标、速度和能量随时间的变化，研究如静电能、范德华能、动能和势能等能量、温度和压力随时间的变化。

6）MD结果分析

通过系综平均得到可与实验结果相比较的宏观物理量。MD软件包内包含一些结果分析程序，也可根据需要自行编辑结果分析软件。

采用MS软件模拟煤吸附气体分子时，初步建立的煤分子和气体分子结构不稳定，需要进行结构优化处理。Forcite模块基于分子动力学和分子力学原理，主要通过设置温度、选择力场等，对所构建模型进行精确的优化计算，使所构建的分子模型能量最低化。运用Forcite模块中Geometry Optimization和Anneal功能进行几何结构优化和退火处理。

煤大分子结构势能面复杂，分子力学优化结构只是局部极小值，并不是整个势能面的极小值，退火处理可以使结构模型整体的能量达到最小值，使最终的模型处于稳定能量状态。正则系综（NVT）是指与温度恒定的大热源接触，可以交换能量，具有固定粒子数和体积的系统构成的统计系综。在Setup界面Task中选择Anneal，在Anneal中选择NVT系综下运行，注意保证分子构型处于低能状态，参数设置见表4－1。

Amorphous Cell模块主要用来构建复杂无定型体系模型，可以构建多种组分、不同配比、不同摩尔比的高分子混合模型或复合材料模型等。利用Amorphous Cell模块对结构优化后的煤分子结构模型进行密度模拟，Construction任务

下温度设置为 298.15 K，密度范围设置在 0.5 ~ 1.4 g/cm^3 之间，模拟间隔设置为 0.1 g/cm^3，相互作用立场选择 Dreiding，电荷选用 QEq，运行精度选择 Customized，范德华力和静电力选择 Atom based。绘制势能 - 密度关系曲线，一般认为煤结构模型的密度为越过第一个势能最低点后第二个局部势能最低点的密度值。

表 4-1　参 数 设 置

选项卡	名　称	设　置	选项卡	名　称	设　置
Geometry Optimization	算法	Smart	Anneal	系综	NVT
	力场	Dreiding		控温方法	Nose
	电荷	QEq		力场	Dreiding
	运算精度	Medium		电荷	QEq
	范德华力	Atom based		范德华力	Atom based
	静电力	Atom based		静电力	Atom based
	能量差值	0.1 kcal/mol/Å		初始温度	300 K
	力场差值	0.001 kcal/mol		最高温度	600 K

2. MC 模拟

二氧化碳、氮气、乙烯和乙烷气体物性参数见表 4 - 2。采用巨正则系综蒙特卡洛法（GCMC），在 Sorption 模块 Fixed pressure Task 中计算煤对上述气体分子的吸附量。具体参数设置为：NVT 正则系综，温度控制采用 Nose 方法，力场选择 COMPASS II，静电相互作用选择 Ewald 加和法，范德华相互作用选择 Atom based 法，模拟时间为 100 ps，时间步长为 1.0 fs。在 Adsorption locator 模块 Dynamics 中进行分子动力学模拟。

表 4-2　气 体 物 性 参 数

物 理 性 质	二氧化碳（CO_2）	氮气（N_2）	乙烯（C_2H_4）	乙烷（C_2H_6）
摩尔质量/(g · mol^{-1})	44.01	28.01	28.06	30.07
临界温度/K	304.13	126.19	282.35	305.32
临界压力/MPa	7.38	3.40	5.04	4.87
偏心因子	0.22	0.04	0.08	0.09

为了较好地描述理想气体和实际气体的差异，本书引入逸度 f 和逸度系数 φ。逸度描述的是化学势和理想气体的压强 P 之间的关系，二者关系见公式（4－1），表示实际气体的有效压强。逸度系数通常取决于温度、压力和气体的特性，其大小常用于衡量实际气体偏离理想气体的程度。压力和逸度的换算由 Peng－Robinson 公式计算。

$$f=\varphi \cdot P \tag{4-1}$$

根据 Langmuir 方程计算吸附等温线：

$$y=\frac{a\mathrm{b}x}{1+\mathrm{b}x} \tag{4-2}$$

式中，a 为压力趋于无穷大时的极限吸附量，mmol/g；b 为吸附常数，MPa^{-1}。

模拟吸附量 N(average molecules/cell)，可通过公式（4－3）转换：

$$N=1000\times\frac{N_{\mathrm{am}}}{N_{\mathrm{a}}\cdot M_{\mathrm{s}}} \tag{4-3}$$

式中，N 为吸附量，mmol/g；N_{am} 为吸附分子个数；N_{a} 为晶胞个数；M_{s} 为单个晶胞的分子量。

均方位移（MSD）表示分子的平均运动和：

$$\mathrm{MSD}=\frac{1}{N}\sum_{i=1}^{N}[r_{\mathrm{i}}(t)-r_{\mathrm{i}}(0)]^2 \tag{4-4}$$

式中，N 为粒子数；$r_{\mathrm{i}}(t)$、$r_{\mathrm{i}}(0)$ 分别为分子 i 在时间 t 和 0 的位置向量。

扩散系数指分子均方位移随时间的变化率：

$$D=\lim_{t\to\infty}\frac{d}{6N\mathrm{d}t}\sum_{i=1}^{N}[r_{\mathrm{i}}(t)-r_{\mathrm{i}}(0)]^2 \tag{4-5}$$

式中，D 为扩散系数，m^2/s 或 cm^2/s。

3. DFT 计算

基于密度泛函理论（DFT），采用 DMol^3 模块进行量子化学计算，其基本思想是以电子密度为基本变量，将能量表示为电子密度的泛函，研究多粒子体系的电子结构性质。模拟泛函选择 GGA PBE，相互作用能计算准确性高。基组选择 DNP，计算精度高。

静电势（molecular eletrostatic potential，MEP）为实空间函数，是指用一个单位的“正电荷”探测分子周围的静电相互作用势的大小。静电势大小反映整个分子，包括原子核和电子的电荷分布。

分子相互作用强弱用吸附能表示。相互作用能计算式：

$$E_{\mathrm{int}}=E_{\mathrm{A-B}}-(E_{\mathrm{A}}+E_{\mathrm{B}}) \tag{4-6}$$

式中，E_{int}为相互作用能；E_{A-B}为 A、B 组合体的总能量；E_A 为组合体中单独 A 的能量；E_B 为组合体中单独 B 的能量。当 E_{int}数值为负时，表示 A 和 B 两种物质相互作用为放热，即放热吸附，且其值越小，二者相互作用越强。

4.1.2　煤分子构型确定及建模

煤对气体吸附模拟时首先需要构建合适的煤分子结构。以烟煤分子为例，通过搜集烟煤分子相关资料，找出具有代表性的 3 种不同挥发分烟煤分子，分别为低挥发分烟煤 LVBC（$C_{186}H_{153}NO_6$）、中挥发分烟煤 MVBC（$C_{207}H_{165}NO_{11}$）和高挥发分烟煤 HVBC（$C_{181}H_{163}NO_6$）。其中，低挥发分烟煤芳香单元排列较规则，芳香尺寸最大，芳香度高。芳香单元主要以 2 环和 3 环为主，其次是 4 环，没有苯环存在，侧链少，分布在分子模型外围；中挥发分烟煤芳香尺寸较小，芳香度低，芳香单元主要以 2 环和 3 环为主，支链化和脂肪化高，脂肪碳以环烷烃为主；高挥发分烟煤芳香尺寸小，但是芳香度高，芳香单元主要以苯环为主，其次是 2 环和 3 环。3 种烟煤分子的结构模型如图 4－1 所示。对 3 种烟煤分子分别进行模拟，综合模拟结果可以全面表征烟煤吸附气体特性。

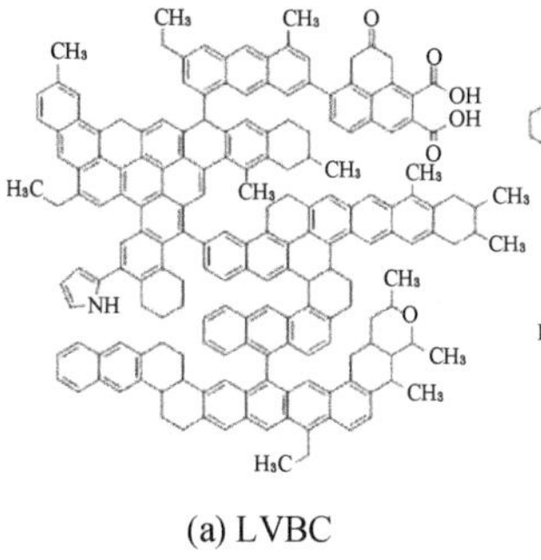

(a) LVBC 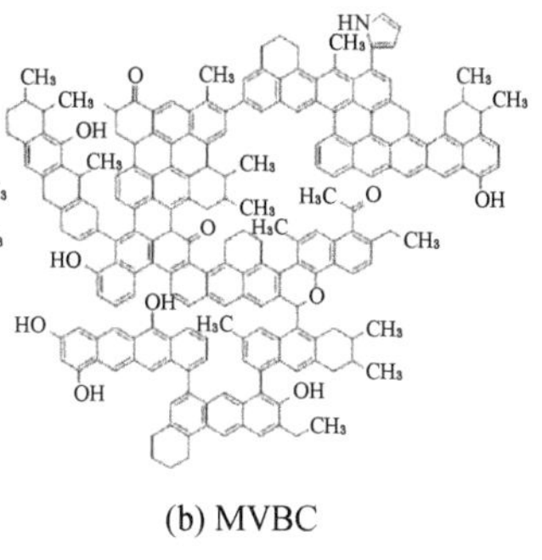　　(b) MVBC

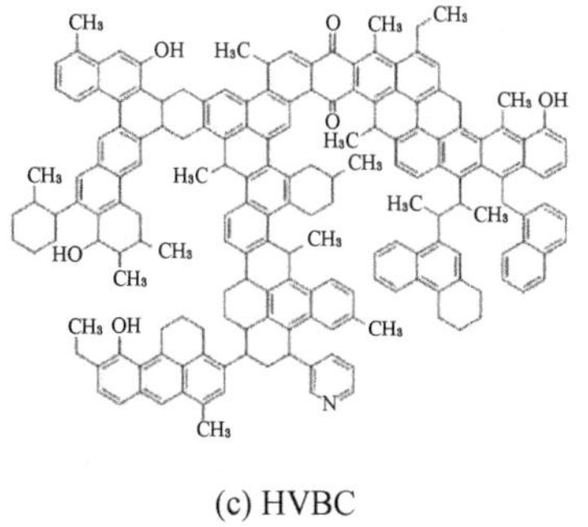

(c) HVBC

图 4－1　烟煤分子结构模型

能量最低的分子模型在自然条件下较为稳定，更能代表研究体系的宏观、微观性质。因此，在构建模型过程中要对建立的模型进行优化，以确保所建立的模型能量最小，且具有实际研究价值。将构建好的煤分子构型导入 MS 软件的 Forcite 模块，进行能量最低优化。选择 Dreiding 模块对角力场预测能量、分子力学及其结构，该模块预测不受实验数据短缺或体系中存在新型化合物的影响。图 4－2 为煤分子结构优化模型。

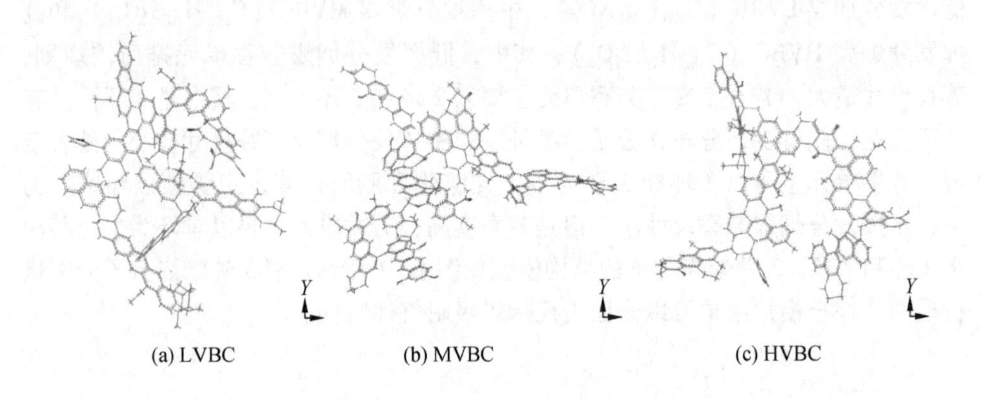

(a) LVBC (b) MVBC (c) HVBC

图 4－2 煤分子结构优化模型

为了克服分子结构能垒，使体系能量达到几何最优状态，在 Forcite 模块 Calculation 中选择 Anneal 选项进行退火动力学模拟计算。煤分子优化前后能量对比见表 4－3。

表 4－3 煤分子优化前后能量对比

名称		总能量/($kcal \cdot mol^{-1}$)	价电子能/($kcal \cdot mol^{-1}$)				非成键能/($kcal \cdot mol^{-1}$)		
			键伸缩能	键角能	扭转能	反转能	氢键能	范德华能	库仑能
LVBC	前	9656.14	2522.32	40.05	89.45	2.97	0	7020.34	－19.00
	后	737.05	98.53	70.86	127.55	2.37	0	463.77	－26.02
MVBC	前	14664.56	2920.52	58.82	159.16	5.47	0	11526.22	－5.63
	后	953.90	114.98	86.91	204.78	4.51	0	528.38	14.35
HVBC	前	11673.68	2224.66	47.60	89.30	2.98	0	9301.78	7.37
	后	884.96	118.34	88.77	155.16	4.08	0	478.15	40.46

由图4－2可知，经过分子力学和分子动力学优化后，分子构型在空间结构上的变形和扭转现象显著。结合表4－3可知，优化后煤分子的总能量降低，且相对稳定。价电子能中的键伸缩能和非成键能中范德华能的降低导致总能量减少，其中键伸缩能是主导因素，键伸缩能和范德华能减少是使模型结构稳定的主要原因。优化后分子的键角能、扭转能和反转能升高，表明分子结构的弯曲度变大。

为上述能量最低模型添加周期性边界条件，不断调整模型密度，调整晶胞尺寸。通过不同周期性边界条件下势能变化趋势得到模型的最优晶胞尺寸，为后续吸附模拟奠定基础。在Amorphous Cell模块下进行密度模拟。图4－3为结构优化后的煤分子总势能－密度关系曲线。

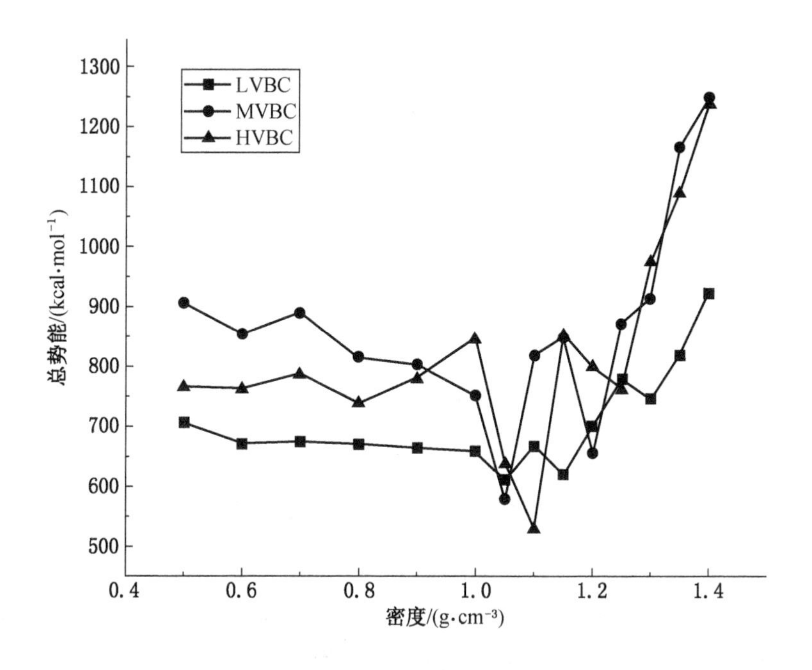

图4－3　煤分子总势能－密度关系曲线

由图4－3可知，LVBC烟煤密度在0.50～1.05 g/cm^{3}范围内呈下降趋势；当密度为1.05～1.15 g/cm^{3}时总势能先降低后升高再降低；当密度大于1.15 g/cm^{3}时，总势能显著增加。MVBC烟煤密度在0.50～1.05 g/cm^{3}范围内呈下降趋势；当密度为1.05～1.20 g/cm^{3}时，总势能先降低后升高再降低；当密度大于1.20 g/cm^{3}时，总势能呈增加趋势。HVBC烟煤密度在0.50～0.80 g/cm^{3}之间呈下降趋势；当密度为 1.00 ~ 1.25 g/cm^3 时，总势能先降低后升高再降低；当密度大于 1.25 g/cm^3 时，总势能增加趋势显著。因此，LVBC、MVBC 和 HVBC 烟煤结构模型的密度分别为 1.15 g/cm^3、1.20 g/cm^3、1.25 g/cm^3。

基于上述 3 种烟煤结构密度结果，分别模拟了相应密度下添加周期性边界条件的煤分子结构模型，如图 4 – 4 所示，绿线为模型边界。其中，（a）是密度为 1.15 g/cm^3 LVBC 烟煤分子结构模型的晶胞尺寸，a = b = c = 15.3 Å；（b）是密度为 1.20 g/cm^3 MVBC 烟煤分子结构模型的晶胞尺寸，a = b = c = 15.1 Å；（c）是密度为 1.25 g/cm^3 HVBC 烟煤分子结构模型的晶胞尺寸，a = b = c = 14.8 Å。

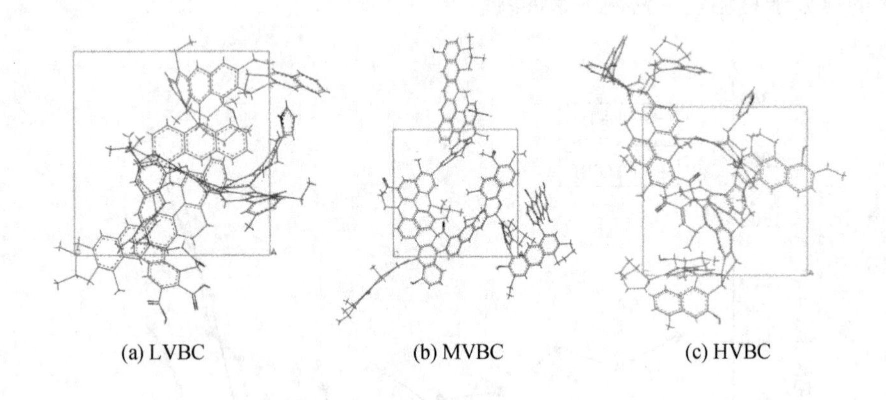
(a) LVBC　(b) MVBC　(c) HVBC

图 4 – 4　周期边界条件下煤分子结构模型

4.2　外部因素对煤吸附单组分气体能力的影响

二氧化碳和氮气是防治采空区遗煤自燃常见的惰性气体。由于二者理化性质不同，所以煤的吸附效果可能存在差异，影响煤自燃防治效果。煤对气体的吸附不仅受气体成分影响，还受温度、压力等因素影响。在 30 ~ 50 ℃ 条件下进行二氧化碳、氮气单组分吸附模拟，得到煤对单组分气体的吸附特性。

4.2.1　二氧化碳和氮气单组分吸附

1. 压力与吸附量的关系

在压力 0 ~ 5 MPa，温度 30 ~ 50 ℃ 条件下，LVBC、MVBC 和 HVBC 煤分子对气体（二氧化碳、氮气）的等温吸附曲线分别如图 4 – 5 ~ 图 4 – 7 所示。

由图 4 – 5 ~ 图 4 – 7 可知，在一定温度时，煤对二氧化碳分子的吸附量随着压力增加而增大。当压力增大至 4 ~ 5 MPa 时，吸附量达到饱和。在压力一定时，

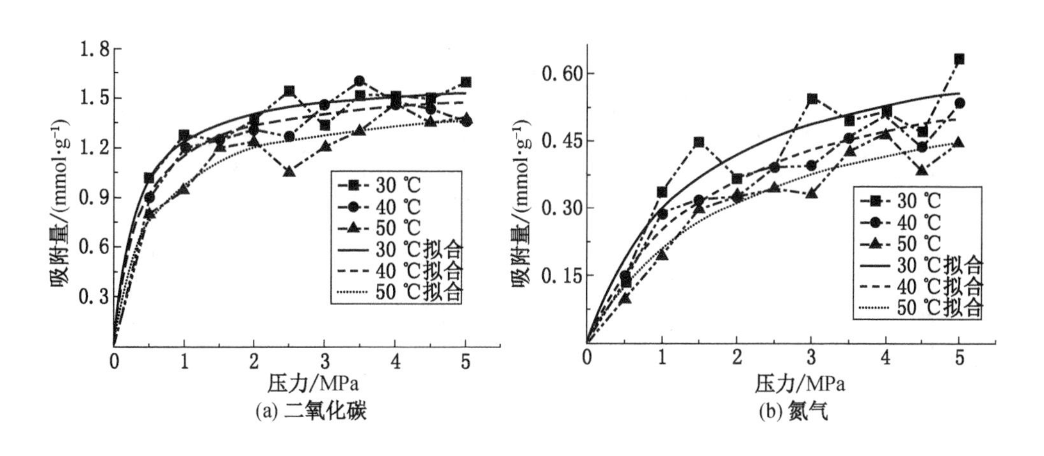

图 4－5 LVBC 煤分子对气体的等温吸附曲线

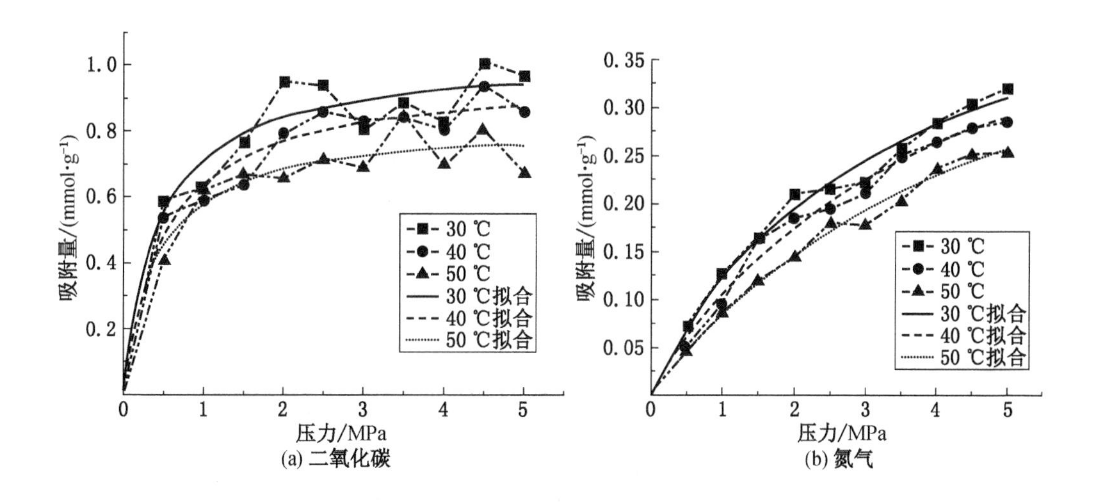

图 4－6 MVBC 煤分子对气体的等温吸附曲线

煤对二氧化碳气体的饱和吸附随着温度升高而减小。在饱和压力 4.5 MPa，温度 30 ℃、40 ℃、50 ℃条件下，不同挥发分烟煤由低到高对二氧化碳的吸附量分别为 1.380 ~ 1.594 mmol/g、0.671 ~ 0.967 mmol/g 和 0.753 ~ 0.809 mmol/g。氮气和二氧化碳的等温吸附曲线类似，温度升高不利于煤吸附气体。二氧化碳比氮气更容易达到极限吸附量，氮气分子吸附速率在高挥发分烟煤 HVBC 中表现出

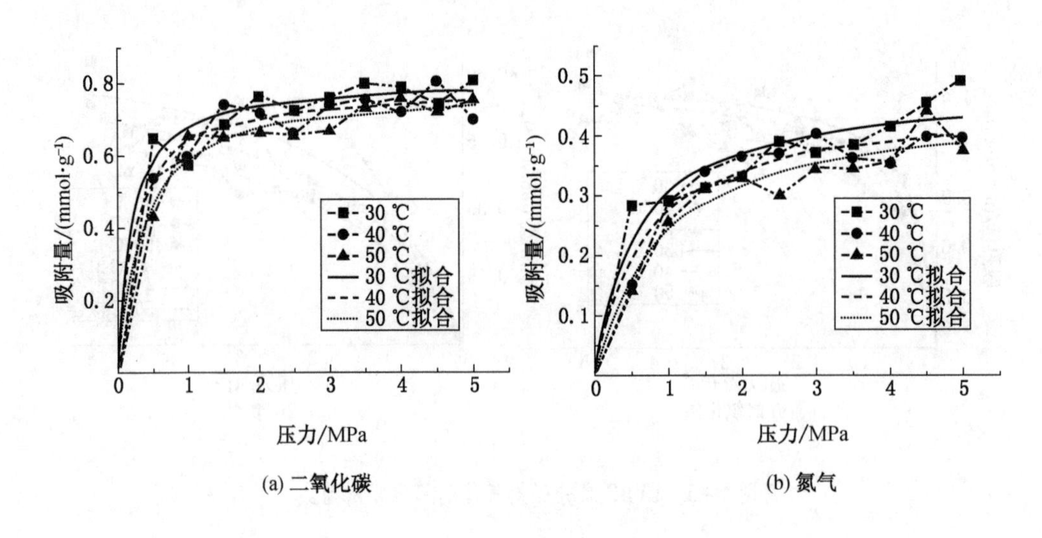

图 4－7　HVBC 煤分子对气体的等温吸附曲线

明显的放缓。3 种不同挥发分烟煤由低到高对氮气的吸附量分别为 0.455～0.633 mmol/g、0.219～0.253mmol/g 和 0.372～0.494 mmol/g。因此，煤对二氧化碳分子的吸附量始终大于其对氮气分子的吸附量。对于不同挥发分烟煤，二氧化碳极限吸附量随着烟煤挥发分程度增大而减小，低挥发分烟煤 LVBC 对氮气的吸附量大于中挥发分烟煤 MVBC 和高挥发分烟煤 HVBC。

2. 温度与吸附量的关系

在压力 0.5 MPa 和 5 MPa，温度 30～50 ℃条件下，不同挥发分煤分子对二氧化碳和氮气的吸附量与温度的关系分别如图 4－8 和图 4－9 所示。

由图 4－8 可知，当压力一定时，随着温度增加，同一挥发分煤分子对二氧化碳的吸附量减小，不同挥发分煤分子的吸附能力呈现差异。在 0.5 MPa 条件下，LVBC 煤分子吸附二氧化碳能力强于 MVBC 和 HVBC 煤分子，MVBC 和 HVBC 煤分子对二氧化碳的吸附能力基本一致。在 5 MPa 条件下 MVBC 和 HVBC 煤分子对二氧化碳的吸附能力与 0.5 MPa 条件下的规律不同，二者吸附能力存在差异，且受温度影响。当温度低于 40 ℃时，MVBC 煤分子对二氧化碳的吸附能力大于 HVBC 对二氧化碳的吸附能力，当温度高于 40 ℃时相反。因此，温度对低挥发分煤分子吸附二氧化碳能力的影响显著。低压不影响中、高挥发分煤分子吸附二氧化碳的能力，高压影响中、高挥发分煤分子吸附二氧化碳的能力，同时还要考虑温度范围。

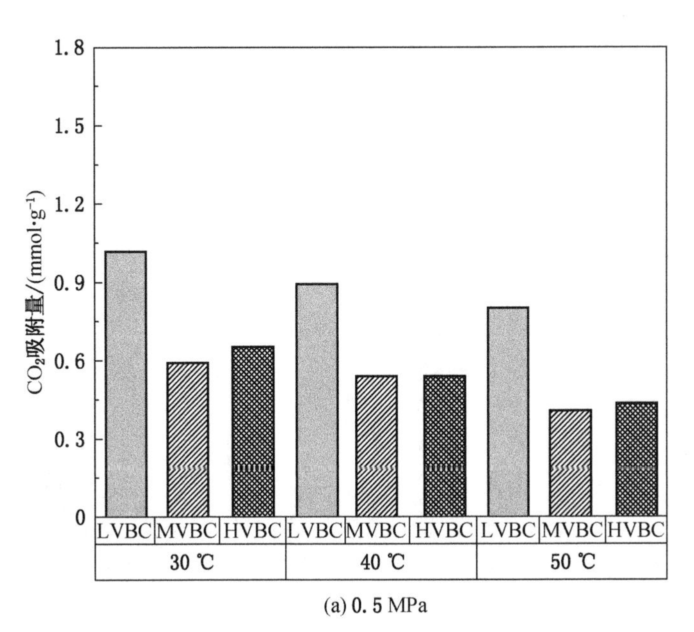

(a) 0.5 MPa

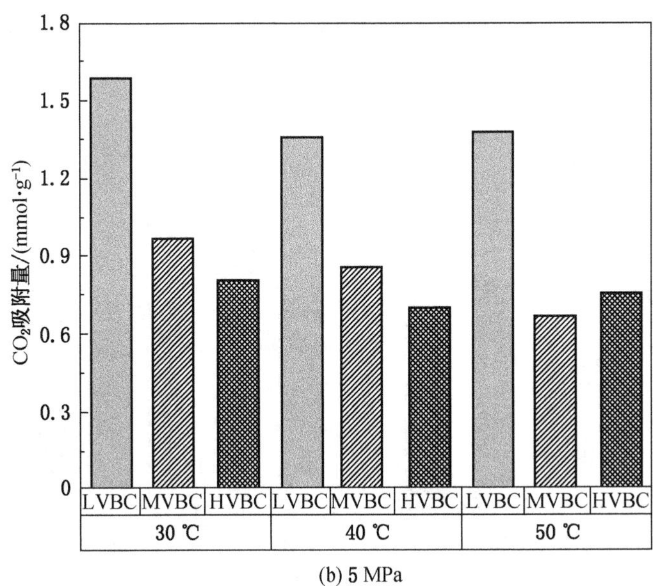

(b) 5 MPa

图4-8　二氧化碳吸附量与温度的关系

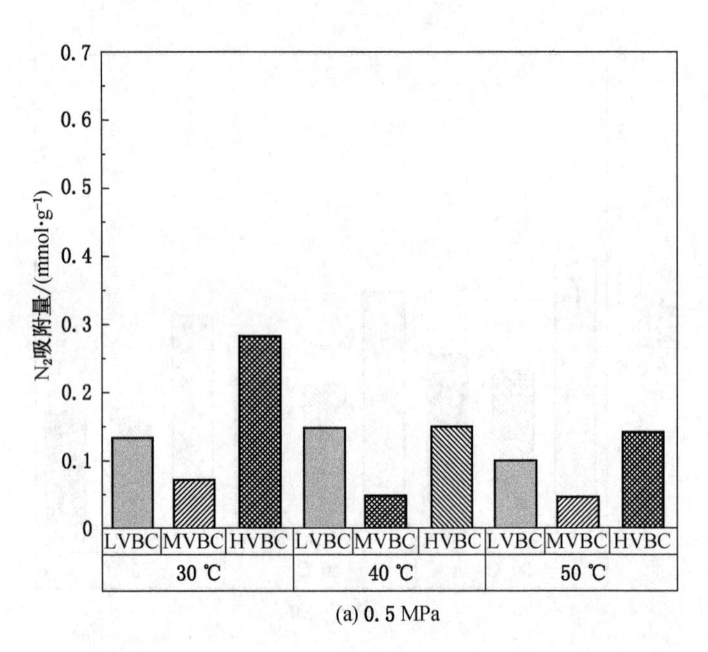

(a) 0.5 MPa

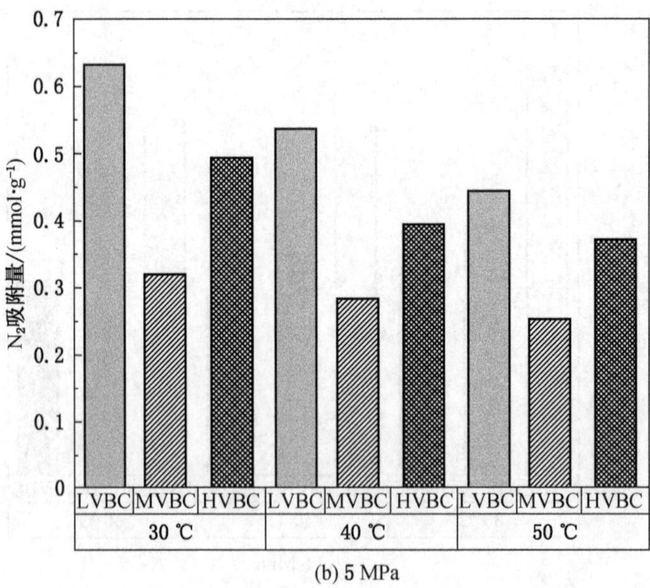

(b) 5 MPa

图 4-9 氮气吸附量与温度的关系

由图4-9可知，当压力一定时，随着温度增加，同一挥发分煤分子对氮气的吸附量减小，不同挥发分煤分子的吸附能力呈现差异。在0.5 MPa条件下，不同挥发分煤分子吸附氮气能力为：HVBC > LVBC > MVBC，而在5 MPa条件下LVBC > HVBC > MVBC。因此，MVBC煤分子对氮气的吸附能力受压力影响较小。低压条件下高挥发分煤分子吸附氮气行为对温度敏感，高压条件下低挥发分分煤子吸附氮气行为对温度敏感。结合图4-8可知，相同压力、温度条件下煤对二氧化碳的吸附量大于煤对氮气的吸附量。不同挥发分煤分子吸附能力受气体成分、温度和压力影响的结果差异显著。

3. 温度与吸附常数的关系

不同挥发分煤分子对二氧化碳和氮气的吸附常数见表4-4。Langmuir拟合度较高，说明吸附量数据合理。烟煤对二氧化碳和氮气的*a*值随着挥发分的增加而减小，表明烟煤对二氧化碳和氮气的极限吸附量均随着挥发分程度的升高而减小。通过对比极限吸附量可知，煤对气体的吸附量大小为：二氧化碳>氮气。

表4-4 吸附常数汇总表

名称	吸附质	温度/℃	$a/(\mathrm{mmol \cdot g^{-1}})$	$b/\mathrm{MPa^{-1}}$	R^2
LVBC	二氧化碳	30	1.61	3.20	0.97
		40	1.57	2.72	0.96
		50	1.48	2.03	0.95
	氮气	30	0.70	0.72	0.89
		40	0.66	0.59	0.96
		50	0.62	0.50	0.95
MVBC	二氧化碳	30	1.02	2.60	0.93
		40	0.96	2.39	0.96
		50	0.82	2.12	0.94
	氮气	30	0.51	0.30	0.99
		40	0.50	0.26	0.99
		50	0.47	0.19	0.99

表4-4（续）

名称	吸附质	温度/℃	a/(mmol·g^{-1})	b/MPa^{-1}	R^2
HVBC	二氧化碳	30	0.81	5.26	0.96
		40	0.78	4.28	0.96
		50	0.76	2.89	0.98
	氮气	30	0.47	1.76	0.91
		40	0.45	1.50	0.95
		50	0.43	1.11	0.94

4. 温度与平均吸附热的关系

二氧化碳和氮气在不同挥发分烟煤中的等量吸附热如图4-10所示。

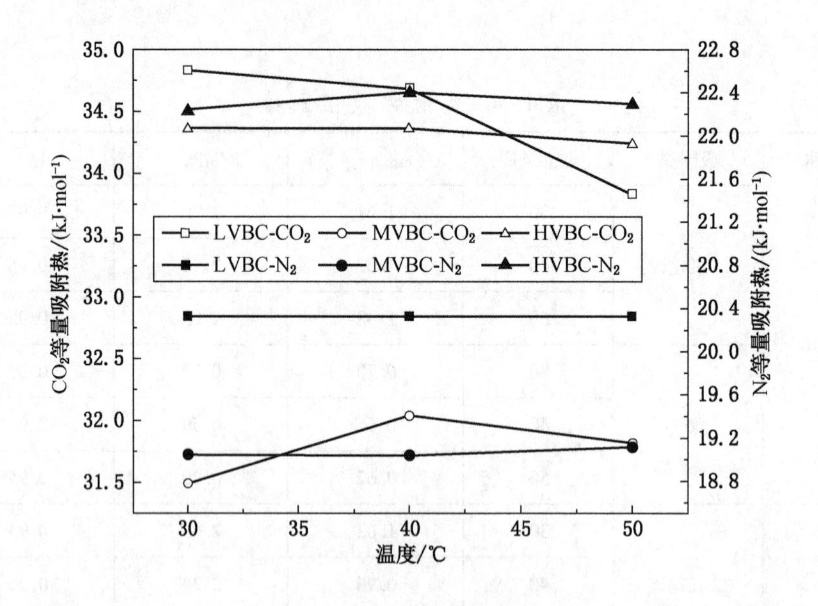

图4-10　等量吸附热与温度的关系

由图4-10可知，在温度30~50℃、压力0~5 MPa条件下，二氧化碳和氮气的等量吸附热变化不显著，说明温度和压力不会影响煤吸附气体的放热量。在相同温度下，不同挥发分烟煤的吸附热大小均为：二氧化碳>氮气。

气体的吸附能力可以用吸附热衡量。物理吸附的吸附热一般为几百到几千焦耳每摩尔，最大不超过 40 kJ/mol。化学吸附的吸附热比物理吸附大，一般为 41.7～84 kJ/mol。由表 4－5 可知，二氧化碳吸附热为 31.8～34.4 kJ/mol，氮气吸附热为 19.1～22.3kJ/mol。两种气体的吸附热都小于 40 kJ/mol，表明两种气体在不同挥发分烟煤中的吸附为物理吸附。

表 4－5　不同烟煤分子平均吸附热汇总表

平均吸附热/($kJ \cdot mol^{-1}$)	LVBC	MVBC	HVBC
二氧化碳	－34.4	－31.8	－34.3
氮气	－20.3	－19.1	－22.3

注：其值均为负值，表明吸附过程是放热过程。

综上所述，煤吸附气体分子的过程为放热过程，温度升高会降低吸附效果。从微观分子力学角度来看，当温度升高时，分子热运动增强，吸附质分子间的热能转换为动能，动能增加，吸附剂对吸附质的电离势能降低，吸附质容易脱离吸附剂的吸附力，因此吸附量降低。

5. 扩散系数

二氧化碳和氮气在 LVBC、MVBC 和 HVBC 煤分子中的 MSD 曲线如图 4－11 所示。经拟合得到二氧化碳在 LVBC、MVBC 和 HVBC 中的斜率为 0.0195、0.0530 和 0.0140，氮气对应为 0.0476、0.0924 和 0.0792。将其分别代入公式(4－5)可

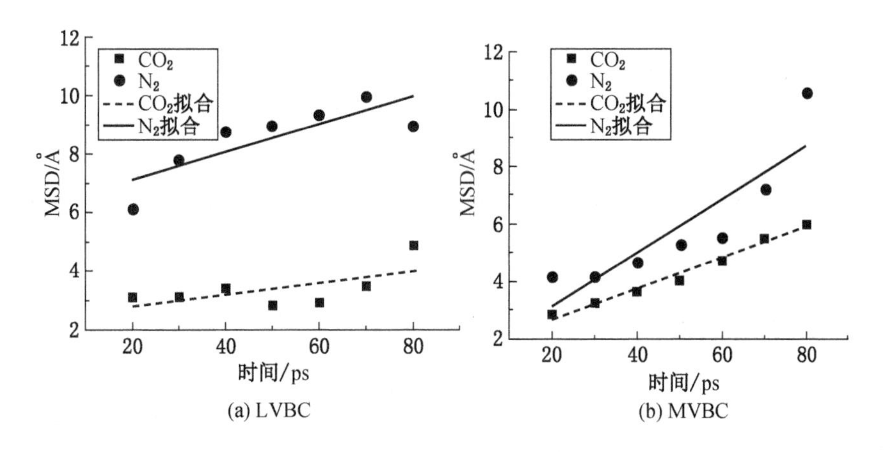

(a) LVBC　　(b) MVBC

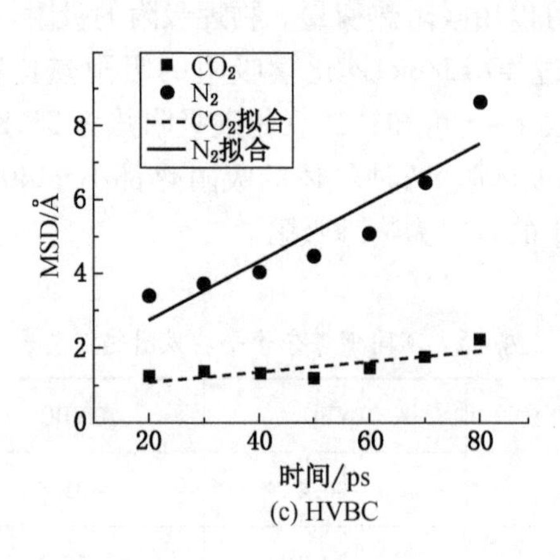

(c) HVBC

图4-11 二氧化碳和氮气在不同挥发分煤MSD曲线

得，二氧化碳在不同挥发分烟煤的扩散系数分别为3.256×10^{-11} m^2/s、8.840×10^{-11} m^2/s和2.333×10^{-11} m^2/s；氮气在不同挥发分煤的扩散系数分别为7.935×10^{-11} m^2/s、1.541×10^{-10} m^2/s和1.321×10^{-10} m^2/s。两种气体在煤中的扩散能力为：氮气>二氧化碳。相较于氮气，二氧化碳与煤分子之间的吸附能力更强，阻碍二氧化碳扩散。

4.2.2 乙烯和乙烷单组分吸附

乙烯和乙烷为煤自燃危险程度判定的标志性气体，易受到采空区遗煤吸附影响，降低其评价的准确性。选用4.1.2节建立的2种烟煤分子LVBC和HVBC模型，采用GCMC和DFT方法研究乙烯、乙烷在煤中的吸附量、吸附热、静电势和相互作用能。

1. 煤分子对不同气体的吸附量比较

在压力0～10 MPa，温度20～50 ℃条件下，乙烷、乙烯、二氧化碳和氮气在两种烟煤分子中的吸附量见表4-6。

由表4-6可知，气体吸附速率随着压力的增加呈减小趋势，煤对气体的吸附能力随着温度的升高而降低。经拟合得到乙烷、乙烯、二氧化碳和氮气在低挥发分烟煤中的极限吸附量分别为0.40、0.83、1.50、0.92；在高挥发分烟煤中的极限吸附量分别为0.40、0.63、0.80、0.60。对于同一种气体，低挥发分烟煤对气体的吸附量大于高挥发分烟煤，这是由于低挥发分烟煤分子的Connolly表面积比高挥发分烟煤分子大，其提供了更多吸附位点。4种气体在同一煤分子中的极限吸附量大小为：二氧化碳>乙烯或氮气>乙烷。

表4-6 烟煤分子对气体的等温吸附曲线

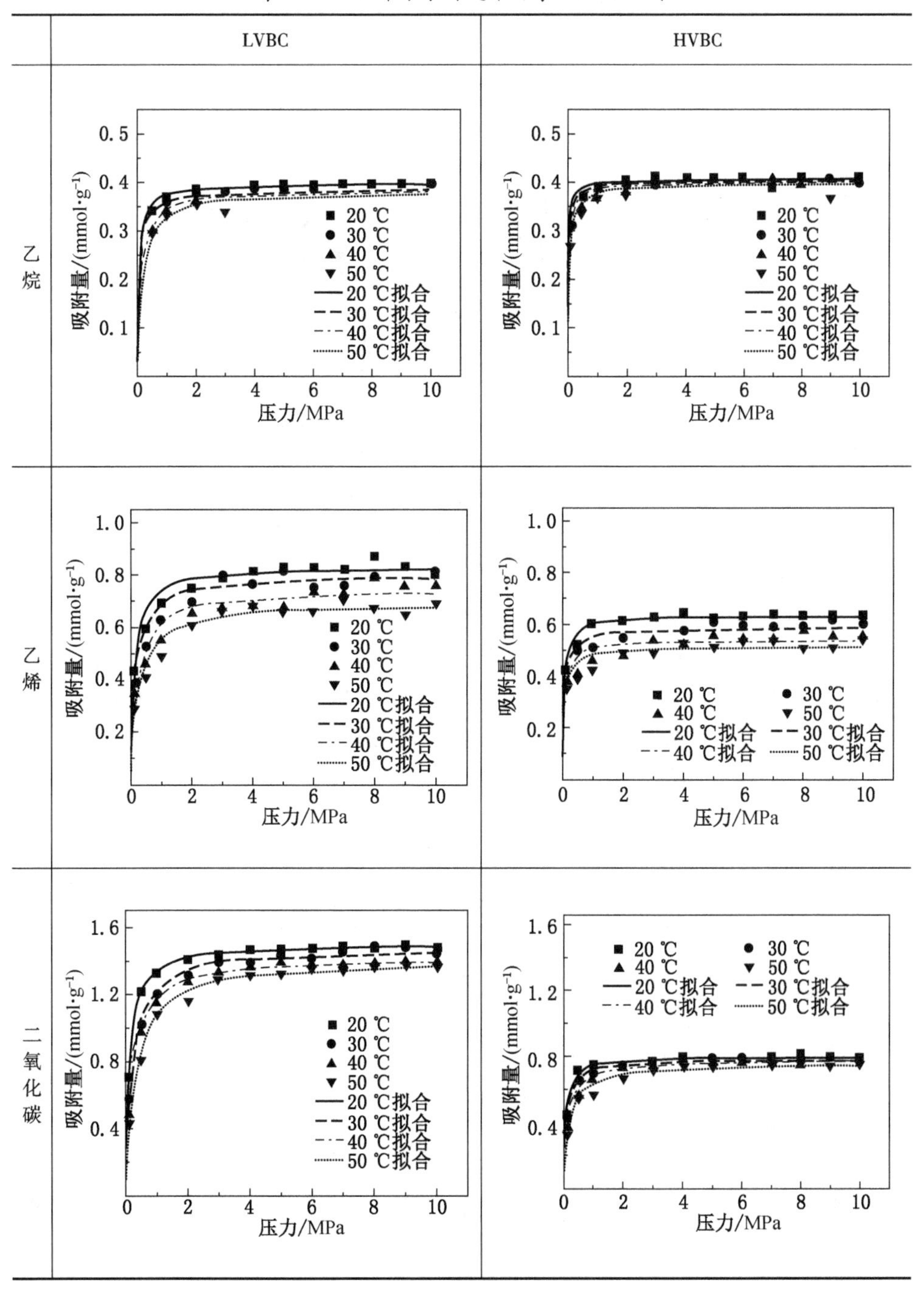

表4-6（续）

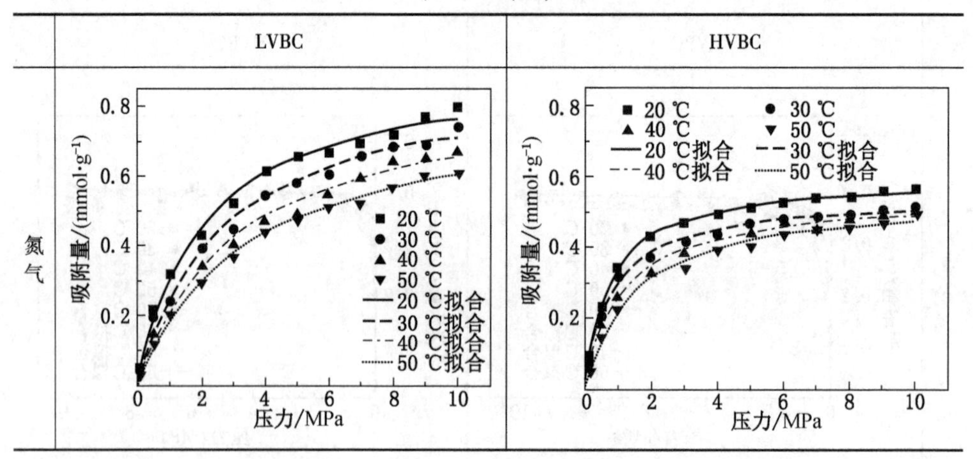

	LVBC	HVBC
氮气		

2. 煤分子对不同气体的平均吸附热比较

在温度20～50 ℃条件下，乙烷、乙烯、二氧化碳和氮气的平均吸附热见表4-7。乙烷、二氧化碳、乙烯和氮气的吸附热分别为8.01～9.89 kcal/mol、8.19～8.34 kcal/mol、8.25～9.89 kcal/mol和4.81～5.55 kcal/mol，均未超过10 kcal/mol，因此，4种气体在煤中的吸附均为物理吸附。低挥发分烟煤和高挥发分烟煤对4种气体的平均吸附热不同，煤对气体的吸附热大小受低温的影响小。对于低挥发分烟煤，不同温度下其对二氧化碳的吸附热始终大于氮气。高挥发分烟煤对4种气体的平均吸附热影响显著，其顺序为：乙烷>乙烯>二氧化碳>氮气。

表4-7　不同温度烟煤对气体的平均吸附热汇总表

平均吸附热/（$kcal \cdot mol^{-1}$）	LVBC				HVBC			
	二氧化碳	氮气	乙烯	乙烷	二氧化碳	氮气	乙烯	乙烷
20 ℃	-8.34	-4.81	-8.25	-8.30	-8.26	-5.27	-9.32	-9.89
30 ℃	-8.25	-4.83	-8.29	-8.01	-8.25	-5.28	-9.41	-9.86
40 ℃	-8.23	-4.84	-8.33	-8.26	-8.22	-5.55	-9.51	-9.82
50 ℃	-8.19	-4.85	-8.29	-8.24	-8.19	-5.31	-9.60	-9.80
平均值	-8.25	-4.83	-8.29	-8.20	-8.23	-5.35	-9.46	-9.84

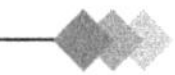

3. 含氧官能团的静电势分析

图4-12为Ph—COOH、Ph—OH、R—COOH、R—OH的静电势映射图，红色、蓝色分别表示含氧官能团静电势的正、负值。Ph—COOH、Ph—OH、R—COOH、R—OH的静电势分别为-34.58~69.47 kcal/mol、-27.36~70.04 kcal/mol、-36.28~68.85 kcal/mol、-39.61~57.47 kcal/mol，苯环对-COOH的静电势影响不显著。含氧官能团静电势最小值均在O原子附近，静电势最大值均在H原子附近。这是由于O原子电负性相比H原子电负性大，使得O原子附近呈现负电性，H原子附近呈现正电性。

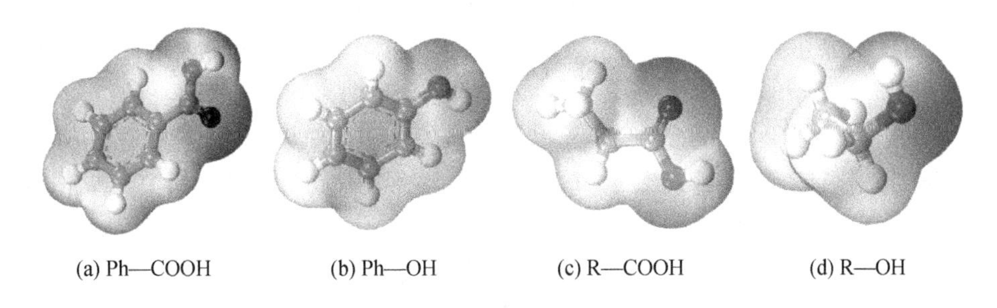

(a) Ph—COOH　(b) Ph—OH　(c) R—COOH　(d) R—OH

图4-12　含氧官能团的静电势映射图

4. 不同气体分子在含氧官能团上的相互作用能

二氧化碳、氮气、乙烯和乙烷在含氧官能团上的相互作用能见表4-8。乙烷、乙烯、二氧化碳和氮气均为非极性分子，偶极矩为0，但由于其均具有四极矩，故可与极性含氧官能团发生相互作用。其中，二氧化碳四极矩最大，不同含氧官能团与二氧化碳分子的相互作用能的绝对值最大。含氧官能团中气体与—COOH发生相互作用时产生的能量均大于—OH，说明—COOH更容易成为上述4种气体的吸附位点。

表4-8　不同气体分子在含氧官能团上的相互作用能

吸附位点	相互作用能/($kcal \cdot mol^{-1}$)			
	二氧化碳	乙烯	乙烷	氮气
Ph—OH	-1.721	-0.655	-0.611	-0.365
Ph—COOH	-1.830	-0.730	-0.675	-0.514
R—OH	-1.381	-0.619	-0.615	-0.594
R—COOH	-1.584	-0.700	-0.674	-0.616

4.3 外部因素对煤吸附多组分气体能力的影响

4.3.1 二氧化碳/氧气多元组分吸附

二氧化碳是重气，单一注气会出现滑移进入工作面导致人员中毒。多元等温吸附模拟通常用选择性系数 S 来比较煤大分子对2种吸附质气体吸附能力。对于 i、j 2种吸附质分子，$S_{i/j}$ 为 i 吸附质对 j 吸附质吸附能力的比较，即

$$S_{i/j}=\frac{x_i/x_j}{y_i/y_j} \tag{4-7}$$

式中，x_i、x_j 分别表示吸附相中物质 i 和 j 的摩尔分数；y_i、y_j 分别表示自由相中物质 i 和 j 的摩尔分数。选择性系数 $S_{i/j}$ 如果大于1，说明吸附剂对 i 气体的吸附能力大于 j。

1. 注气比例与吸附量的关系

按二氧化碳：氧气分别为1：1、1：2和2：1比例进行模拟，研究二氧化碳/氧气二元组分竞争吸附行为。

图4-13为温度30 ℃条件下LVBC煤分子对不同比例二氧化碳/氧气的等温吸附曲线。煤对二氧化碳的吸附量远大于氧气，竞争吸附时二氧化碳会优先占据有利吸附点位。Langmuir拟合参数见表4-9。随着二氧化碳比例减小，二氧化碳极限吸附量从1.34 mmol/g下降至1.21 mmol/g，下降了10%。氧气极限吸附量从0.13 mmol/g增加到0.29 mmol/g，变化了55%。

表4-9 不同比例二氧化碳/氧气的Langmuir拟合参数

比例	二氧化碳			氧气		
	a/(mmol·g^{-1})	b/MPa^{-1}	R^2	a/(mmol·g^{-1})	b/MPa^{-1}	R^2
2：1	1.34	3.34	0.97	0.13	0.61	0.94
1：1	1.21	4.03	0.97	0.23	0.46	0.92
1：2	1.10	3.86	0.93	0.29	0.68	0.95

不同温度下二氧化碳/氧气比例为1：1时的等温吸附曲线如图4-14所示。在不同温度下，LVBC煤分子二氧化碳最大吸附量从1.21 mmol/g降至1.10mmol/g；氧气最大吸附量仅从0.23 mmol/g下降到0.18 mmol/g。因此，在煤-二氧化碳/氧气体系中，二氧化碳对温度的敏感性强于氧气，不同挥发分煤

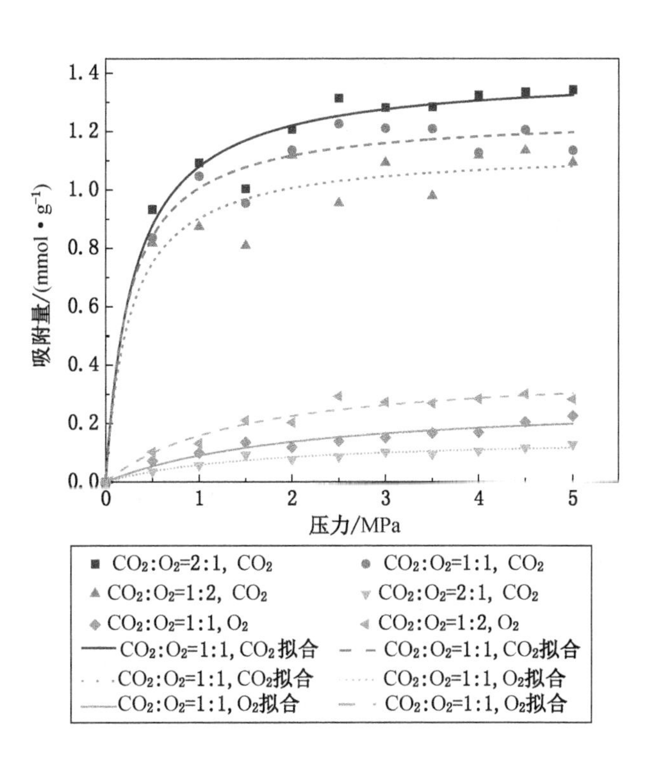

图4-13 不同比例二氧化碳/氧气的等温吸附线

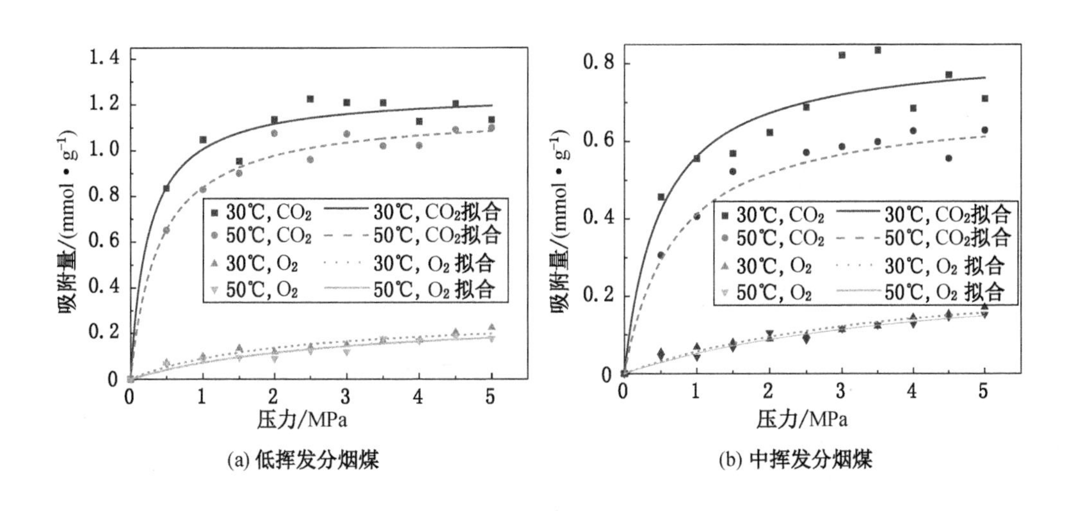

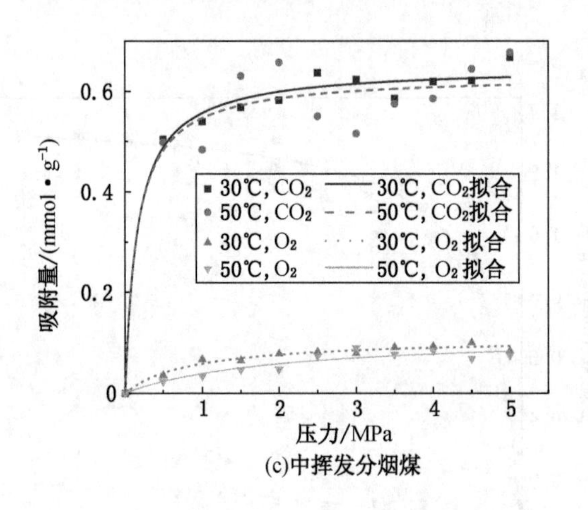

(c)中挥发分烟煤

图 4－14　不同温度下二氧化碳/氧气的等温吸附线

分子均具有相同的规律。

2. 温度与吸附选择性的关系

不同比例二氧化碳/氧气吸附选择系数随温度的变化曲线如图 4－15 所示。当温度从 30 ℃增加至 50 ℃，二氧化碳/氧气比例为 1∶1 时，吸附选择系数从 13.02 下降为 8.08，温度升高不利于二氧化碳吸附。不同比例二氧化碳/氧气吸附选择系数变化趋势基本一致。

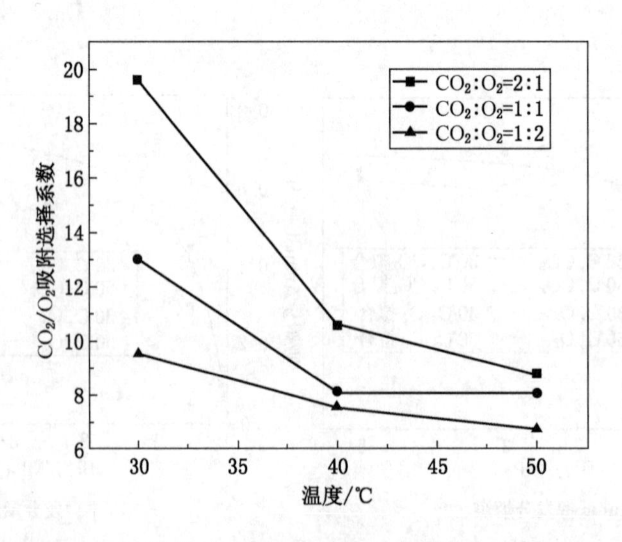

图 4－15　不同比例二氧化碳/氧气选择系数随温度的变化

4.3.2　二氧化碳/氮气二元组分吸附

1. 注气比例与吸附量的关系

按二氧化碳：氮气分别为1：1、1：2和2：1比例进行模拟，研究二氧化碳/氮气二元组分竞争吸附行为。

图4－16为温度30 ℃条件下LVBC煤分子对不同比例二氧化碳/氮气的等温吸附曲线。煤对二氧化碳的吸附量远大于氮气。当同时向煤中注入两种气体时，二氧化碳会迅速占据有利吸附点位，导致竞争吸附中氮气吸附量减小。因此，二氧化碳比氮气更能有效抑制煤自燃。Langmuir拟合参数见表4－10。随着二氧化碳比例减小，二氧化碳极限吸附量从1.37 mmol/g下降至1.30 mmol/g，下降了5%。氮气极限吸附量从0.04增加到0.05 mmol/g，变化了25%。二氧化碳极限吸附量仍处于较高水平，气体比例对氮气吸附量影响较大。

表4－10　不同比例二氧化碳/氮气的Langmuir拟合参数

比例	二氧化碳			氮　气		
	$a/(\text{mmol}\cdot\text{g}^{-1})$	b/MPa^{-1}	R^2	$a/(\text{mmol}\cdot\text{g}^{-1})$	b/MPa^{-1}	R^2
2：1	1.37	4.25	0.99	0.04	0.53	0.96
1：1	1.35	3.39	0.97	0.05	0.85	0.86
1：2	1.30	2.48	0.99	0.05	3.02	0.90

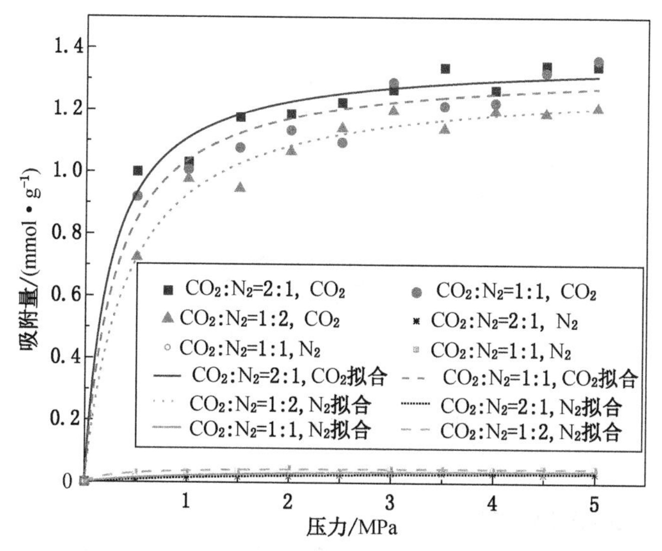

图4－16　不同比例二氧化碳/氮气的等温吸附线

不同温度下二氧化碳/氧气比例为1：1时的等温吸附曲线如图4-17所示。不同挥发分烟煤中二氧化碳与氮气竞争吸附的吸附量变化趋势基本一致，其均随着温度的升高而减小。比较LVBC烟煤在不同温度下的气体吸附量发现，在5 MPa条件下，二氧化碳最大吸附量从1.192 mmol/g降至1.154 mmol/g；氮气最大吸附量仅从0.033 mmol/g下降到0.031 mmol/g。因此，在煤-二氧化碳/氮气体系中，二氧化碳对温度的敏感性强于氮气，不同挥发分煤分子均具有相同的规律。

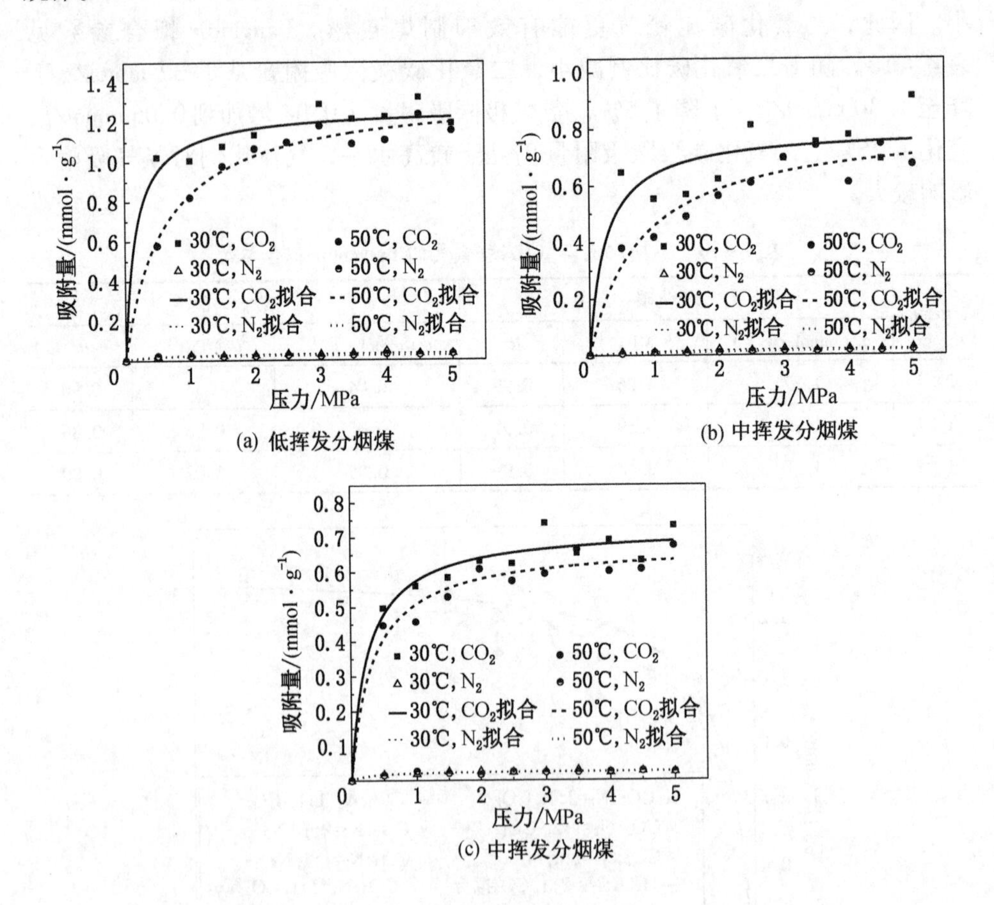

图4-17 不同温度下二氧化碳/氮气1：1的等温吸附线

2. 温度与吸附选择性的关系

不同比例二氧化碳/氮气吸附选择系数随温度的变化曲线如图4-18所示。

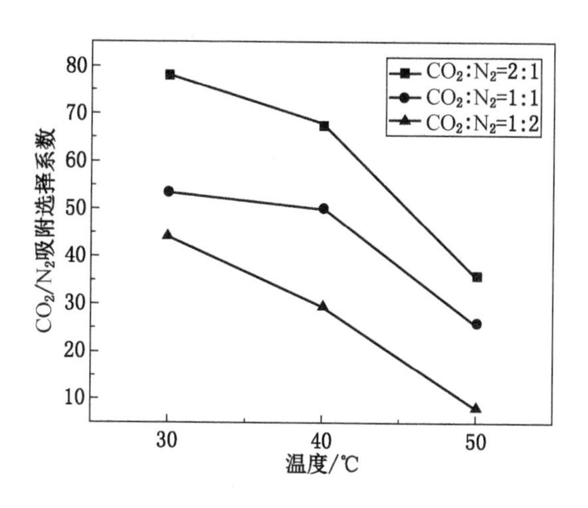

图4-18 不同比例二氧化碳/氮气选择系数随温度的变化

当温度从30 ℃增加至50 ℃，二氧化碳/氧气比例为1∶1时，吸附选择系数从53.42下降为26.24，温度升高不利于二氧化碳吸附。不同比例二氧化碳/氧气吸附选择系数变化趋势基本一致。

4.3.3 二氧化碳/氧气/氮气三元组分吸附

1. 注气比例与吸附量的关系

按二氧化碳∶氧气∶氮气分别为1∶1∶1、1∶1∶2、1∶2∶1和2∶1∶1比例进行模拟，研究二氧化碳/氧气/氮气三元组分竞争吸附行为。

图4-19为温度30 ℃条件下LVBC煤分子对不同比例二氧化碳/氧气/氮气的等温吸附曲线。二氧化碳的吸附量远大于氧气与氮气，气体竞争吸附时二氧化碳的竞争吸附优势最大。这是由于二氧化碳的临界温度为三种气体中最高，吸附能力更强。当向煤注入混合气体时，二氧化碳会迅速占据有利吸附点位，导致竞争吸附中氧气和氮气吸附量大大减小。Langmuir拟合参数见表4-11。当二氧化碳的比例增大到2时，其a值最大为1.29 mmol/g，极限吸附量增加了15%。同样，氧气比例为2时，其极限吸附量从0.11 mmol/g增加到0.32 mmol/g，变化了191%；氮气比例为2时，其极限吸附量增加到0.05 mmol/g，增加了150%。其中，二氧化碳极限吸附量变化最小，受气体比例的影响最小。

不同温度下二氧化碳/氧气/氮气比例为1∶1∶1时的等温吸附曲线如图4-20所示。气体在煤中发生竞争吸附的吸附量都呈现相同的变化趋势，吸附量随温度升高而降低。不同温度下，LVBC煤分子二氧化碳最大吸附量从1.23 mmol/g降

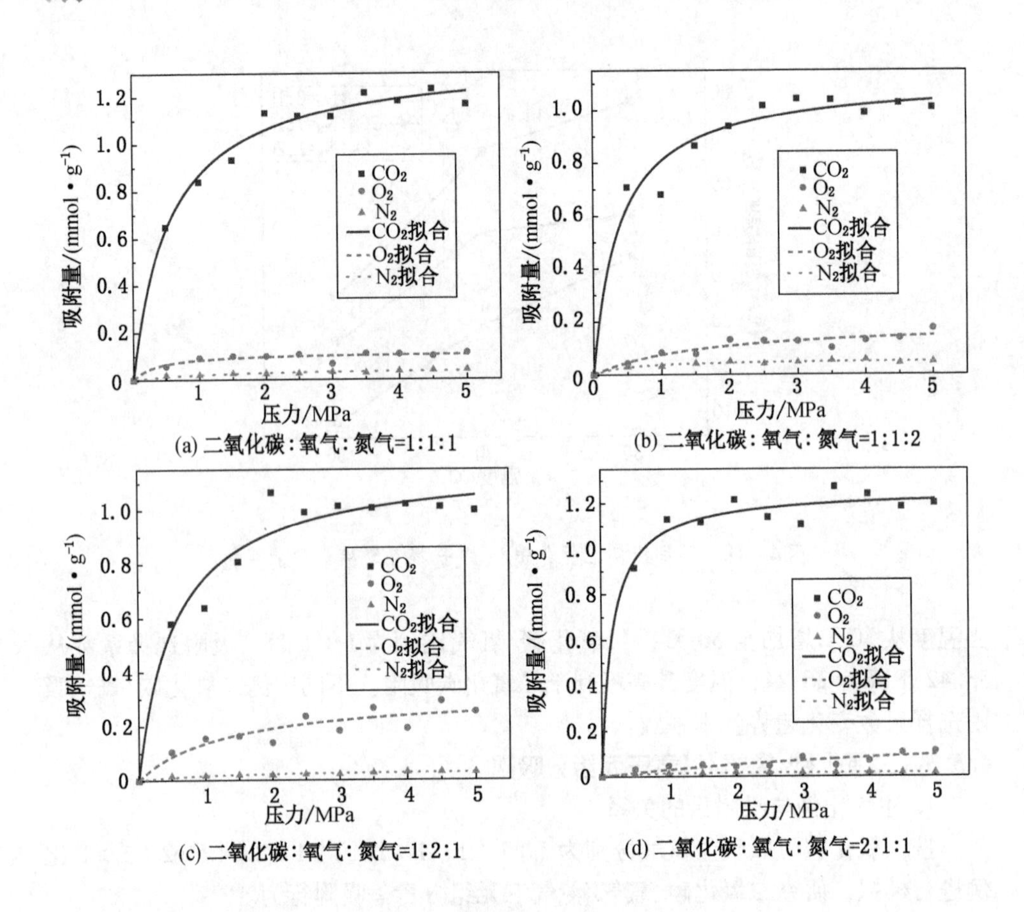

(a) 二氧化碳：氧气：氮气=1:1:1

(b) 二氧化碳：氧气：氮气=1:1:2

(c) 二氧化碳：氧气：氮气=1:2:1

(d) 二氧化碳：氧气：氮气=2:1:1

图 4-19 不同比例二氧化碳/氧气/氮气的等温吸附线

表 4-11 不同比例二氧化碳/氧气/氮气的 Langmuir 拟合参数

比例	二氧化碳		氧气		氮气	
	a/(mmol·g^{-1})	b/MPa^{-1}	a/(mmol·g^{-1})	b/MPa^{-1}	a/(mmol·g^{-1})	b/MPa^{-1}
1:1:1	1.23	1.73	0.11	2.74	0.04	0.85
1:1:2	1.12	2.58	0.19	0.63	0.05	2.02
1:2:1	1.17	1.76	0.32	0.74	0.04	0.86
2:1:1	1.29	6.02	0.22	0.15	0.02	2.53

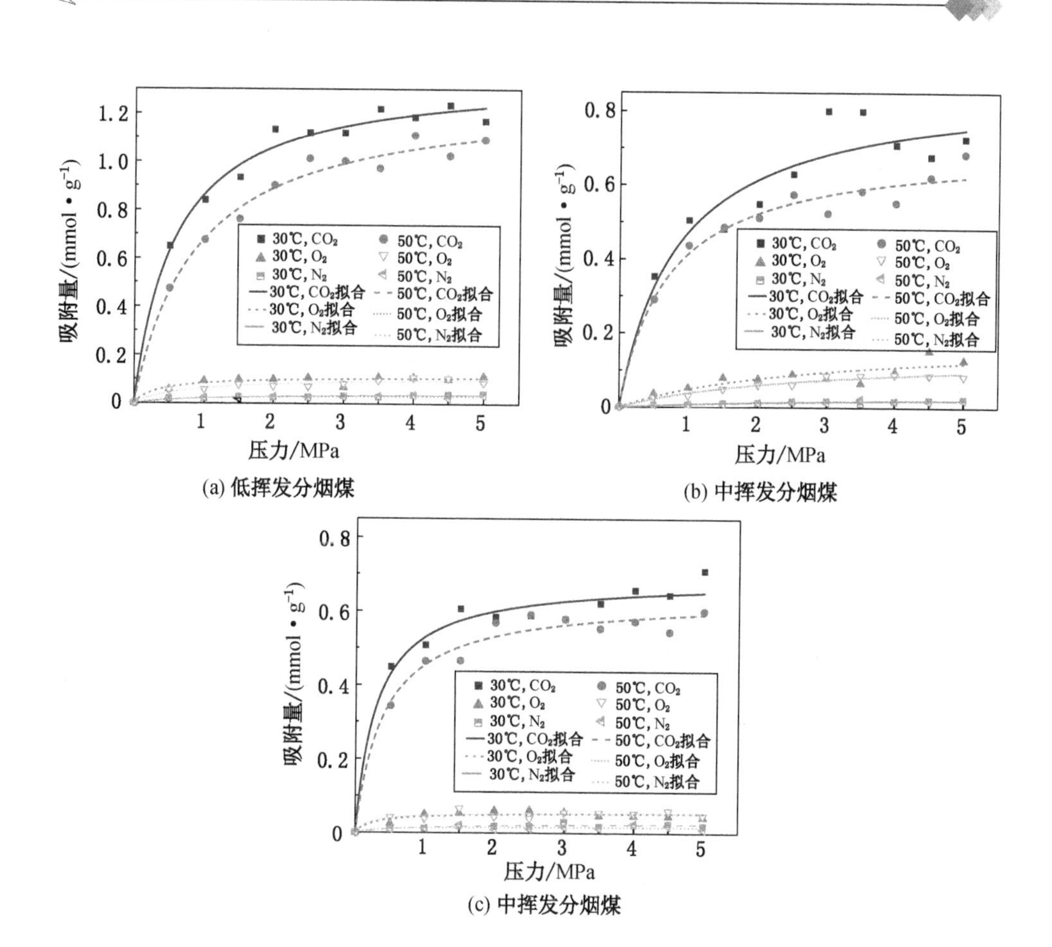

图 4-20 不同温度下二氧化碳/氧气/氮气的等温吸附线

至 1.10 mmol/g；氧气最大吸附量仅从 0.11 mmol/g 下降到 0.09 mmol/g；氮气最大吸附量仅从 0.041 mmol/g 下降到 0.035 mmol/g。对于温度的变化，二氧化碳表现得更敏感，与二元气体吸附时相比气体呈现出相同特征，二氧化碳比氧气与氮气受温度的影响更大，并且三种气体受温度影响由大到小的顺序为二氧化碳>氧气>氮气。

2. 温度与吸附选择性的关系

不同比例二氧化碳/氧气/氮气吸附选择系数随温度的变化见表 4-12。不同比例气体吸附选择系数均随着温度的升高而降低。由于温度升高，分子热运动越来越剧烈，气体间选择性降低，因此温度升高不利于二氧化碳竞争吸附。二氧化碳/氧气、二氧化碳/氮气和氧气/氮气吸附选择性系数均大于1，表明3种气体在煤中竞争吸附能力从大到小的顺序为：二氧化碳＞氧气＞氮气。

表4-12　不同比例二氧化碳/氧气/氮气吸附选择系数统计表

温度/℃	1:1:1			1:1:2			1:2:1			2:1:1		
	CO_2/N_2	CO_2/O_2	O_2/N_2	CO_2/N_2	CO_2/O_2	O_2/N_2	CO_2/N_2	CO_2/O_2	O_2/N_2	CO_2/N_2	CO_2/O_2	O_2/N_2
30	57.1	9.6	6.0	43.6	8.2	5.3	91.0	9.1	10.0	91.7	11.4	8.1
40	56.5	9.6	5.9	33.6	6.9	4.9	55.6	7.9	7.1	58.9	10.1	5.8
50	46.1	8.5	5.4	13.9	6.0	2.0	46.8	7.7	6.1	48.6	9.8	5.0

4.4　水分对煤吸附气体能力的影响

水分对煤自燃过程产生促进和抑制2种作用。促进作用主要是煤与H_2O之间发生化学作用，产生热量，水分蒸发和水分吸附使得煤膨胀，内部裂隙增大，氧附着能力提高，引起煤自燃。然而，水分含量增加能够隔绝煤与氧接触，减缓煤氧化，水分含量影响煤对氧的吸附作用，阻碍煤自燃进程。

4.4.1　不同水分模型构建

LVBC模型的分子式为$C_{186}H_{153}NO_6$，相对分子质量为2495，C、H、O、N元素的含量分别为89.42%、6.17%、3.48%、0.56%。4.1.2节已构建LVBC烟煤无定型大分子模型。为了探究煤中水分含量对煤自燃的影响，构建不同水分含量煤分子结构进行模拟。构建吸附模型时，水分子必须整数加入，但水分含量不能精确至整数值。为保证水分含量有规律增加，选取水分含量分别为1.42%、3.48%和5.45%的烟煤模型进行模拟。不同水分含量烟煤模型如图4-21所示，其中紫色表示H_2O分子。

4.4.2　干煤分子对气体的吸附行为

1. 干煤分子对单组分气体的吸附

在压力0~5 MPa，温度25~55 ℃条件下，模拟干煤分子对二氧化碳、氧气、甲烷和氮气的吸附，并采用朗格缪尔模型对模拟结果进行拟合，得到不同温压下4种气体在干煤模型中的吸附量，如图4-22所示。

由图4-22可知，当压力一定时，气体的吸附量随着温度的升高而降低。二氧化碳吸附量由1.42 mmol/g降低到1.26 mmol/g；氧气吸附量由1.18 mmol/g降

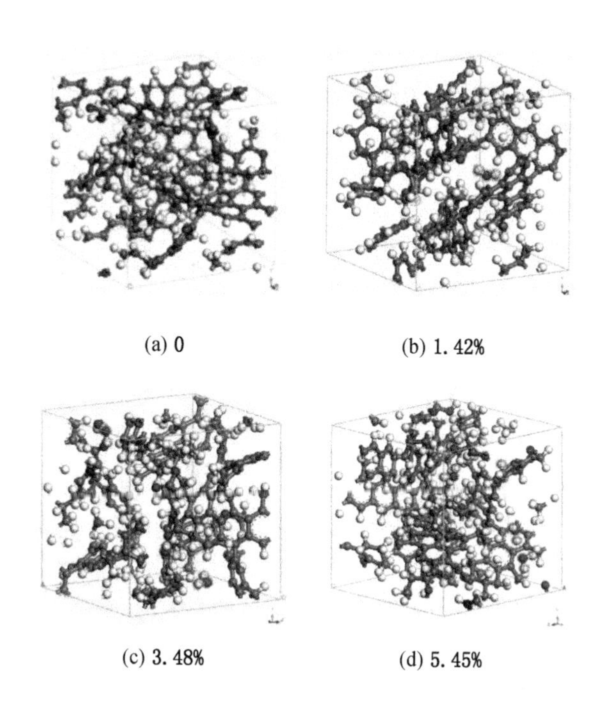

图 4-21 不同水分含量烟煤分子结构模型

低到 0.87 mmol/g；甲烷吸附量由 0.68 mmol/g 降低到 0.54 mmol/g；氮气吸附量由 0.57 mmol/g 降低到 0.44 mmol/g。因此，温度升高不利于煤吸附气体。由于温度升高，气体分子的热运动和动能增加，克服分子间作用力的能力增大，故煤基质表面对气体的吸附量减少。

当温度一定时，气体的吸附量随着压力的增大而增大，但其变化趋势不同。二氧化碳吸附量在 0～2 MPa 之间骤增，吸附速率迅速增加，几乎呈直线上升；在 2～5 MPa 时吸附速率减小，吸附量增加减缓，最终趋于稳定。甲烷在 0～3 MPa 之间吸附速率增加较快，吸附量迅速增加；在 3～5 MPa 之间吸附量逐渐趋于稳定。相较于甲烷和二氧化碳的吸附等温线，氧气和氮气等温吸附曲线上升趋势显著，吸附量随着压力的增大而增加，在压力较大时上升速率减缓，氧气吸附量始终大于氮气吸附量。

煤对气体的吸附过程为物理吸附，吸附与脱附同时存在，当二者达到平衡状态，吸附量趋于稳定。在快速吸附阶段，游离气体与吸附气体在煤孔隙结构内部处于相互转化状态。随着压力增大，煤体内部游离态气体压力增加，迫使游离态

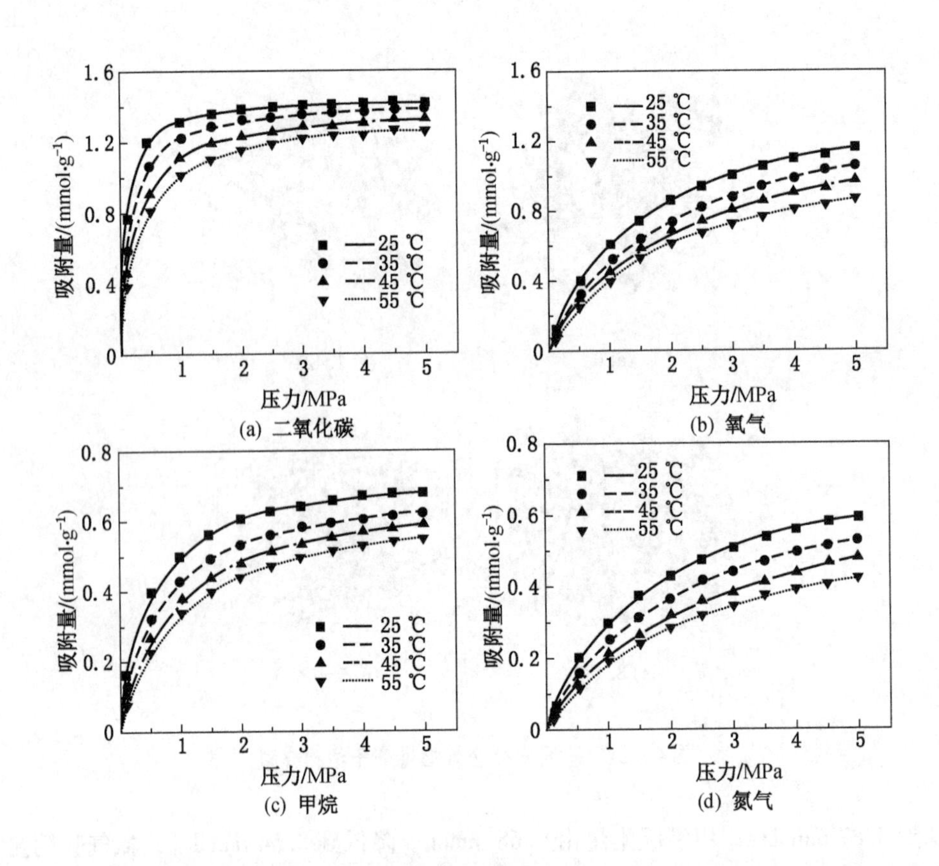

图4－22　干煤模型对不同气体的等温吸附曲线

气体加速向吸附点位靠近，转化为吸附态。在压力较低时，气体会在煤的大孔、介孔表面吸附，而较大压力会使气体分子向微孔、超微孔靠近，进入低压状态时难以进入孔隙，发生微孔填充现象。因此，随着压力增大，各组分气体吸附量增加。在趋于平缓阶段，游离态与吸附态气体在前期吸附过程中占据了孔隙中大部分吸附位点，而孔隙结构中吸附位点数量是一定的，因此随着压力增大，气体吸附达到平衡状态，只有少量分子发生吸附行为。此阶段吸附量增加缓慢，吸附等温线趋于平缓。

由于煤对不同种类气体的吸附能力不同，不同气体的极限吸附量存在差异。通过 Langmuir 函数拟合得到不同温度煤吸附气体常数，见表4－13。曲线的拟合优度 R^2 均大于0.99，模拟数据具有可靠性，其中吸附常数 a 表示煤对气体的极限吸附能力，b 表示煤吸附气体快慢的程度。

表 4-13 不同温度煤吸附气体的 Langmuir 拟合参数

气体	温度/℃	$a/(mmol \cdot g^{-1})$	b/MPa^{-1}	R^2	气体	温度/℃	$a/(mmol \cdot g^{-1})$	b/MPa^{-1}	R^2
二氧化碳	25	1.42	10.71	0.997	甲烷	25	0.68	2.13	0.994
	35	1.40	6.43	0.998		35	0.63	1.67	0.996
	45	1.33	4.22	0.997		45	0.60	1.19	0.991
	55	1.26	3.24	0.996		55	0.54	1.04	0.993
氧气	25	1.18	0.68	0.998	氮气	25	0.57	0.63	0.996
	35	1.06	0.57	0.998		35	0.55	0.50	0.994
	45	0.98	0.54	0.999		45	0.48	0.41	0.998
	55	0.87	0.50	0.999		55	0.44	0.40	0.996

由表 4-13 可知，4 种气体吸附常数 a 的关系为：$a_{(二氧化碳)} > a_{(氧气)} > a_{(氮气)} > a_{(甲烷)}$。相同条件下，二氧化碳吸附常数 a 值最大，其极限吸附能力最强，吸附量大于其他三者。吸附作用主要发生在煤孔隙内，气体吸附量与气体分子动力学直径和孔隙中有效吸附面积有关。模拟时选用的探针分子越小，探测到孔隙的容积和表面积越大，即动力学直径越小的分子在吸附时所探测的有效吸附孔隙越多，则孔隙结构中的吸附点位越多，气体吸附量大，吸附能力越强。甲烷、氧气、氮气和二氧化碳的动力学直径分别为 3.8 Å、3.46 Å、3.64 Å、3.3 Å，气体动力学直径小于煤的孔径时，气体能顺利进入孔隙发生吸附作用，二氧化碳的动力学直径最小，相比于其他气体会优先进入孔隙进行吸附，占据更多吸附点位，所以二氧化碳表现出强吸附能力。

b 值越大，煤样吸附达到饱和需要的压力越低。在相同条件下，4 种气体的吸附常数 b 的关系为：$b_{(二氧化碳)} > b_{(甲烷)} > b_{(氧气)} > b_{(氮气)}$，4 种气体吸附量达到饱和所需的压力的关系为：二氧化碳＜甲烷＜氮气＜氧气。当压力在 0 ~ 2 MPa 时，煤分子吸附二氧化碳速率大于甲烷、氧气与氮气，当压力升高至 2 MPa 后，二氧化碳和甲烷吸附量增加缓慢并逐渐饱和，而氧气和氮气的吸附量仍在不断上升。

不同气体等量吸附热与温度的关系如图 4-23 所示。4 种气体的等量吸附热大小受温度影响较小。二氧化碳吸附热在 34 ~ 35 kJ/mol，甲烷吸附热在 23 ~ 25 kJ/mol，氧气略高于氮气，但相差不大，均在 20 ~ 21 kJ/mol 范围内。4 种气体吸附热值都小于 40 kJ/mol，表明在 25 ~ 55 ℃ 温度范围内，4 种气体在煤中的吸附均为物理吸附。4 种气体吸附热由大到小的顺序为：二氧化碳＞甲烷＞氧

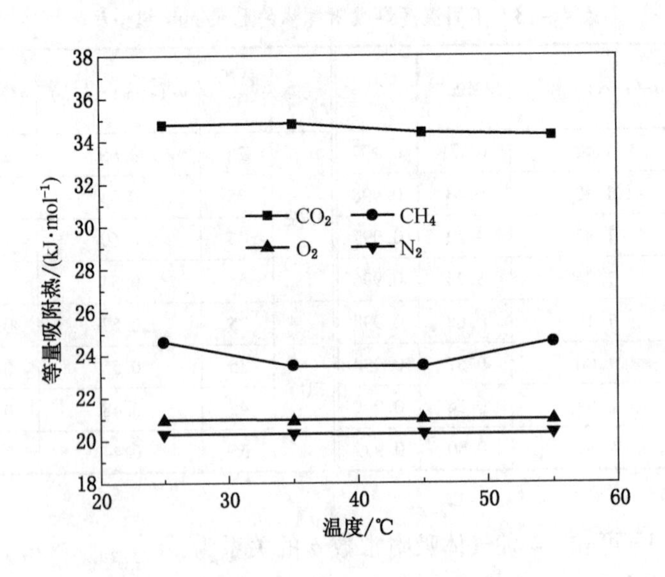

图 4－23　不同气体等量吸附热与温度的关系

气＞氮气。

2. 干煤分子对多组分气体的竞争吸附

为直观体现二氧化碳与氧气、甲烷和氮气组分气体间竞争吸附的差异性，将二氧化碳与氧气、甲烷、氮气 3 种气体分别以摩尔比为 1∶1 混合，组成二氧化碳/氧气、二氧化碳/甲烷、二氧化碳/氮气 3 组混合气体，在压力 0～5 MPa，温度 35 ℃条件下，模拟研究混合组分在干煤模型中的竞争吸附行为。二氧化碳/氮气、二氧化碳/甲烷、二氧化碳/氧气混合组分吸附等温线，如图 4－24 所示。

气体组分含量、分子动力学直径、分子极性和扩散速率等都会影响多组分气体的竞争吸附，进而影响各组分气体的吸附量。由图 4－24 可知，温度一定时，二氧化碳/氮气、二氧化碳/甲烷与二氧化碳/氧气混合系统中各组分的吸附量随着压力的增大而增大。在二氧化碳/氧气混合系统中，二氧化碳最大吸附量为 1.15 mmol/g，与单组分二氧化碳的最大吸附量相比下降了 19%；氧气最大吸附量为 0.22 mmol/g，与单组分氧气的最大吸附量相比下降了 81%，且氧气吸附量远小于二氧化碳吸附量。气体进入煤孔隙后，二氧化碳分子动力学直径小，有效吸附孔隙比氧气多。二氧化碳在相互作用强的低能量区域可以优先被吸附，占据吸附位点，表现出明显的竞争吸附优势，导致供氧气吸附的空间减少。因此，二氧化碳气体加入抑制了煤对氧气的吸附。

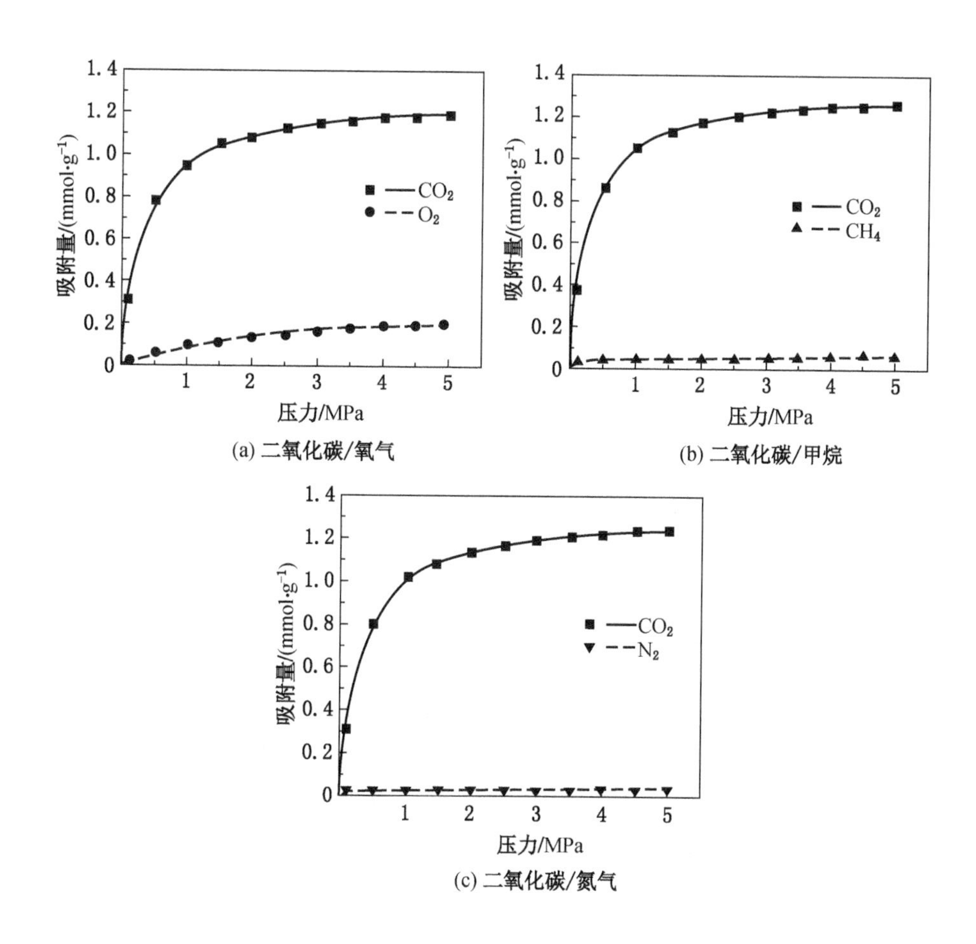

(a) 二氧化碳/氧气

(b) 二氧化碳/甲烷

(c) 二氧化碳/氮气

图 4－24　干煤模型吸附混合组分气体等温吸附曲线

在二氧化碳/甲烷混合系统中，二氧化碳最大吸附量为 1.26 mmol/g，甲烷最大吸附量为 0.06 mmol/g。相比于单组分气体吸附，甲烷吸附量下降了 46% 。与二氧化碳/氧气混合系统相比，甲烷吸附量减少更多，可见甲烷相较于氧气更易受到二氧化碳的影响。在二氧化碳/氮气混合系统中，二氧化碳最大吸附量为 1.23 mmol/g，氮气最大吸附量为 0.03 mmol/g，氮气吸附量下降了 95% ，与上述两种气体下降程度对比发现，氮气吸附量受到二氧化碳的影响最大。

图 4－25 是在温度 35 ℃，二氧化碳/氮气、二氧化碳/甲烷、二氧化碳/氧气混合组分摩尔比为 1：1 条件下，气体混合组分吸附选择性随压力的变化曲线。3 组吸附选择性系数均随压力的增加而减小，吸附选择性系数均远大于 1，说明二

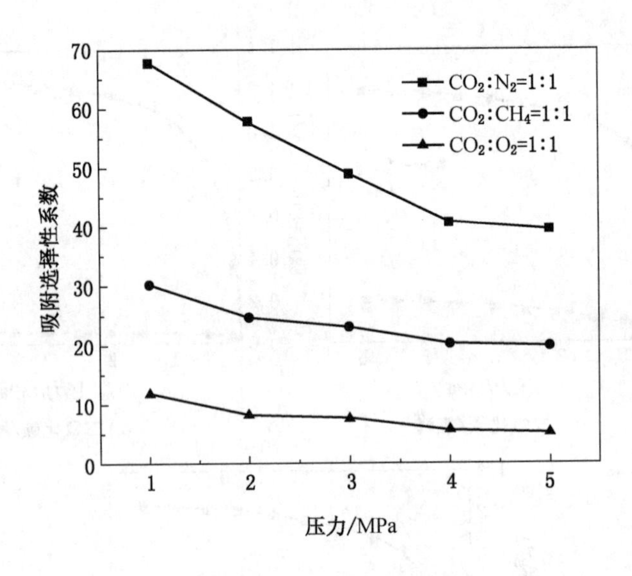

图 4-25　不同气体混合组分吸附选择性随压力的变化

氧化碳对于 3 种气体的竞争吸附优势显著，其中二氧化碳/氮气吸附选择性系数下降程度最大。说明 3 种气体中氮气更易受二氧化碳竞争吸附影响。相比氮气，二氧化碳动力学直径小，吸附点位多。当二氧化碳与氮气发生竞争吸附时，二氧化碳更易被煤体吸附。二氧化碳/甲烷、二氧化碳/氧气吸附选择性系数虽小于二氧化碳/氮气，但其仍远大于 1，故将二氧化碳作为驱替煤层中的甲烷和防治煤自燃都能产生较好的效果。

在相同条件下，3 种混合组分系统的吸附量较单组分气体吸附量均减少，这是由于气体间存在竞争吸附行为，各气体分子的动力学直径不同、对官能团的敏感程度不同，导致其他组分的游离态气体或吸附态气体存在都会影响单组分气体的吸附。混合系统中 3 种气体受二氧化碳吸附能力影响由大到小的顺序为：氮气＞甲烷＞氧气。

相互作用能可以反映系统稳定性。在该体系中，吸附质-吸附剂分子与吸附质分子之间的相互作用能包括范德华能、静电能和分子内能。由于分子内能对吸附过程影响不大，因此，主要分析范德华能和静电能。

不同摩尔比相互作用能随压力的变化如图 4-26 所示，35 ℃时二氧化碳/氧气混合吸附体系的相互作用能随着压力和二氧化碳摩尔分数的增加而增加。随着压力从 0.1 MPa 增加到 5 MPa 时，相互作用能由 -4.89 kcal/mol 增加

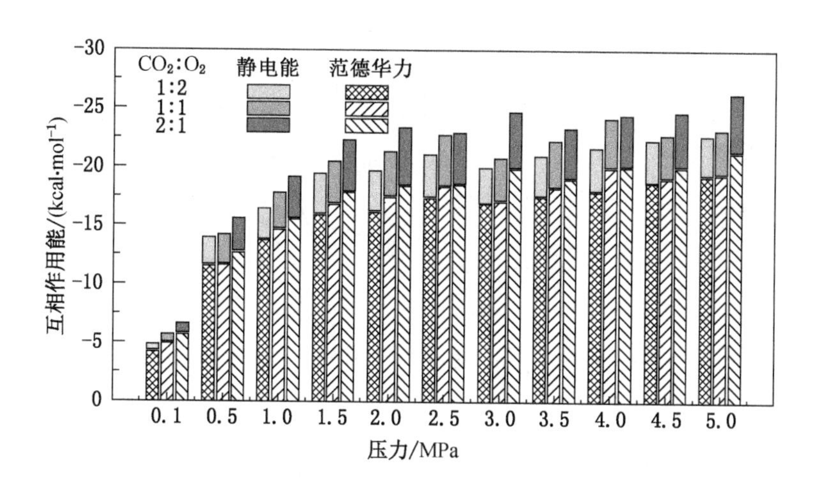

图 4-26 不同摩尔比相互作用能随压力的变化

到 -22.81 kcal/mol。范德华能和静电能随压力的变化趋势相似，即初始阶段迅速增加，2.5 MPa 后趋于稳定。这也与吸附量随压力的变化趋势一致。相互作用能越大，吸附发生的可能性越大，体系越稳定。因此，随着压力和二氧化碳摩尔分数的增加，体系稳定性增强。范德华能在吸附中起主导作用，约占总能量的 80%。单组分吸附数据表明，二氧化碳与煤分子之间的范德华能远大于氧气。纯氧气体系中不存在静电能，使得煤与二氧化碳亲和力更强。

4.4.3 不同含水量煤分子对气体的吸附行为

1. 不同水分含量煤分子对单组分气体的吸附

为探究水分含量对煤吸附特性影响，在压力 0 ~ 5 MPa，温度 25 ℃条件下，模拟研究水分含量分别为 1.42%、3.48% 和 5.45% 的湿煤模型对单组分甲烷、二氧化碳、氧气和氮气的吸附特性。不同含水量煤分子吸附单组分气体的等温吸附曲线如图 4-27 所示。

由图 4-27 可知，不同含水量煤样吸附单组分气体的吸附量随着压力的增加而增大。不同水分含量煤吸附单组分气体与干煤吸附单组分气体的吸附曲线变化趋势基本一致，都符合 Langmuir 模型，因此，建立的不同水分含量模型在设定条件下模拟结果可靠。当温度和压力一定时，随着含水量的增加，甲烷、二氧化碳、氧气和氮气的吸附量降低。由于水在煤孔隙结构中渗透、吸附，使煤孔隙结构内部被水分润湿，煤与水分子间的相互作用力比煤与其他气体间的作用力强，

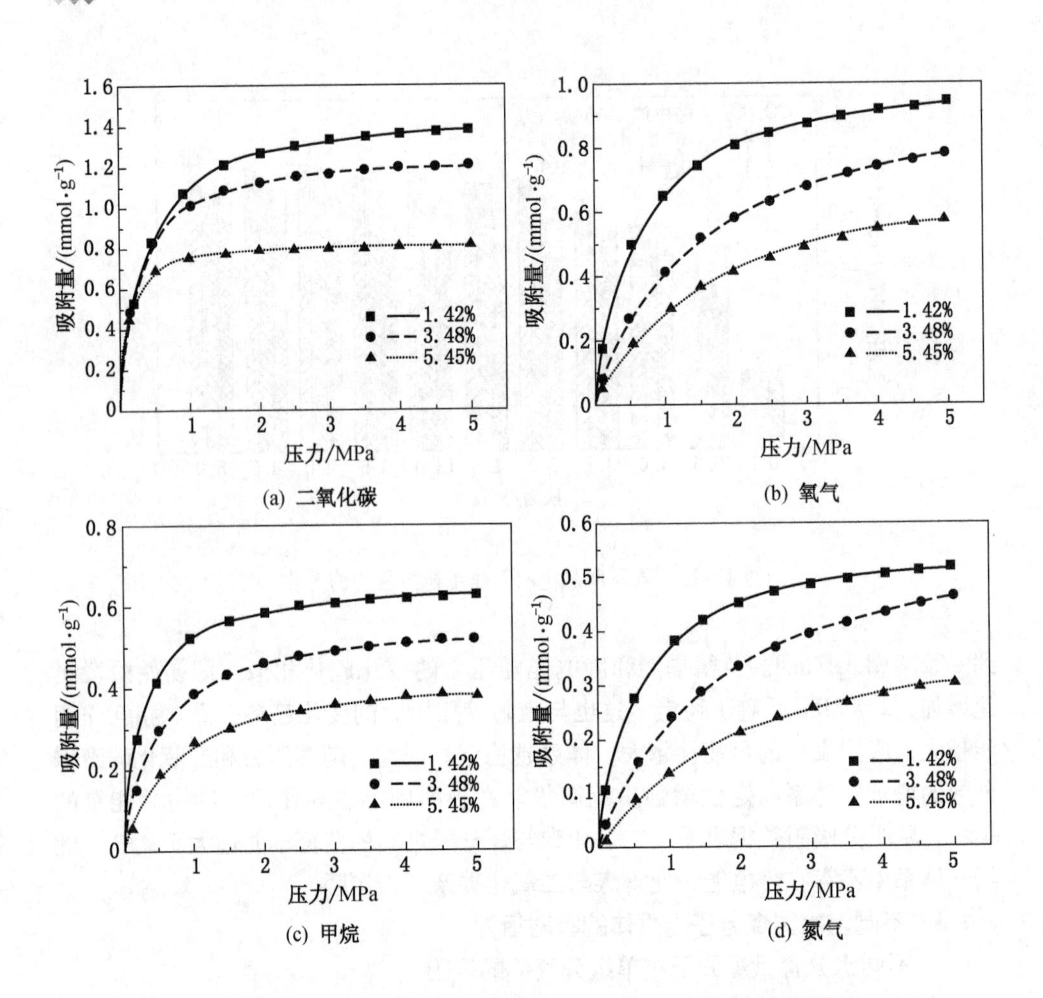

图4－27　不同含水量煤分子吸附单组分气体的等温吸附曲线

煤表面被水分子覆盖，形成吸附层，阻止了其他气体分子与煤表面的吸附位结合，使得煤对其他气体的吸附作用减弱。相对于甲烷、二氧化碳、氧气和氮气分子，水分子与煤表面官能团更容易形成稳定的氢键结构。吸附在煤孔隙结构中的水分子数量越多，占据的吸附位增多，则氧气、二氧化碳、氮气、甲烷分子的吸附空间越少，部分水分子驱替已经吸附的氧气、二氧化碳、氮气、甲烷分子，各组分气体的吸附量下降，导致煤的吸附能力降低。但是水分子加入没有改变气体分子的吸附曲线类型。

气体吸附量与煤分子含水量之间的关系曲线如图4－28所示。4种气体的吸

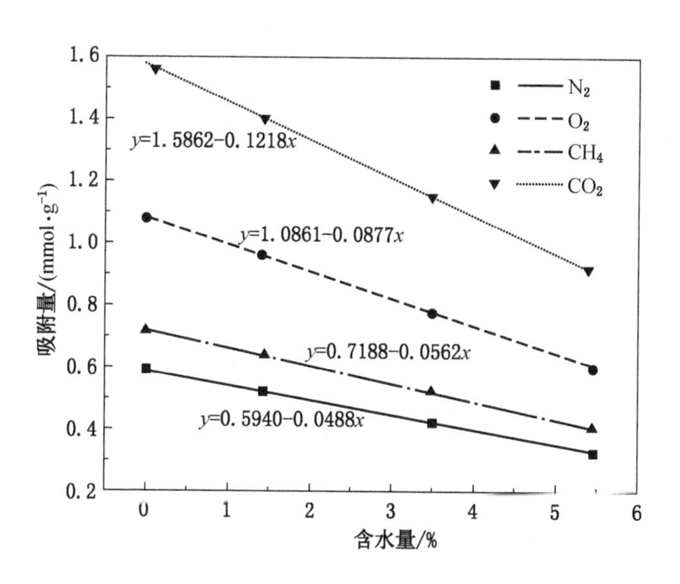

图 4-28　气体吸附量与煤分子含水量之间的关系

附量大小顺序为：二氧化碳>氧气>甲烷>氮气。水分含量为 1.42% 的模型与干煤模型吸附气体的等温吸附曲线基本重合，因此，水分含量低时对气体吸附能力的影响较小。水分含量增加降低了煤对气体的吸附能力，当水分含量从 0 升高至 5.45% 时，氧气、二氧化碳、氮气、甲烷的吸附量分别下降了 44.14%、44.59%、47.27%、44.08%。水与各组分气体之间存在对吸附位的竞争和对吸附空间的竞争两种竞争。由于水分子和二氧化碳与煤表面的吸附位结合时，水分子比二氧化碳优先吸附在相互作用力强的低能量区域，占据煤表面大多数吸附位，而含水煤中的二氧化碳只能与剩余的吸附位结合，故水分含量越高，煤对二氧化碳的吸附能力越弱。当煤接触少量水分后，会发生化学作用释放热量，煤体吸收水分，产生膨胀变形，煤内部裂隙增大，表面积增加，氧气附着能力提高。随着水分含量增加，水分子与氧气的竞争吸附作用加强，大量吸附点位被水分子占据，使煤无法吸附更多氧气，当水分含量从 1.42% 升高至 5.45% 时，煤对氧气的吸附作用减弱。由此可见，水分含量越大，对煤自燃的抑制作用越明显。对于甲烷，有研究表明随着水分含量的增加，甲烷和水的吸附位峰值没有明显移动，因此，甲烷和水之间不存在对吸附位的竞争，其吸附量降低的主要原因是甲烷和水竞争吸附空间。

2. 不同水分含量煤分子对多组分气体的竞争吸附

为探究水分含量对多组分气体竞争吸附的影响，在压力 0 ~ 5 MPa，温度 25 ℃ 条件下，模拟研究水分含量分别为 1.42%、3.48% 和 5.45% 的湿煤模型对二氧化碳/氧气混合组分气体的吸附特性。不同含水量煤对二氧化碳/氧气混合气体的等温吸附曲线如图 4 - 29 所示。

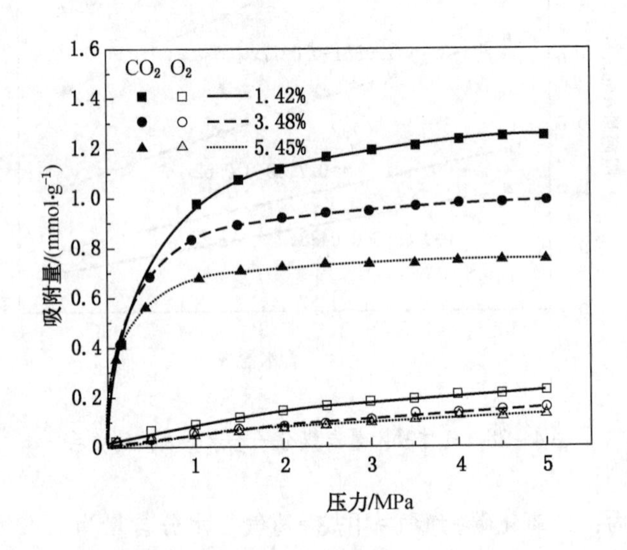

图 4 - 29　不同含水量煤对二氧化碳/氧气混合气体的等温吸附曲线

由图 4 - 29 可知，在煤 - 二氧化碳/氧气混合组分体系中，随着压力的增大，不同水分含量煤分子对各组分气体的吸附量均增加；随着水分含量的增加，各组分气体的吸附量减少，但其减少程度存在差异，因为水分与气体间存在竞争关系，且对不同组分气体的影响不同。氧气吸附量增加幅度受压力影响较小，二氧化碳表现出明显的吸附优势。随着水分含量的增大，氧气吸附量下降了 43.58%，二氧化碳吸附量下降了 47.91%，水分含量对二氧化碳吸附能力的影响大于氧气。与单组分吸附系统相比，二氧化碳和氧气吸附量的下降程度变化不大，随着煤的含水量增加对气体竞争吸附的抑制作用相同。

5 采空区二氧化碳耗散运移理论研究

5.1 采空区多孔介质特性

5.1.1 多孔介质定义

多孔介质是由多相物质所占据的空间或多相物质共存的一种组合体。在多孔介质区域，固体相称为固体骨架，没有固体骨架的空间为孔隙或空隙，由液体、气体或气液两相占有。固体骨架分布于多孔介质占据的整个空间内，相互连通的孔隙为有效孔隙，互不连通或虽然连通但流体很难流通的孔隙为死端孔隙。

采空区是由冒落岩石和遗煤组成的孔隙介质。空气在采空区的流动属于孔隙介质中的渗流运动。如图5－1所示，陷落岩石的孔隙和裂隙的形状、大小、连通性等各不相同，因而在不同孔隙中或同一孔隙不同部位上，气体流动形状也各不相同。由于研究个别孔隙或个别裂隙中气体流动特征较为困难，且没有实际价值。因此本书研究采空区气体在孔隙介质的平均运动，即具有平均性质的渗流规律。

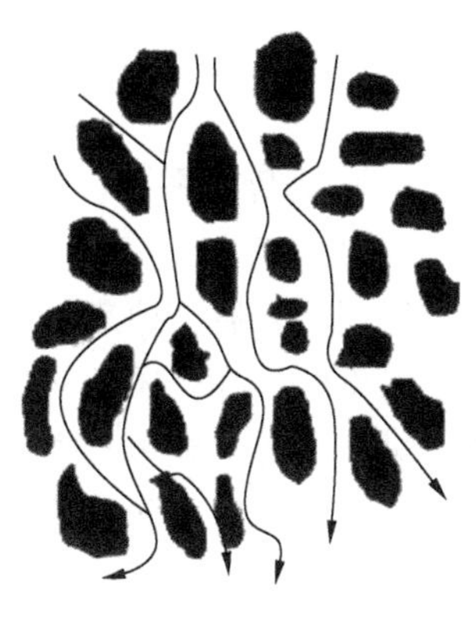

图5－1 孔隙介质渗流运动示意图

5.1.2 多孔介质表征参数

多孔介质的孔隙结构是多孔介质材料的主要特征。反映孔隙结构的参数主要包括孔隙率、颗粒直径、孔隙直径、比表面积、渗透率及结构组合方式等。结构参数与流体在多孔介质中的流动、传热、传质等紧密相关。

1. 孔隙率

孔隙率指多孔介质孔隙所占份额的相对大小，可采用体积孔隙率、面孔隙率和线孔隙率表示，通常用体积孔隙率表示。体积孔隙率指多孔介质中孔隙容积与其总容积之比：

$$\varepsilon = \frac{V_{孔隙}}{V_{总}} \times 100\% \tag{5-1}$$

式中，ε 为孔隙率；$V_{孔隙}$ 为多孔介质中孔隙容积，m^3；$V_{总}$ 为总体积，m^3。

孔隙率大小与采空区多孔介质中破碎煤岩体颗粒的形状、粒径分布和颗粒的排列方式相关。理论上，当多孔介质中较小的颗粒呈饱和状态，其与较大颗粒均匀混合时，小颗粒可以占据大颗粒间的空隙，孔隙率减小。事实上，孔隙率大小与采空区环境条件有关，比如采场压力大小、顶板和底板条件、回采工艺等。在综采工作面采空区多孔介质中，采场上覆岩层受采动影响冒落后，大小颗粒并没有混合均匀，且小颗粒不充分，大颗粒间的空隙没有被小颗粒完全填充，所以采空区破碎煤岩体间的空隙仍然较大，且随采空区压实程度变化。由于采场的复杂性，准确得到孔隙率分布相当困难，当前主要通过顶板的碎胀系数计算推导孔隙率分布：

$$\varepsilon = 1 - \frac{1}{K_p} \tag{5-2}$$

式中，K_p 为碎胀系数。

2. 渗透率

煤层开采后，地表移动曲线由覆岩移动曲线演变而成，而覆岩移动曲线也可反映采空区多孔介质压实程度。如图 5-2 所示，随着工作面的推进，采场上覆岩层破断垮落，在垂直方向上形成垮落带、裂隙带和弯曲下沉带，水平方向形成自然堆积区、载荷影响区和压实稳定区。采空区煤岩孔隙率越大，风流通过能力

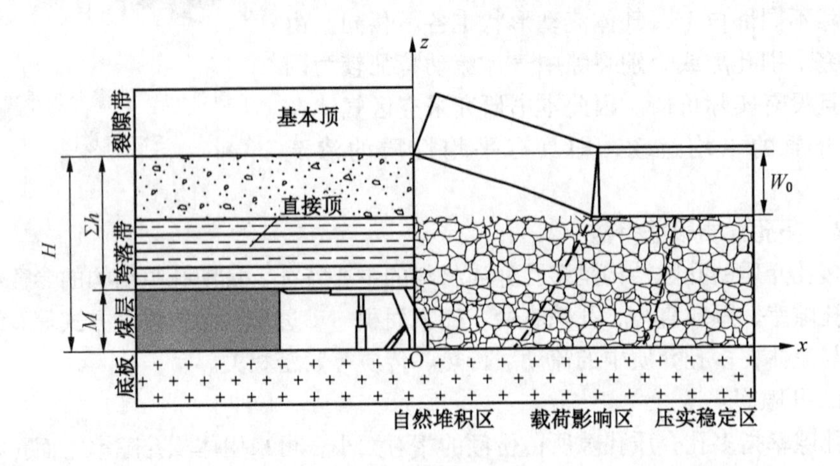

图 5-2　覆岩垮落示意

越强。沿采空区深度方向，采空区孔隙率在靠近工作面侧较大，距工作面越远，采空区孔隙率越小，在压实稳定区内采空区孔隙率基本稳定。沿工作面倾向，受悬臂梁结构影响，采空区靠近煤柱侧孔隙率较大，中部孔隙率较小。

基于“砌体梁”力学模型，采场上覆岩层型态曲线可近似表示为

$$W(x) = W_0(1 - e^{-\frac{x}{2l}})$$

$$W_0 = M - \sum h(K_p - 1)$$

$$l = h\sqrt{\sigma_t/3q} \tag{5-3}$$

式中，$W(x)$ 为砌体梁结构的位移曲线，即上覆岩层下沉量，m；W_0 为关键层最大下沉量，m，$\sum h$ 为砌体梁结构到煤层顶板的距离，m；M 为采高，m；K_p 为压实区岩层的碎胀系数；l 为关键层岩块的断裂长度，m，h 为关键层厚度，m；σ_t 为关键层拉伸强度，MPa；q 为关键层自重及其上覆软岩层的载荷，MPa。

二维时孔隙率为空隙空间的高度 H_{void} 与总高度 H 之比，而岩石破碎后处于松散状态下的体积与破碎前整体体积之比为岩石的碎胀系数。对均匀多孔介质来说，孔隙率与多孔介质存在公式（5－1）所示关系。采动冒落煤岩体组成的采空区具有多孔介质特征，可看作非均匀多孔介质。由于走向方向压实程度不同，故其孔隙率随其距工作面距离 x 的不同而变化。根据图 5－2 中假设，定义处于工作面支架后部的采空区最大孔隙率为 ε_0，则 $\varepsilon_0 = H_{max}/H$，其中 H_{max} 为处于工作面支架后部的采空区最大空隙高度，$H_{max} = W_0 + (H - W_0) \cdot \varepsilon_{min}$。采空区压实区最小孔隙率 ε_{min} 计算见公式（5－2）。孔隙率随采空区走向长度 x 的变化规律可描述为

$$\varepsilon(x) = \frac{H_{max} - W_x}{H} = \frac{W_0 \cdot e^{-\frac{x}{2l}} + (H - W_0)[1 - 1/K_p]}{H} \tag{5-4}$$

利用 Blake－Kozeny 公式计算渗透率：

$$\alpha = \frac{D_p \varepsilon(x)^2}{150(1 - \varepsilon(x))^2} \tag{5-5}$$

式中，D_p 为采空区破碎煤岩平均粒径，m。

5.1.3 多孔介质扩散渗流理论

1. 多孔介质气体扩散

气体穿过煤体孔隙介质的流动包括扩散运动和渗流运动。扩散运动指气体分子做无规则的热运动。扩散形式分为主体扩散、Knudsen 扩散、过渡区扩散和表面扩散 4 种，如图 5－3 所示。

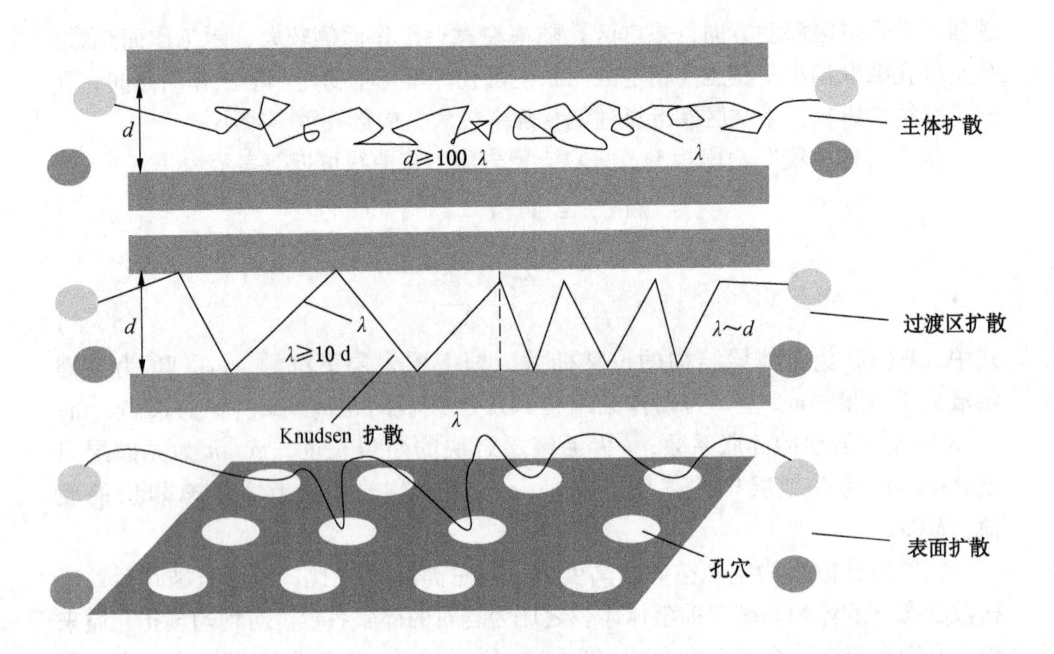

图 5-3　气体扩散形式

主体扩散也叫 Fick 型分子扩散，适用于大孔径和高压系统，主要是分子间碰撞相对于分子与壁面间的碰撞，遵循 Fick 定律。Knudsen 扩散在分子平均自由程远大于分子孔径时，分子与壁面相互碰撞占据主导地位。过渡区扩散是孔道直径与分子平均自由程相当，分子间碰撞和分子与壁面的碰撞同等重要。表面扩散指被吸附的组分分子沿孔壁表面扩散，适用于微孔和强吸附组分。

影响采空区气体运移的主控因素包括：浓度和热梯度造成的分子扩散、压力梯度造成的黏性流或质量流。根据 Fick 定律，扩散满足公式（5-6）：

$$J_i = \rho D_{im}\frac{\partial X_i}{\partial x_i} - \frac{D_i^T}{T}\frac{\partial T}{\partial x_i} \tag{5-6}$$

式中，J_i 为由浓度梯度、热梯度引起的第 i 种气体的扩散流量，$kg/m^2 \cdot s$；ρ 为密度，kg/m^3；D_i^T 为热扩散系数，m^2/s；D_{im} 为混合气体的扩散系数，m^2/s；x_i 为气体 i 的质量分数，%；T 为温度，K。

在非稀薄混合气体中，由于局部混合气体组成的变化而造成 D_{im} 变化：

$$D_{im} = \frac{1 - Y_i}{\sum_{j,j\neq i}\frac{Y_j}{D_{ij}}} \tag{5-7}$$

式中，D_{ij}为对气体j中的气体组分i的二元质量扩散，m^2/s；Y_i为气体i的摩尔分数。

对于非稀薄气体，公式（5－6）可用多组分扩散式代替：

$$J_i = \rho \frac{M_i}{M_{mix}} \sum_{j,j\neq i} D_{ij} \left(\frac{\partial X_j}{\partial x_i} + \frac{X_j}{M_{mix}} \frac{\partial M_{mix}}{\partial x_i} \right) - \frac{D_i^T}{T} \frac{\partial T}{\partial x_i} \tag{5-8}$$

式中，M_i为气体i的分子量；M_{mix}为混合气体的分子量。

2. 达西渗流定律

1）小雷诺数下达西渗流定律

层流状态下采动裂隙椭抛带内流体流动遵循达西渗流定律：

$$\vec{V} = -K\nabla h \tag{5-9}$$

式中，$\vec{V}$为渗流速度，m/s；h为压头，∇为哈密顿算子，$\nabla = \vec{i}\frac{\partial}{\partial x} + \vec{j}\frac{\partial}{\partial y} + \vec{k}\frac{\partial}{\partial z}$；$K$为渗透系数，m/s。$K$是与流体和多孔介质物性相关的常数，取决于多孔介质的结构和流体性质。

$$K = \frac{Eg}{\upsilon} \tag{5-10}$$

式中，E为渗透率，m^2；g为重力加速度，9.81 m/s^2；υ为动力黏滞性系数。

由于$\vec{J} = -\nabla h$，则上式可变为

$$E\vec{J} = \frac{\upsilon}{g}\vec{V} \tag{5-11}$$

式中，$\vec{J}$为压力坡度。

2）大雷诺数下渗流定律

在大雷诺数下，渗流流态由层流逐渐过渡到紊流，达西定律即线性渗流定律不再适用。1965年，Bachmat提出大雷诺数下矢量形式的三维非线性渗流定律：

$$E\vec{J} = \frac{\upsilon}{g}\left(1 + \frac{\vec{V}\beta D_m}{n\upsilon}\right)\vec{V} \tag{5-12}$$

式中，n为采动裂隙椭抛带的孔隙率；β为多孔介质粒子形状系数。

由公式（5－12）可知，当速度V很小时，即层流状态下V^2项可忽略不计。因此，达西定律为Bachmat非线性渗流定律的特例，整个采空区风流运动应用非线性渗流方程来描述。

5.2 遗煤压裂区导通孔隙网络拓扑结构研究

5.2.1 导通孔隙网络基本拓扑结构

根据导通孔隙情况，总结出网络拓扑结构主要包括星形结构、全部互连结构、环形结构、总线结构、树形结构和不规则形，如图5－4所示。各种形状具有不同的性质，如星形结构简单，建网容易，但可靠性差；全部互连结构具有快速通信，可靠性高的优点；环形实现简单，但传输信息量较小；总线结构简单，扩展容易，可靠性高；树形结构通信线路较短，成本低；不规则形结构适用于节点地理分散的情况。

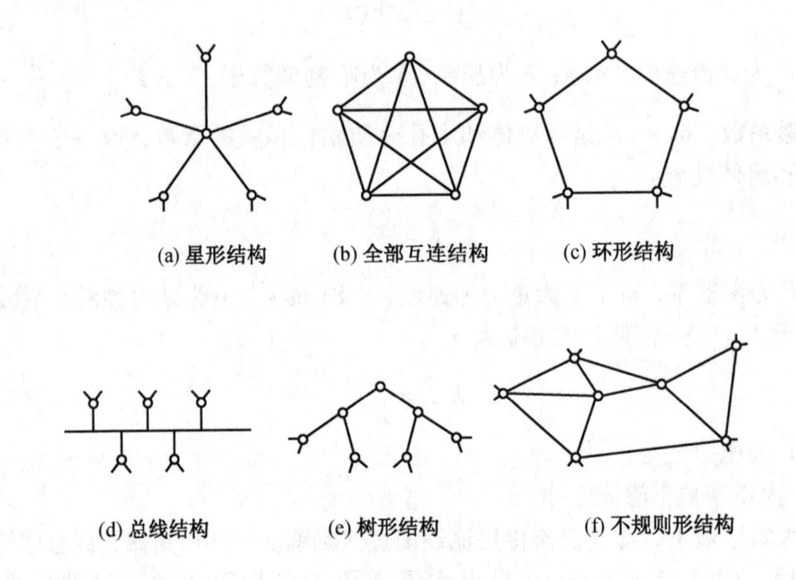

图5－4　网络拓扑结构示意

5.2.2 采空区孔隙结构影响因素分析

1. 松散煤孔隙结构表征结果

分别制备粒径为1 mm、0.7 mm、0.6 mm、0.5 mm、0.3 mm、0.2 mm和0.1 mm的煤样，对煤样进行切片并扫描切片面，放大300倍观察煤样间孔隙，如图5－5所示，为后续多孔介质研究、模型建立和等效孔隙网络结构表征提供基础依据。

2. 孔隙拓扑结构影响因素分析

采空区孔隙结构与煤自燃的影响关系如图5－6所示。

(a) 0. 1 mm

(b) 0. 2 mm

(c) 0. 3 mm

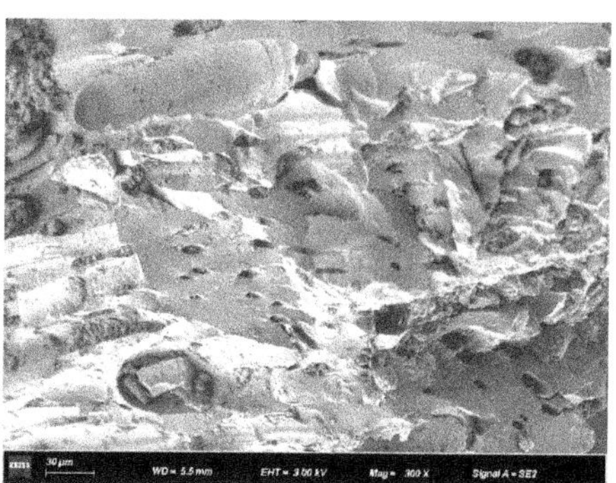

(d) 0. 5 mm

(e) 0. 6 mm

(f) 0. 7 mm

(g) 1 mm

图 5 - 5　煤样放大 300 倍电镜扫描

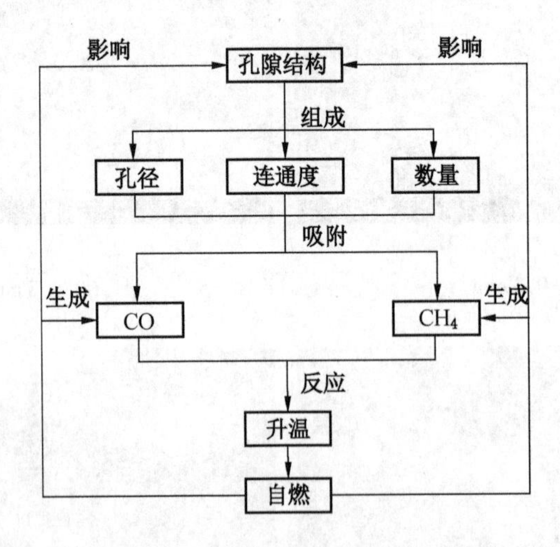

图 5 - 6　煤体孔隙结构影响因素示意

由图 5 - 6 可知，由一定数量不规则煤随机堆积形成具有连通性质的孔径称为孔隙结构。采空区遗煤前期进行吸附反应，可以吸附遗煤升温过程中生成的 CO、CH_4 等有害气体。随着升温的进行，采空区煤体孔径增大、连通度增加、

煤体数量减少，为风流供氧作用提供了更多机会，使得煤自燃现象更易发生。

（1）孔径分类。孔径不同，孔隙连通度和自身结构存在差异，按照孔径分类标准表征孔径的拓扑结构也不相同。根据霍多特分类标准，并结合现有学者研究得到的孔径占比，所用孔隙分类和占比见表5－1。

表5－1 孔隙分类和占比统计表

分类	微孔/nm	过渡孔/nm			大孔/nm
范围	<5	5～10	10～25	25～50	50～175
比例	10.01%	11.59%	22.99%	3.74%	51.67

（2）连通度。孔隙的连通度是煤体间孔隙与外界连通的数量。连通度越高，证明煤体间孔隙与外界的气体交换效率越高。二维采空区孔隙结构如图5－7所示。若采空区存在漏风，风流会流经采空区煤体堆积而成的空隙，为煤发热乃至自燃提供氧气条件，而当煤体自身存在不连通裂隙，风流虽不能由裂隙到达其孔道，但可以通过裂隙吸附区域内的CH_4、CO气体。

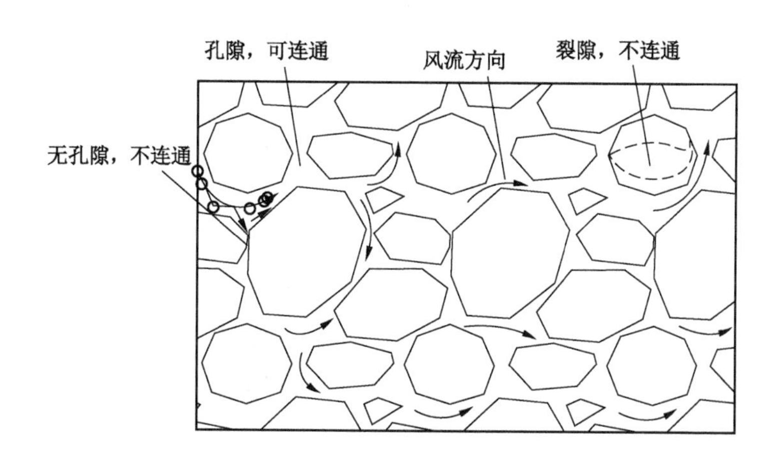

图5－7 采空区孔隙结构示意

（3）孔隙数量。当孔隙数量增多时，孔隙间连通量增加，则连通路线也随之增加。风流流经多孔介质使多孔介质氧气量增加。随着孔隙数量增加，暴露在外界与空气、CH_4、CO的接触面积增大，为吸附和煤自燃提供了良好的条件。

5.2.3 等效孔隙网络拓扑结构表征方法

结合实验分析和算法模拟采空区网络拓扑结构，提出一种基于等效煤体模拟技术分析采空区煤体间的孔隙规律的方法，即一种煤的等效孔隙网络拓扑结构表征方法，如图 5-8 所示。具体步骤如下：

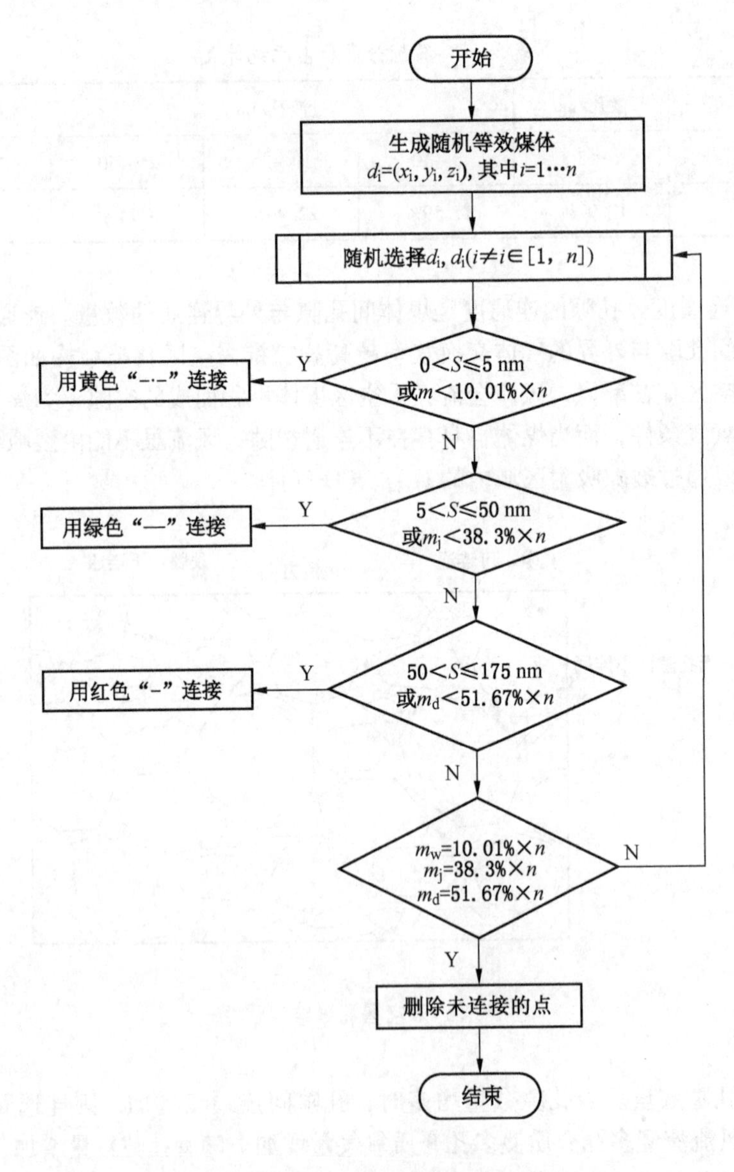

图 5-8　煤的等效孔隙网络拓扑结构表征方法

步骤1，对煤样进行工业分析和压汞实验，得到微孔、介孔和大孔的占比，为后续网络拓扑结构提供基础数据支撑。

步骤2，结合步骤1中的实验数据以及煤样微孔、介孔和大孔占比，运用rand函数在三维坐标轴 x，y 和 z 的0～175μm生成 n 个点等效代替 n 块煤体 d_i，随机选择等效煤体 d_i，$d_i=(x_i,y_i,z_i)$，其中i＝1，2，…，n，x_i，y_i，z_i 分别为微孔、介孔和大孔占的孔径。

步骤3，利用蒙特卡罗方法随机选取两点，计算两随机点间的距离 S，通过Matlab智能判断 S 所属孔径范围。

步骤4，依次判断距离 S 是否满足相应条件，根据满足的条件将两点用不同线条连接，最后删除未连线点，形成等效孔隙网络拓扑结模型二维结构，具体包括：

步骤4.1，判断两点距离是否满足 $0<S\leqslant5$ nm或满足该距离的次数 $m_w<10.01\%\times n$，如果是，将两点用“－・－”连接；如果否，进行步骤4.2；

步骤4.2，判断两点距离是否满足 $5<S\leqslant50$ nm或满足该距离的次数 $m_j<38.3\%\times n$，如果是，将两点用“—”连接；如果否，进行步骤4.3；

步骤4.3，判断两点距离是否满足 $50<S\leqslant175$ nm或满足该距离的次数 $m_d<51.67\%\times n$，如果是，将两点用“－”连接；如果否，进行步骤4.4；

步骤4.4，判断 m_w，m_j，m_d 是否等于 $10.01\%\times n$，$38.3\%\times n$，$51.67\%\times n$，若不满足，表明随机选择的两点不符合等效孔隙网络构建，需重新随机选择两点继续该流程，最后删除未连线的点。

步骤5，通过冒泡排序算法判定两条直线是否相交，若相交，则删除短的一条线，得到优化后的等效网络拓扑结构图，如图5－9所示，拓扑结构图中包含多个等效节点1和多个等效分支2。

煤体孔隙扫描电镜结果如图5－10所示，通过该算法模拟煤体在三维状态下随机分布的空间位置，忽略煤体空间大小，分析煤体间孔隙连通关系。

剔除边缘化的煤体以及集中率较低的煤体后，以位置较优的20个煤体为例，在计算机三维绘图空间中生成20个随机点，按照上述方法选择其中两个点计算孔径。若满足孔径分类标准中所述3类孔径，则将其分别连接，使两点之间孔径连通，直至满足孔径分类标准中孔径占比，若最终剩余节点未连接或有交叉连线，则删除未连接节点以及交叉连线中较短的连线。通过该算法模拟计算连接后得到孔隙拓扑结构三维图，如图5－11所示。孔隙数量及占比见表5－2。

由图5－11和表5－2可知，当三维空间有20个点时可生成56条孔隙连通通路，其中微孔孔隙连通6条，占比10.7%，过渡孔连通20条，占比35.7%，

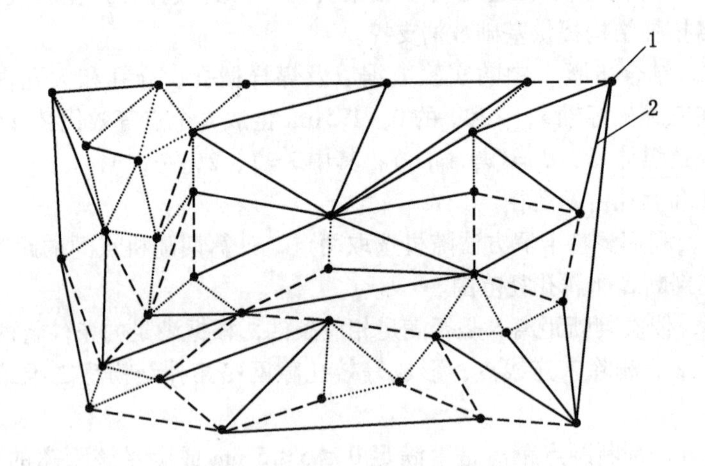

1—等效节点；2—等效分支

图 5-9　等效网络拓扑结构

图 5-10　煤体孔隙电镜扫描图

大孔占比 30 条，占比 53.6%，测量结果均在误差范围内。与二维空间扫描电镜显示的 27 条孔隙连通通道相比，煤体间孔隙连通数量增长 107%，能够清晰显示各煤体间连通情况以及连通孔隙的孔径类别。

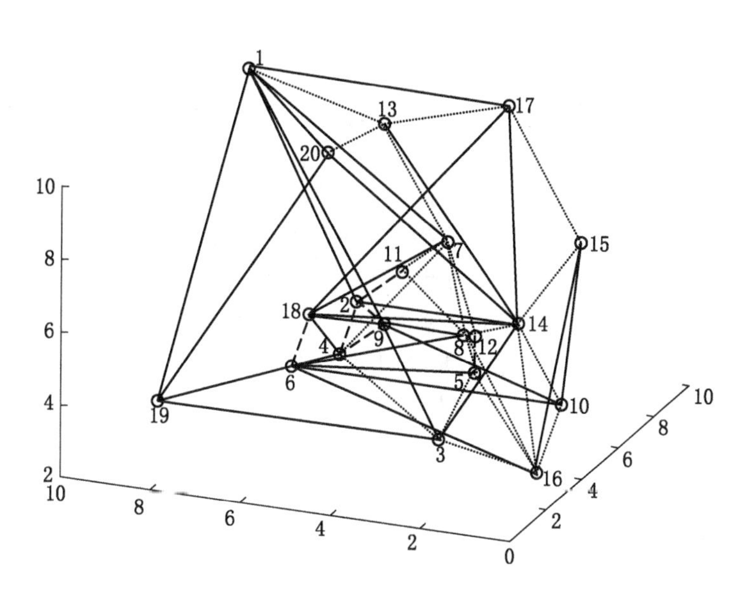

图5－11 孔隙拓扑结构三维示意图

表5－2 孔隙数量及占比

分类	微孔	过渡孔	大孔
数量	6	20	30
比例	10.7%	35.7%	53.6%

5.2.4 采空区导通孔隙渗透率三维分布数学模型

通过建立孔隙率三维分布模型，根据 Ergun 方程推导得出采空区的渗透率三维分布函数。数学模型坐标如图 5－2 所示。x 为工作面走向，坐标零点位于支架后部，沿采空区深度方向逐渐增大，设工作面回采长度为 L_x，则 $x \leqslant L_x$；y 为工作面倾向，工作面长度为 L_y。考虑 U 形工作面对称特性，将坐标零点设置于工作面中部，沿着风流方向为正，且 $y \leqslant L_y/2$；z 为工作面高度方向，坐标零点位于工作面底板平面上，方向与高度方向一致。

在 y 方向上，孔隙率的分布函数 $\varepsilon(y)$ 可看作是以 y 坐标为对称轴的 2 条指数曲线，将 x 方向上的孔隙率分布扩展到 xy 平面上，构建与 x 方向相似的孔隙率分布函数。孔隙率随采空区走向长度 x 的变化规律见公式（5－4）。

$$\varepsilon(x,y)=\varepsilon(x)\mathrm{e}^{ay+b} \tag{5-13}$$

式中，a、b 为待定系数。

边界条件为 $\varepsilon(x,y)\mid_{y=0}=\varepsilon(x)$，$\varepsilon(x,y)\mid_{y=L_y/2}=\varepsilon(x)\mid_{x=0}$，求解可得：

$$a=\frac{2}{L_y}\ln\left(\frac{m}{m-W(x)}\right),\ b=0 \tag{5-14}$$

在高度方向上，以关键层为分界线，在关键层下部，受上覆岩层重力影响，孔隙率沿 z 方向呈逐渐增大的分布特征；在关键层上部，孔隙率沿 z 方向逐渐减小。采空区数值模型显示在底部煤岩混合区域，灾害对关键层上部影响很小。因此应重点关注 $z\leqslant H$ 区域。设该区域内孔隙率在 z 方向服从线性规律，由实测经验公式得出 xyz 空间孔隙率分布函数：

$$\varepsilon(x,y,z)=\varepsilon(x,y)cz+d \tag{5-15}$$

式中，c、d 为待定系数。

边界条件 $\varepsilon(x,y,z)\mid_{z=0}=\varepsilon(x,y)$，$\varepsilon(x,y,z)\mid_{z=\mathrm{H}}=1$，求解得 $c=\dfrac{1-\varepsilon(x,y)}{H\varepsilon(x,y)}$，$d=\varepsilon(x,y)$，可得：

$$\varepsilon(x,y,z)=\frac{z}{H}+\left(1-\frac{z}{H}\right)\varepsilon(x,y) \tag{5-16}$$

根据 Ergun 方程，采空区渗透率与孔隙率满足：

$$\alpha=\frac{D_{\mathrm{p}}^2[\varepsilon(x,y,z)]^3}{150[1-\varepsilon(x,y,z)]^2} \tag{5-17}$$

5.3 采空区气体输运传热数学模型

5.3.1 采空区漏风场数学模型

1. 达西定律

1856 年法国水力工程师 Darcy 根据多孔介质渗流实验，得出流体通过多孔介质的体积流量 Q 与流经的长度 L 成反比，和横截面积 A 及水头差 ΔH 成正比。

$$Q=\frac{KA\Delta H}{L} \tag{5-18}$$

把 $\Delta H/L$ 理解为水力梯度。结合公式（5－11）和公式（5－18）可得：

$$\vec{V}=K\frac{\Delta H}{L}=KJ \tag{5-19}$$

将采空区遗煤看作各向同性多孔介质，将采空区风流的低速流动看作层流，则适用于小雷诺数下达西渗流定律。由公式（5－19）可得：

$$\begin{cases} u_{x} = K_{x} \dfrac{\partial p}{\partial x} \\ u_{y} = K_{y} \dfrac{\partial p}{\partial y} \\ u_{z} = K_{z} \dfrac{\partial p}{\partial z} \end{cases} \tag{5-20}$$

式中，u_x、u_y、u_z 分别是坐标轴 3 个方向的速度分量；K_x、K_y、K_z 是 3 个方向上的渗透系数；$\partial p/\partial x$、$\partial p/\partial y$、$\partial p/\partial z$ 是每个方向上的压力梯度。

2. 质量方程

漏风风流在采空区的流动适用多孔介质渗流理论。根据流体力学理论，不断流入流出采空区的气体遵守质量守恒定律。在采空区任取一个六面体微元，如图 5－12 所示，边长为 dx、dy、dz，任取一点 $M(x, y, z)$ 分析采空区漏风风流三维流态。

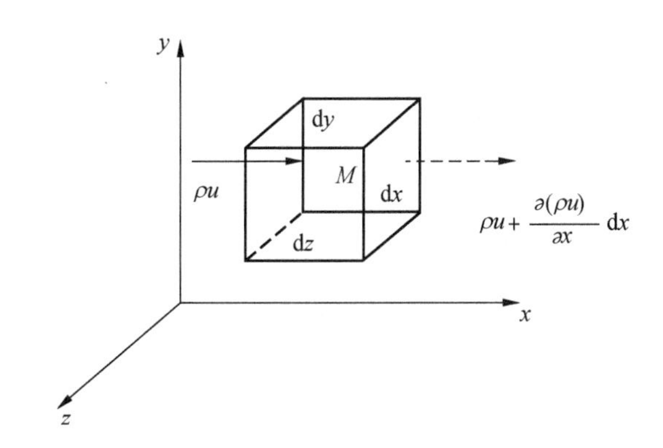

图 5－12　六面体微元

x 方向上流动：设左面的流速为 u_x，在某一微小时间段 dt 里面，从控制体左边沿 x 方向流入的气体质量为 $\rho u_x \mathrm{d}y\mathrm{d}z\mathrm{d}t$，则从微元体右边沿 x 方向流出的气体质量为 $\left(\rho u_x + \dfrac{\partial(\rho u_x)}{\partial x}\mathrm{d}x\right)\mathrm{d}y\mathrm{d}z\mathrm{d}t$。用流出的质量减去流入的质量，则沿 x 方向流出的净质量：

$$\left(\rho u_x + \frac{\partial(\rho u_x)}{\partial x}\mathrm{d}x\right)\mathrm{d}y\mathrm{d}z\mathrm{d}t - \rho u_x \mathrm{d}y\mathrm{d}z\mathrm{d}t = \frac{\partial(\rho u_x)}{\partial x}\mathrm{d}x\mathrm{d}y\mathrm{d}z\mathrm{d}t \tag{5-21}$$

同理，在时间段 dt 里，y 和 z 方向上流出微元体的净质量分别为 $\dfrac{\partial(\rho u_y)}{\partial y}$

$\mathrm{d}x\mathrm{d}y\mathrm{d}z\mathrm{d}t$ 和$\frac{\partial \rho u_z}{\partial z}\mathrm{d}x\mathrm{d}y\mathrm{d}z\mathrm{d}t$。

把采空区浮煤视为连续介质，根据质量守恒定律，净流出微元体的质量等于因气体密度变化而减少的质量，可得：

$$\left[\frac{\partial(\rho u_x)}{\partial x}+\frac{\partial(\rho u_y)}{\partial y}+\frac{\partial(\rho u_z)}{\partial z}\right]\mathrm{d}x\mathrm{d}y\mathrm{d}z\mathrm{d}t=-\frac{\partial \rho}{\partial t}\mathrm{d}x\mathrm{d}y\mathrm{d}z\mathrm{d}t \tag{5-22}$$

简化得：

$$\frac{\partial \rho}{\partial t}+\frac{\partial(\rho u_x)}{\partial x}+\frac{\partial(\rho u_y)}{\partial y}+\frac{\partial(\rho u_z)}{\partial z}=0 \tag{5-23}$$

用场论符号可表示为

$$\frac{\partial \rho}{\partial t}+\nabla(\rho v)=0 \tag{5-24}$$

公式（5－24）即为采空区气体三维流动的连续性方程。采空区气体流速较小，密度基本不变，可视为不可压缩流体，ρ 为常数，则$\partial\rho/\partial t=0$。连续方程为

$$\frac{\partial u_x}{\partial x}+\frac{\partial u_y}{\partial y}+\frac{\partial u_z}{\partial z}=0 \tag{5-25}$$

采空区风流的流动可视为在多孔介质中的渗流，符合或近似符合达西定律，将公式（5－20）代入公式（5－25）得到采空区漏风流场的质量方程：

$$\frac{\partial}{\partial x}\left(K_x\frac{\partial p}{\partial x}\right)+\frac{\partial}{\partial y}\left(K_y\frac{\partial p}{\partial y}\right)+\frac{\partial}{\partial z}\left(K_z\frac{\partial p}{\partial z}\right)=0 \tag{5-26}$$

3. 动量方程

联立微元体的运动方程求解采空区气体速度场和压力场。基于动量守恒定律推导运动方程，建立采空区气体流动动量方程，即 Navier－Stokes 方程。

如图 5－12 所示，作用于六面体表面沿 x 方向的总表面力包括：左右一对面的法向力 $-p_{xx}\mathrm{d}y\mathrm{d}z+\left(p_{xx}+\frac{\partial p_{xx}}{\partial x}\mathrm{d}x\right)\mathrm{d}y\mathrm{d}z$；上下一对面的切向力 $-p_{yx}\mathrm{d}x\mathrm{d}z+\left(p_{yx}+\frac{\partial p_{yx}}{\partial y}\mathrm{d}y\right)\mathrm{d}x\mathrm{d}z$；前后一对面的切向力 $-p_{zx}\mathrm{d}x\mathrm{d}y+\left(p_{zx}+\frac{\partial p_{zx}}{\partial z}\mathrm{d}z\right)\mathrm{d}x\mathrm{d}y$。将上述 3 部分力相加可得 x 方向的总表面力$\left(\frac{\partial p_{xx}}{\partial x}+\frac{\partial p_{yx}}{\partial y}+\frac{\partial p_{zx}}{\partial z}\right)\mathrm{d}x\mathrm{d}y\mathrm{d}z$，作用于 x 方向的质量力为$\rho X\mathrm{d}x\mathrm{d}y\mathrm{d}z$，沿 x 方向流入微元体的动量是 $\rho u_x u_x\mathrm{d}y\mathrm{d}z$，那另一个面流出微元体的动量是$\left[\rho u_x u_x+\frac{\partial(\rho u_x u_x)}{\partial x}\mathrm{d}x\right]\mathrm{d}y\mathrm{d}z$，可知净流入动量是 $-\frac{\partial(\rho u_x u_x)}{\partial x}\mathrm{d}x\mathrm{d}y\mathrm{d}z$。同理可知，沿 y 方向和 z 方向净流入相应表面的 x 方向的动量分别是 $-\frac{\partial(\rho u_y u_x)}{\partial y}$

$dxdydz$ 和 $-\dfrac{\partial(\rho u_z u_x)}{\partial z}dxdydz$。

按照动量守恒原理，单位时间微元体内动量的增加等于单位时间内净流入微元的动量加上微元体内流体所受合力。将上述公式相加并简化得：

$$\frac{du_x}{dt}=X+\frac{1}{\rho}\left(\frac{\partial p_{xx}}{\partial x}+\frac{\partial p_{yx}}{\partial y}+\frac{\partial p_{zx}}{\partial z}\right) \tag{5-27}$$

同理可得 y、z 方向上的方程：

$$\frac{du_y}{dt}=Y+\frac{1}{\rho}\left(\frac{\partial p_{xy}}{\partial x}+\frac{\partial p_{yy}}{\partial y}+\frac{\partial p_{zy}}{\partial z}\right) \tag{5-28}$$

$$\frac{du_z}{dt}=Z+\frac{1}{\rho}\left(\frac{\partial p_{xz}}{\partial x}+\frac{\partial p_{yz}}{\partial y}+\frac{\partial p_{zz}}{\partial z}\right) \tag{5-29}$$

公式（5－27）~公式(5－29）为运动微分方程，式中应力分量需要用速度分量来表达。采空区气体认为是各向同性的不可压缩牛顿流体。广义牛顿内摩擦定律见公式（5－30）：

$$p=2\mu\varepsilon-p\delta \tag{5-30}$$

式中，δ 为三阶单位矩阵。p 与 3 个方向法应力之和关系，见公式（5－31）；ε 是微元体变形速率张量，见公式（5－32）：

$$p=-\frac{1}{3}(p_{xx}+p_{yy}+p_{zz}) \tag{5-31}$$

$$\varepsilon=\begin{bmatrix}\dfrac{\partial u_x}{\partial x} & \dfrac{1}{2}\left(\dfrac{\partial u_x}{\partial y}+\dfrac{\partial u_y}{\partial x}\right) & \dfrac{1}{2}\left(\dfrac{\partial u_x}{\partial z}+\dfrac{\partial u_z}{\partial x}\right)\\ \dfrac{1}{2}\left(\dfrac{\partial u_x}{\partial y}+\dfrac{\partial u_y}{\partial x}\right) & \dfrac{\partial u_y}{\partial y} & \dfrac{1}{2}\left(\dfrac{\partial u_y}{\partial z}+\dfrac{\partial u_z}{\partial y}\right)\\ \dfrac{1}{2}\left(\dfrac{\partial u_x}{\partial z}+\dfrac{\partial u_z}{\partial x}\right) & \dfrac{1}{2}\left(\dfrac{\partial u_y}{\partial z}+\dfrac{\partial u_z}{\partial y}\right) & \dfrac{\partial u_z}{\partial z}\end{bmatrix} \tag{5-32}$$

将广义牛顿内摩擦定律代入公式（5－27）~公式（5－29），展开化简得：

$$\begin{cases}\dfrac{\partial u_x}{\partial t}+u_x\dfrac{\partial u_x}{\partial x}+u_y\dfrac{\partial u_x}{\partial y}+u_z\dfrac{\partial u_x}{\partial z}=X-\dfrac{1}{\rho}\dfrac{\partial p}{\partial x}+\nu\left(\dfrac{\partial^2 u_x}{\partial x^2}+\dfrac{\partial^2 u_x}{\partial y^2}+\dfrac{\partial^2 u_x}{\partial z^2}\right)\\ \dfrac{\partial u_y}{\partial t}+u_x\dfrac{\partial u_y}{\partial x}+u_y\dfrac{\partial u_y}{\partial y}+u_z\dfrac{\partial u_y}{\partial z}=Y-\dfrac{1}{\rho}\dfrac{\partial p}{\partial y}+\nu\left(\dfrac{\partial^2 u_y}{\partial x^2}+\dfrac{\partial^2 u_y}{\partial y^2}+\dfrac{\partial^2 u_y}{\partial z^2}\right)\\ \dfrac{\partial u_z}{\partial t}+u_x\dfrac{\partial u_z}{\partial x}+u_y\dfrac{\partial u_z}{\partial y}+u_z\dfrac{\partial u_z}{\partial z}=Z-\dfrac{1}{\rho}\dfrac{\partial p}{\partial z}+\nu\left(\dfrac{\partial^2 u_z}{\partial x^2}+\dfrac{\partial^2 u_z}{\partial y^2}+\dfrac{\partial^2 u_z}{\partial z^2}\right)\end{cases} \tag{5-33}$$

矢量形式：

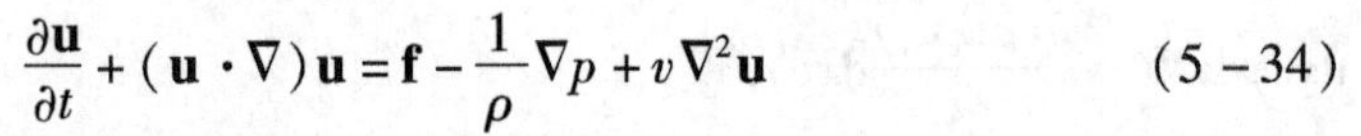

$$\frac{\partial \mathbf{u}}{\partial t}+(\mathbf{u}\cdot\nabla)\mathbf{u}=\mathbf{f}-\frac{1}{\rho}\nabla p+v\nabla^2\mathbf{u} \tag{5-34}$$

由于采空区气流是低速的线性流动，符合达西定律，所以结合公式(5－20)，用漏风压力表示速度，推导出采空区松散煤体内气体流动动量方程和漏风场质量方程，共同组成漏风流场数学模型。

5.3.2 采空区氧浓度数学模型

氧气随着漏风风流在采空区的渗流符合质量守恒定律。在渗流过程中氧气与煤发生物理和化学作用，使得渗透方向氧气浓度不断减少，在采空区沿流线形成浓度梯度。氧气在分子扩散和随风流渗透作用下运动。此过程涉及氧气的运移、消耗、扩散、热量的积聚与散失。根据组分质量守恒定律和 Fick 定律建立采空区氧气浓度传输模型。

1. Fick 定律

1855 年德国科学家 Fick 根据“盐使水变咸”的现象，提出了分子扩散定律，即通过一定面积的溶解物质和溶质浓度的法向梯度成比例。Fick 第一定律见公式（5－35）。

$$Q=-D_m\frac{\partial c_m}{\partial x} \tag{5-35}$$

式中，Q 为溶质在 x 方向的单位通量；c_m 为溶质浓度；D_m 是分子扩散系数。

溶质总是从高浓度向低浓度方向扩散，和浓度增值方向相反，用“－”号表示。推广到三维空间，则溶质在 x、y、z 方向上的单位通量：

$$\begin{cases} Q_x=-D_x\dfrac{\partial c_m}{\partial x} \\ Q_y=-D_y\dfrac{\partial c_m}{\partial y} \\ Q_z=-D_z\dfrac{\partial c_m}{\partial z} \end{cases} \tag{5-36}$$

假定采空区氧气的扩散为各向同性，则氧气扩散系数 D_e：

$$D_e=D_x=D_y=D_z \tag{5-37}$$

2. 氧气对流传输方程

采空区多孔介质中氧气做层流运动，不但有分子扩散，被浮煤吸附形成浓度差，还有随流扩散，所以氧气浓度是分子扩散和随流扩散的叠加。在采空区任取一个六面体微元，边长分别为 dx、dy、dz，如图 5－13 所示。

在 dt 时间段内，沿着 x 轴方向左面流入的氧气质量为 $\rho cu_x dydzdt$，其中，c

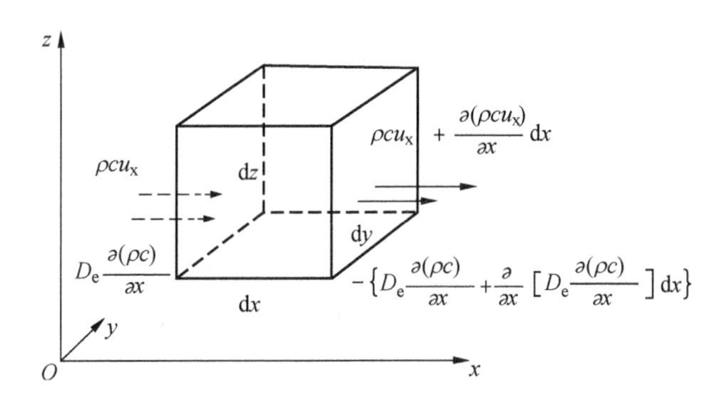

图 5-13 传输方程推导

为氧气体积浓度，ρc 为氧气质量浓度。通过面的扩散量：

$$Q\mathrm{d}y\mathrm{d}z\mathrm{d}t = -D_e\frac{\partial(\rho c)}{\partial x}\mathrm{d}y\mathrm{d}z\mathrm{d}t \tag{5-38}$$

从右面流出的氧气质量为$\left[\rho cu_x + \frac{\partial(\rho cu_x)}{\partial x}\mathrm{d}x\right]\mathrm{d}y\mathrm{d}z\mathrm{d}t$,扩散量是$-\left[D_e\frac{\partial(\rho c)}{\partial x} + \frac{\partial}{\partial x}\left[D_e\frac{\partial(\rho c)}{\partial x}\right]\right]\mathrm{d}x\mathrm{d}y\mathrm{d}z\mathrm{d}t$，故沿 x 方向氧气的进出量之差为$\frac{\partial}{\partial x}\left[\rho cu_x - D_e\frac{\partial(\rho c)}{\partial x}\right]\mathrm{d}x\mathrm{d}y\mathrm{d}z\mathrm{d}t$,同理沿 y 方向、z 方向的进出量之差分别为$\frac{\partial}{\partial y}\left[\rho cu_y - D_e\frac{\partial(\rho c)}{\partial y}\right]\mathrm{d}x\mathrm{d}y\mathrm{d}z\mathrm{d}t$、$\frac{\partial}{\partial z}\left[\rho cu_z - D_e\frac{\partial(\rho c)}{\partial z}\right]\mathrm{d}x\mathrm{d}y\mathrm{d}z\mathrm{d}t$。

在 $\mathrm{d}t$ 时间段内，由于氧气质量浓度 ρc 的变化，六面体内氧气质量增量为$\frac{\partial(\rho c)}{\partial t}\mathrm{d}x\mathrm{d}y\mathrm{d}z\mathrm{d}t$。设系统内部单位时间、单位体积内氧气变化量为 S_Ω，即采空区煤体的耗氧速率，则在 $\mathrm{d}t$ 时间内，微元体内氧气变化量为 $S_\Omega\mathrm{d}x\mathrm{d}y\mathrm{d}z\mathrm{d}t$。

根据质量守恒定律，氧气的质量增加量应该等于进出量之差加上氧气的发生量，各项都除以 $\mathrm{d}x\mathrm{d}y\mathrm{d}z\mathrm{d}t$，得到单位时间、单位体积的氧气浓度关系式：

$$\frac{\partial(\rho c)}{\partial t} + \frac{\partial(\rho cu_x)}{\partial x} + \frac{\partial(\rho cu_y)}{\partial y} + \frac{\partial(\rho cu_z)}{\partial z} = D_e\left[\frac{\partial^2(\rho c)}{\partial x^2} + \frac{\partial^2(\rho c)}{\partial y^2} + \frac{\partial^2(\rho c)}{\partial z^2}\right] + S_\Omega \tag{5-39}$$

公式（5-39）为采空区氧气对流传输方程，其表明氧气在采空区的渗流运动受分子扩散作用下浓度随时间和空间的变化影响。公式中左边第一项是时间变化率，第二项是对流变化；右边第一项是扩散项，第二项为反应项或源项。

采空区气体认为是不可压缩气体，化简公式（5－39）得氧浓度对流传输模型：

$$\frac{\partial c}{\partial t}+u_x\frac{\partial c}{\partial x}+u_y\frac{\partial c}{\partial y}+u_z\frac{\partial c}{\partial z}=D_e\left(\frac{\partial^2 c}{\partial x^2}+\frac{\partial^2 c}{\partial y^2}+\frac{\partial^2 c}{\partial z^2}\right)+S_\Omega \quad (5-40)$$

3. 定解条件

通常以给定浓度和给定流速2种方法确定氧浓度场边界及初始条件，其中给定浓度法更普遍。边界条件有第一类边界条件和第二类边界条件。第一类边界条件为 $C|_s=C_t$，即靠近工作面一侧氧气浓度可以通过直接测定或计算确定；第二类边界条件为$\frac{\mathrm{d}C}{\mathrm{d}t}|_s=0$，即其他边界上氧气消耗量可忽略不计，认为该方向上氧气浓度不发生变化。初始条件为 $C|_{t=0}=C_0$，式中，C_0 为采空区氧气初始浓度。

5.3.3 采空区温度场数学模型

1. 傅里叶定律

1822年法国数学家兼物理学家 Fourier 提出了导热基本定律。单位时间内通过单位面积的热量，即热流密度 q 正比于该处的温度梯度，表达式为

$$q=-\lambda \mathrm{grand}t=-\lambda \vec{n}\frac{\partial t}{\partial n} \quad (5-41)$$

式中，"－"号表示热流密度方向；即温度降低方向；λ 为热导率或导热系数，表示物质导热能力的大小，与物质的种类、温度和密度等因素有关。

把热流量分解到 x、y、z 方向上，可得对应热流密度表达式：

$$\begin{cases} q_x=-\lambda\dfrac{\partial t}{\partial x} \\ q_y=-\lambda\dfrac{\partial t}{\partial y} \\ q_z=-\lambda\dfrac{\partial t}{\partial z} \end{cases} \quad (5-42)$$

2. 温度场能量方程

忽略采空区煤自然氧化过程中固体颗粒间的接触热阻和辐射换热作用，通常认为采空区热量传递过程包括浮煤颗粒的导热过程、浮煤空隙间的气体导热过程以及二者之间的对流换热。在推导温度场方程时，将采空区浮煤和气体看作一个整体，不计系统内部之间的热量交换，即浮煤与气体之间的对流换热，只需考虑系统能量的产生和损失过程，应用热力学第一定律。对于采空区内部任意单元

体，导入和导出微元体的热量、煤氧化生成的热量以及由于单元体内空气的流动所引起的气体流进流出的能量交换等会影响热力学能变化过程。

假定采空区内的松散煤体是各向同性的，依据能量守恒定律，对采空区内任意六面体微元：

$$\Delta\phi - \Delta H + Q = \Delta U \tag{5-43}$$

式中，$\Delta\phi$ 为导入与导出微元体的总热流量之差；ΔH 为流动气体的焓变；Q 为微元体内热源的生成热；ΔU 为微元体热力学能的增量。

在采空区内任取一个六面体微元，如图 5－14 所示，边长分别为 dx、dy、dz。根据傅里叶定律，沿着 x 轴方向左面导入的热流量为

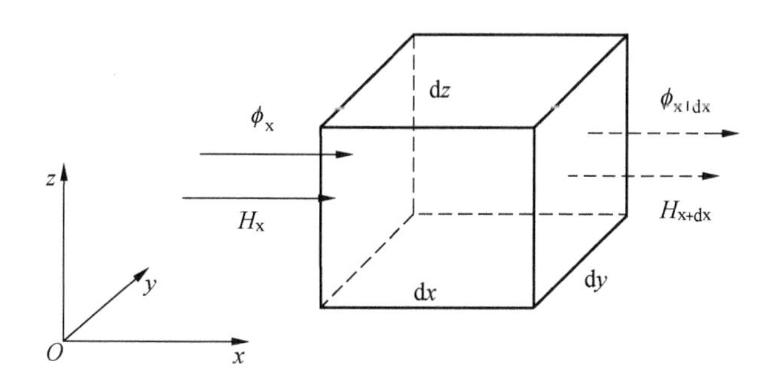

图 5－14　导热六面体微元

$$\phi_x = -\lambda \frac{\partial T}{\partial x}\mathrm{d}y\mathrm{d}z \tag{5-44}$$

从右面导出的热流量：

$$\phi_{x+dx} = \phi_x + \frac{\partial \phi}{\partial x}\mathrm{d}x = \phi_x + \frac{\partial}{\partial x}\left(-\lambda \frac{\partial T}{\partial x}\mathrm{d}y\mathrm{d}z\right)\mathrm{d}x \tag{5-45}$$

在 dτ时间段内，微元体内沿 x 方向热流量的增加量等于导入热流量减去导出的热流量，二者之差为 $\lambda \frac{\partial^2 T}{\partial x^2}\mathrm{d}x\mathrm{d}y\mathrm{d}z\mathrm{d}\tau$，同理沿 y、z 方向的热流量之差为 $\lambda \frac{\partial^2 T}{\partial y^2}\mathrm{d}x\mathrm{d}y\mathrm{d}z\mathrm{d}\tau$、$\lambda \frac{\partial^2 T}{\partial z^2}\mathrm{d}x\mathrm{d}y\mathrm{d}z\mathrm{d}\tau$。因此，微元体内总热流量的增量：

$$\Delta\phi = \lambda\left(\frac{\partial^2 T}{\partial x^2} + \frac{\partial^2 T}{\partial y^2} + \frac{\partial^2 T}{\partial z^2}\right)\mathrm{d}x\mathrm{d}y\mathrm{d}z\mathrm{d}\tau \tag{5-46}$$

能量方程第二项是由气体流动引起的焓差。以 x 方向为例，在 dτ时间内，流入微元体的焓为

$$H_x = \rho c u_x T \mathrm{d}y\mathrm{d}z\mathrm{d}\tau \tag{5-47}$$

式中，ρ 为微元体的密度，c 为比热容。

相同时间内由 $x+\mathrm{d}x$ 处流出微元体的焓为

$$H_{x+\mathrm{d}x} = \rho c\left(T + \frac{\partial T}{\partial x}\mathrm{d}x\right)\left(u_x + \frac{\partial u_x}{\partial x}\mathrm{d}x\right)\mathrm{d}y\mathrm{d}z\mathrm{d}\tau \tag{5-48}$$

采空区流体净带出微元体的热量等于流出的热量减去流入的热量，即公式（5-48）减去公式（5-47），略去高阶无穷小，得 $\mathrm{d}\tau$时间内在 x 方向上的焓差为

$$H_{x+\mathrm{d}x} - H_x = \rho c\left(u_x\frac{\partial T}{\partial x} + T\frac{\partial u_x}{\partial x}\right)\mathrm{d}x\mathrm{d}y\mathrm{d}z\mathrm{d}\tau \tag{5-49}$$

同理，y、z 方向分别为 $\rho c\left(u_y\frac{\partial T}{\partial y} + T\frac{\partial u_y}{\partial y}\right)\mathrm{d}x\mathrm{d}y\mathrm{d}z\mathrm{d}\tau$ 和 $\rho c\left(u_z\frac{\partial T}{\partial z} + T\frac{\partial u_z}{\partial z}\right)$ $\mathrm{d}x\mathrm{d}y\mathrm{d}z\mathrm{d}\tau$。于是，在 $\mathrm{d}\tau$时间内，气体带出微元体的净热量为

$$\begin{aligned}\Delta H &= \rho c\left[\left(u_x\frac{\partial T}{\partial x} + u_y\frac{\partial T}{\partial y} + u_z\frac{\partial T}{\partial z}\right) + T\left(\frac{\partial u_x}{\partial x} + \frac{\partial u_y}{\partial y} + \frac{\partial u_z}{\partial z}\right)\right]\mathrm{d}x\mathrm{d}y\mathrm{d}z\mathrm{d}\tau \\ &= \rho c\left(u_x\frac{\partial T}{\partial x} + u_y\frac{\partial T}{\partial y} + u_z\frac{\partial T}{\partial z}\right)\mathrm{d}x\mathrm{d}y\mathrm{d}z\mathrm{d}\tau\end{aligned} \tag{5-50}$$

能量方程中第三项“微元体内热源的生成热”表达式为

$$Q = q\mathrm{d}x\mathrm{d}y\mathrm{d}z\mathrm{d}\tau \tag{5-51}$$

该时间段内，所有能量的交换和转换导致微元体热力学能的增量为

$$\Delta U = \rho c\frac{\partial T}{\partial \tau}\mathrm{d}x\mathrm{d}y\mathrm{d}z\mathrm{d}\tau \tag{5-52}$$

将公式（5-46）、公式（5-50）~公式（5-52）代入公式（5-43）并化简，得微元体能量守恒方程为

$$\rho c\frac{\partial T}{\partial \tau} = \lambda\left(\frac{\partial^2 T}{\partial x^2} + \frac{\partial^2 T}{\partial y^2} + \frac{\partial^2 T}{\partial z^2}\right) - \rho c\left(u_x\frac{\partial T}{\partial x} + u_y\frac{\partial T}{\partial y} + u_z\frac{\partial T}{\partial z}\right) + q(T) \tag{5-53}$$

在受限空间中松散煤的蓄散热现象表明，采空区气体流动引起焓变。u_x、u_y、u_z 对应为 x、y、z 方向的风流速度，即松散煤体中漏风强度 $\overline{Q}_x$、$\overline{Q}_y$、$\overline{Q}_z$，得出采空区能量守恒方程（有内热源）为

$$\rho_e c_e\frac{\partial T}{\partial \tau} = \lambda_e\left(\frac{\partial^2 T}{\partial x^2} + \frac{\partial^2 T}{\partial y^2} + \frac{\partial^2 T}{\partial z^2}\right) - \rho_g c_g\left(\overline{Q}_x\frac{\partial T}{\partial x} + \overline{Q}_y\frac{\partial T}{\partial y} + \overline{Q}_z\frac{\partial T}{\partial z}\right) + q(T) \tag{5-54}$$

式中，下标 g 为空气，e 为浮煤；$q(T)$ 为煤样的放热强度，可以根据自然发火实验确定；λ_e 为当量热传导系数；C_e 为当量比热容；ρ_e 为当量密度，其与空隙

率 n 的关系为

$$\rho_e C_e = \rho_m C_m (1-n) + n\rho_g C_g \tag{5-55}$$

$$\lambda_e = \lambda_m \cdot (1-n) + n \cdot \lambda_g \tag{5-56}$$

式中，λ_m 为煤块的热传导系数；C_m 为煤块的比热容；ρ_m 为密度。

3. 定解条件

第一类边界条件：给定计算边界面 s 的温度值，可表示为 $T|_s = T_w$；

第二类边界条件：给定计算边界面上的热流密度值，可表示为

$$-\lambda_e \frac{\partial T}{\partial n}\Big|_s = q_w \tag{5-57}$$

式中，q_w 是计算边界的热流密度。在稳态导热中是常数，在非稳态导热过程中是变量。若该边界绝热，则热流密度值为0。

第三类边界条件：给定对流换热表面传热系数和温度，结合牛顿冷却定律得：

$$-\lambda_e \frac{\partial T}{\partial n}\Big|_s = \alpha (T_w - T_g) \tag{5-58}$$

式中，T_w 为松散煤体表面温度；T_g 为风流温度；α 为对流换热系数。

初始条件为 $T|_{t=0} = T_0$，表示初始时刻温度分布已知，可以给定或测定。

5.3.4　采空区气体输运传热数学模型

将采空区漏风视为不可压缩气体在多孔介质中的渗流，忽略辐射传热、热膨胀和热扩散等，不计漏风流动的机械弥散，忽略水分蒸发和瓦斯吸附解吸等影响，根据质量守恒、能量守恒和动量守恒定律，耦合风流场、氧浓度场和温度场方程，联立公式（5－26）、公式（5－34）、公式（5－40）和公式（5－54）建立采空区气体输运传热数学模型。

$$\begin{cases}
\dfrac{\partial}{\partial x}\left(K_x \dfrac{\partial p}{\partial x}\right) + \dfrac{\partial}{\partial y}\left(K_y \dfrac{\partial p}{\partial y}\right) + \dfrac{\partial}{\partial z}\left(K_z \dfrac{\partial p}{\partial z}\right) = 0 \\
\dfrac{\partial \mathbf{u}}{\partial t} + (\mathbf{u} \cdot \nabla)\mathbf{u} = \mathbf{f} - \dfrac{1}{\rho}\nabla p + v\nabla^2 \mathbf{u} \\
\dfrac{\partial c}{\partial t} + u_x \dfrac{\partial c}{\partial x} + u_y \dfrac{\partial c}{\partial y} + u_z \dfrac{\partial c}{\partial z} = D_e\left(\dfrac{\partial^2 c}{\partial x^2} + \dfrac{\partial^2 c}{\partial y^2} + \dfrac{\partial^2 c}{\partial z^2}\right) + S_\Omega \\
\rho_e c_e \dfrac{\partial T}{\partial \tau} = \lambda_e\left(\dfrac{\partial^2 T}{\partial x^2} + \dfrac{\partial^2 T}{\partial y^2} + \dfrac{\partial^2 T}{\partial z^2}\right) - \rho_g c_g\left(\overline{Q}_x \dfrac{\partial T}{\partial x} + \overline{Q}_y \dfrac{\partial T}{\partial y} + \overline{Q}_z \dfrac{\partial T}{\partial z}\right) + q(T)
\end{cases} \tag{5-59}$$

尽管许多影响因素在建模过程中已被简化，但是利用公式（5－59）求解依然十分困难，必须设法确定渗透系数 K、氧气扩散系数 D_e、耗氧速度 S_Ω 和煤体

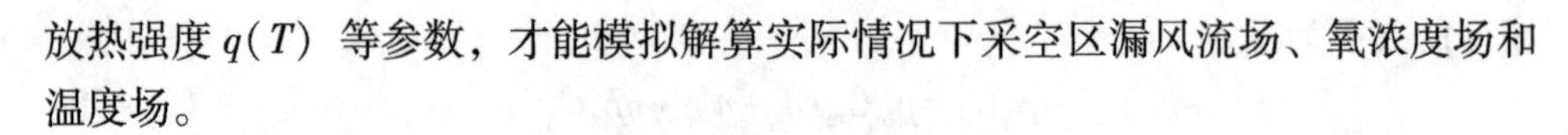

放热强度 $q(T)$ 等参数，才能模拟解算实际情况下采空区漏风流场、氧浓度场和温度场。

5.4 多孔介质二氧化碳热质耗散机理

5.4.1 煤 – 二氧化碳体系传热传质过程

图 5 – 15 为煤 – 二氧化碳体系传热传质过程的示意图，二氧化碳为冷流体，提供了压力驱动力，在流动过程中与多孔介质中的热流体之间发生能量交换。当未向多孔介质中注入二氧化碳时，煤与氧气、水相互作用，进行热量和质量交换，形成初始煤温。当煤温超过自然发火征兆的阈值时，采取二氧化碳进行煤自燃防治。当向多孔介质中注入二氧化碳时产生热传导和热对流。对于热导率较低的煤，其热量传递较少，当煤吸收太阳能时，其表层具有热辐射，但在深层中热辐射可以忽略不计。对流是微观尺度气体流动的主要方式，发生在颗粒间通道内。热对流效率主要取决于气体在煤粒间狭窄连通通道内的平流速度。扩散主要发生在煤颗粒内部孔隙和储煤深部。二氧化碳在多孔介质中渗流的影响因素包括孔径尺寸、孔壁摩擦和流路长度 3 种。孔径尺寸和流路长度影响煤表面对二氧化碳气体的吸附能力和二氧化碳的扩散行为。由于孔壁摩擦，二氧化碳流动产生阻力引起热力学耗散。

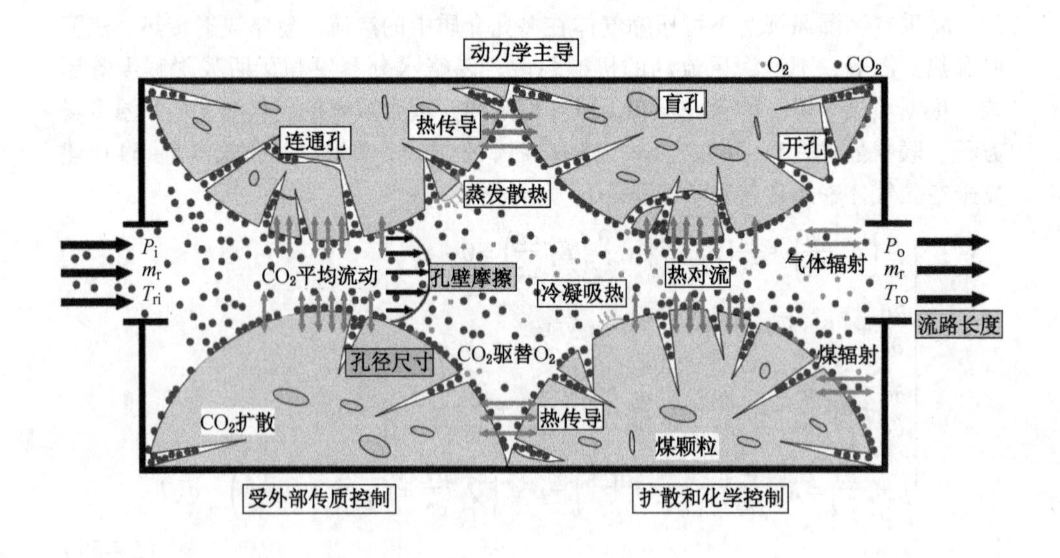

图 5 – 15 煤 – 二氧化碳体系传热传质过程

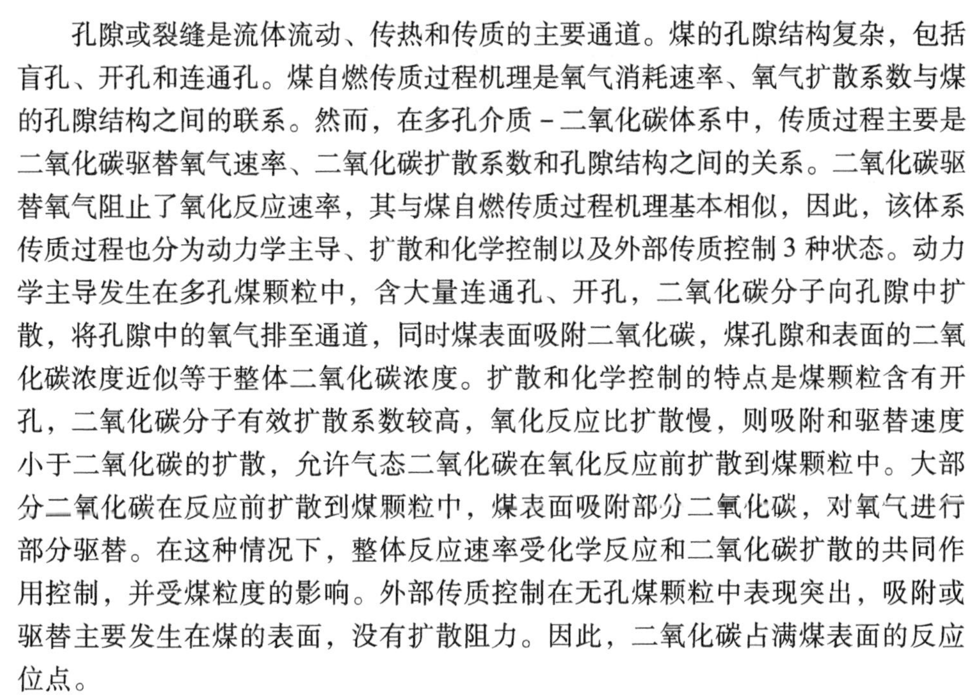

孔隙或裂缝是流体流动、传热和传质的主要通道。煤的孔隙结构复杂，包括盲孔、开孔和连通孔。煤自燃传质过程机理是氧气消耗速率、氧气扩散系数与煤的孔隙结构之间的联系。然而，在多孔介质－二氧化碳体系中，传质过程主要是二氧化碳驱替氧气速率、二氧化碳扩散系数和孔隙结构之间的关系。二氧化碳驱替氧气阻止了氧化反应速率，其与煤自燃传质过程机理基本相似，因此，该体系传质过程也分为动力学主导、扩散和化学控制以及外部传质控制3种状态。动力学主导发生在多孔煤颗粒中，含大量连通孔、开孔，二氧化碳分子向孔隙中扩散，将孔隙中的氧气排至通道，同时煤表面吸附二氧化碳，煤孔隙和表面的二氧化碳浓度近似等于整体二氧化碳浓度。扩散和化学控制的特点是煤颗粒含有开孔，二氧化碳分子有效扩散系数较高，氧化反应比扩散慢，则吸附和驱替速度小于二氧化碳的扩散，允许气态二氧化碳在氧化反应前扩散到煤颗粒中。大部分二氧化碳在反应前扩散到煤颗粒中，煤表面吸附部分二氧化碳，对氧气进行部分驱替。在这种情况下，整体反应速率受化学反应和二氧化碳扩散的共同作用控制，并受煤粒度的影响。外部传质控制在无孔煤颗粒中表现突出，吸附或驱替主要发生在煤的表面，没有扩散阻力。因此，二氧化碳占满煤表面的反应位点。

5.4.2　多孔介质－二氧化碳体系热力学耗散

热对流是指流体各部分之间发生相对位移，冷热流体相互掺混引起热量传递。由于流体中存在温度差，所以也存在导热现象，但是导热在整个传热中处于次要地位。过增元等通过热量传递与电荷传递现象之间的比拟，提出温度火积概念，其表达式见公式（5－60）。在热量传递过程中，温度火积的传递不守恒，具有不可逆性。温度火积的耗散大小表示传热过程的不可逆程度。耗散越小，不可逆程度越小；耗散越大，不可逆程度越大。

$$E = \int_0^T Q_{vh} \mathrm{d}T \tag{5-60}$$

式中，E 为火积，表示物体传热能力大小；Q_{vh} 为热容量，J；T 为热力学温度，K。

设流体在多孔介质中的流动是由入口和出口之间的有限压差引起，且流体的流动是稳态绝热的。焓变对熵产的影响可忽略不计，即 $T\mathrm{d}s + 1/\rho dp = 0$，其中，$\rho$ 是流体的密度，p 是压力，s 是比熵。由热力学火积和熵的联系可得，$\mathrm{d}e + T/\rho \mathrm{d}p = 0$。因流动阻力引起的热力学火积耗散为 $\dot{E}_p = \int_i^o \dot{m} de = -\int_i^o \dot{m} T/\rho dp$，其中，$\dot{m}$ 是质量流量，R 是理想气体常数。如果用对数平均温度代替公式中的温度，

$T_{lm}=\dfrac{T_o-T_i}{\ln T_o-\ln T_i}$。如果流体不可压缩，则 $\dot{E}_p=\dfrac{\dot{m}T_{lm}\Delta p}{\rho}$。其中，$\Delta p=p_i-p_o$。进出口参数设置如图 5-15 所示，建立二氧化碳流动阻力引起的热力学火积耗散，即 $(\Delta E)_p=\dfrac{m_r(T_{ro}-T_{ri})\Delta p_r}{\rho_r(\ln T_{ro}-\ln T_{ri})}$。

6　采空区二氧化碳扩散运移实验研究

6.1　实验装置

6.1.1　装置设计思路

向受限空间注入二氧化碳气体，改变了气体原始流动状态。气体流动引起的煤温变化是表征二氧化碳气体运移规律的关键因素。由于采空区环境复杂，现场测试难度大，随机性强，难以保证数据的有效性和准确性。虽然实验方法可以排除影响实验结果的其他干扰因素，得到主要因素的变化特征，但是小尺度实验无法充分展示采空区二氧化碳注入后松散煤体内部温度的变化特征，所以选择大尺度相似模拟实验平台进行研究。二氧化碳注入压力、注入位置和注气流量以及煤的初始温度等都会对采空区温度分布产生影响。因此，本章选取固定的注气参数，研究二氧化碳在采空区高温松散煤体的扩散运移规律。

实验平台的设计对于达到实验目的，获得预期实验结果起着至关重要的作用。目前国内外煤自燃相似模拟实验平台主要研究隐蔽火源点热量传递及温度场演变规律，缺乏采空区二氧化碳注入对煤体内部温度场的影响研究。此外，对大尺寸实验平台使用点状热源，耗时长，而小尺寸实验装置又无法充分展示采空区温度场的变化规律。针对这些问题，团队自行设计了采空区煤自燃二氧化碳扩散运移相似模拟实验平台，设计思路如下：

（1）研究目的是获得采空区注入二氧化碳气体后高温松散煤体内部温度场水平方向演变特征，以期为采空区火区治理提供理论支撑。

（2）模拟采空区环境，忽略实验平台的气密性，允许存在自然漏风流场。

（3）加热装置的尺寸设计要与实验平台的尺寸相匹配，数量充足，保证均匀加热煤体。

（4）采空区地处地表以下，其塌陷后上部煤岩体垮落，不易与外部环境发生热量交换，要做好实验平台的保温工作。

（5）二氧化碳注入采空区会对其空间内部产生冲击作用，要做好温度传感器的固定工作。

(6) 采空区注入二氧化碳的过程中温度变化迅速，要注意温度采集设备的精度和灵敏度。

(7) 选取耐高温和抗腐蚀材料，或者做好高温防护措施，保证实验设备的使用寿命。

(8) 注意实验平台的应用广度，能适应多因素条件下采空区注入二氧化碳气体后高温松散煤体内部温度演变过程的模拟。

(9) 为了进行参数对比，要充分考虑相同条件下实验的可重复性。

(10) 考虑实验的安全性，实验场地或者实验空间要足够大，做好通风处理。

6.1.2 实验平台应用

采空区煤自燃二氧化碳扩散运移相似模拟实验平台由箱体、注气系统和温度采集模块构成，实验平台设计示意如图 6-1 所示。箱体呈长方体结构，尺寸为 208 cm×100 cm×25 cm（长×宽×高），设有进气口和出气口，四周包裹保温材料防止热量向外部环境传递，箱体内自然装填松散煤体。注气系统包括液态二氧化碳钢瓶、减压阀、浮子流量计和注气管路，减压阀控制注气压力，浮子流量计控制注气流量。温度采集模块包括热电偶、温度控制器和智能多路巡检仪。加热棒均匀布置在煤体中央，温度控制器用于控制加热棒温度，防止加热棒温度过高，停止加热后余温对实验数据产生影响，如果未对加热棒采取温度控制措施，

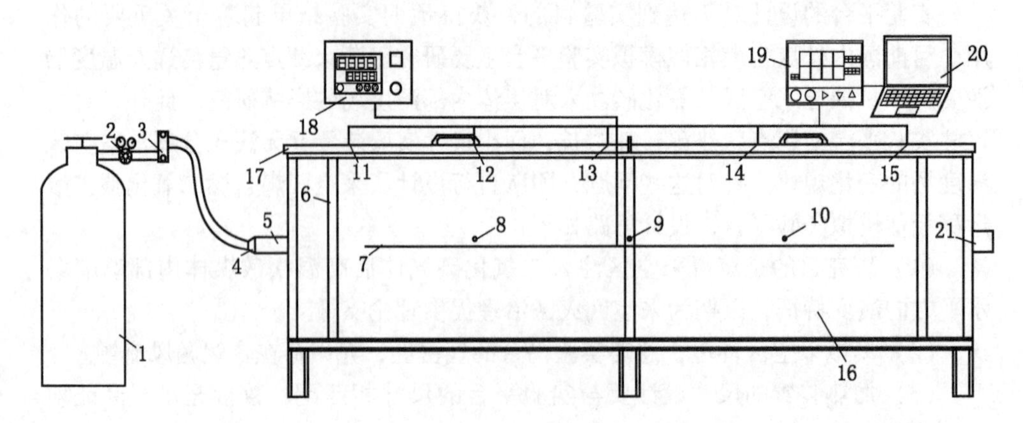

1—液态二氧化碳钢瓶；2—减压阀；3—浮子流量计；4—变径管；5—注气管；6—均匀孔隔板；7—加热棒；8，9，10—固定杆；11，12，13，14，15—穿线孔；16—箱体；17—箱盖；18—温度控制器；19—智能多路巡检仪；20—温度显示系统；21—出气口

图 6-1　实验平台设计示意

突然跳闸或者电压不稳定时，加热棒损坏率极高，因此要注意做好加热棒等易损耗材的备份，避免其损坏而影响实验进程。箱盖顶部有15个穿线孔，分别穿入热电偶线，将热电偶测温处埋设于孔口垂向相对应的煤体中央，通过智能多路巡检仪与温度显示系统相连接，同时采集、监测、显示并记录16路温度数据。

采空区煤自燃二氧化碳扩散运移相似模拟实验平台现场应用如图6－2所示，主要仪器型号和数量为：减压阀YQJ－7，1个；加热棒ϕ12×1500 mm，功率1000 W，2根；普通K型热电偶TT－30－SLE，15根。在实验前期模拟程序升温阶段进行气样采集，特制针头预先插入各个穿线孔中，进行温度采集时通过注射器取样，充入气体采集袋中，送至实验室进行气相色谱分析，获得对应温度的气体浓度。由于煤自燃具有向水平方向发展的特征，因此应尽可能平铺煤体，且保证温度测点和取样点在同一平面。

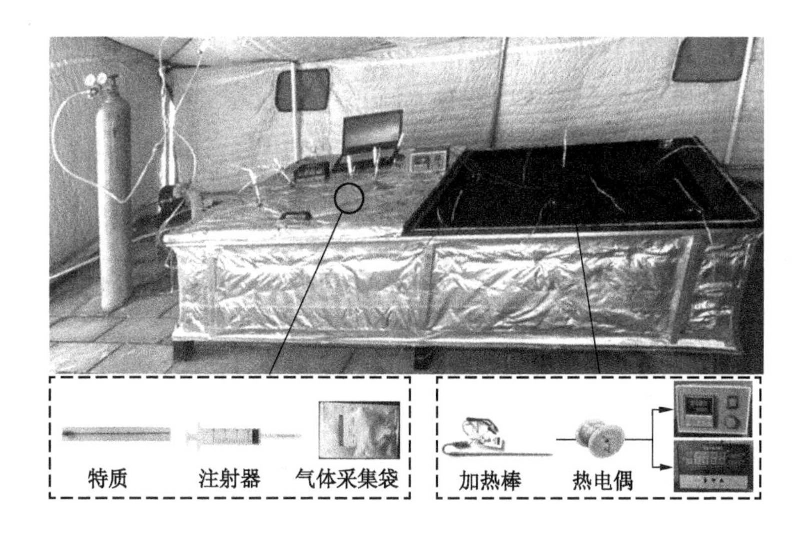

图6－2 实验平台现场应用

6.2 实验流程

实验流程包括实验准备、实验过程和实验后处理3个阶段，如图6－3所示。

6.2.1 实验准备

1. 煤样制备

实验所用煤样为内蒙古某矿褐煤。煤样条件见表6－1，选用0～30 mm混合

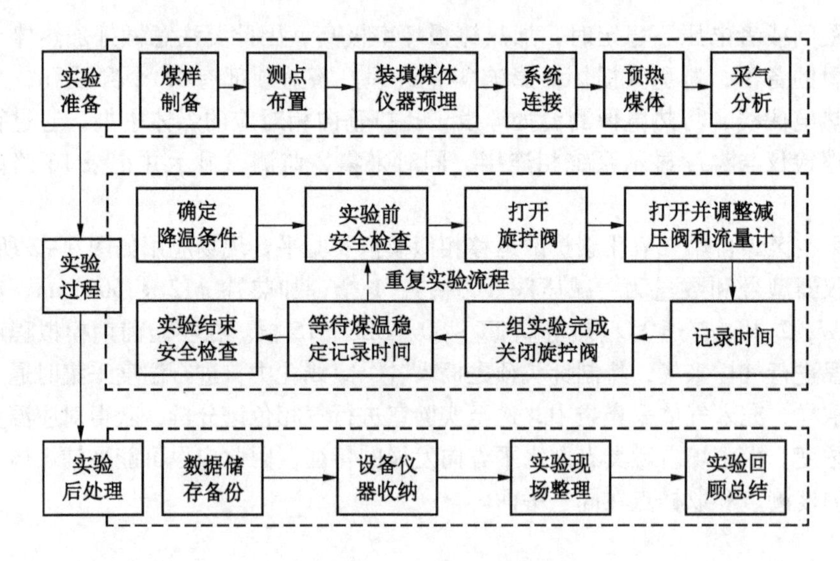

图6-3　实验流程

粒径煤样，装煤长度188 cm，高度25 cm，煤重613.8 kg，容重1.43 g/cm³。

表6-1　煤　样　条　件

粒径/mm	装煤长度/cm	装煤高度/cm	煤重/kg	容重/(g·cm^{-3})
0~30	188.00	25.00	613.80	1.43

2. 测点布置

测点布置平面如图6-4所示，设置15个煤温监测点和1个室外温度监测点，记为1号~16号。

3. 装填煤体及仪器预埋

将煤样装填到箱体中，过程中测量并记录煤的质量。当煤样装填至箱体高度的1/2时铺平煤体，均匀布置2根加热棒，将控温热电偶线从任意穿线孔中穿出；对热电偶进行耐高温处理，在其尾部做好测点号标记，预埋15个煤温监测点，将热电偶线从对应穿线孔穿出，继续装填煤样，直至铺满整个箱体，铺平煤体后，盖上箱盖，并在出气口附近布置1个室外温度监测点。

4. 系统连接

将控温热电偶线与温度控制器连接，检查能否控温，确认无误后将标记好的

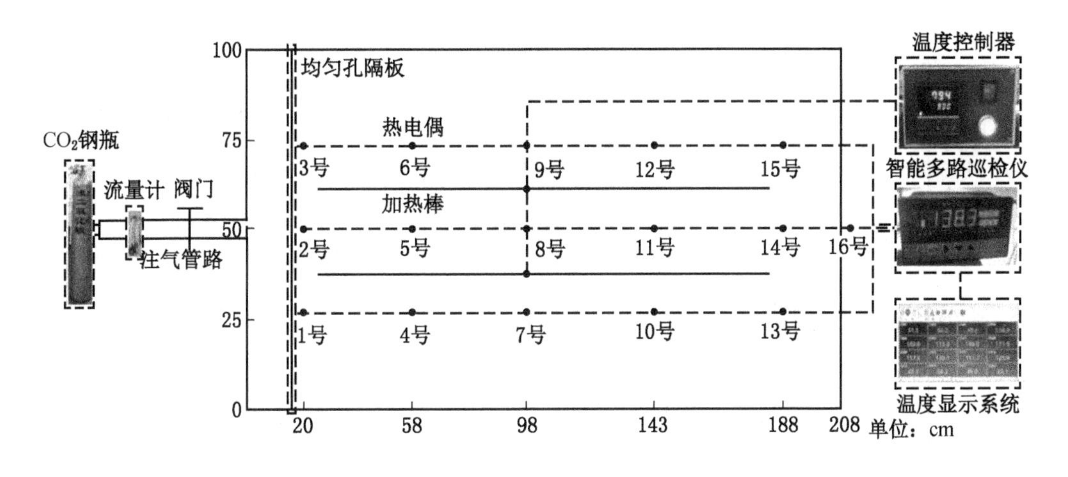

图 6-4 测点布置平面

热电偶线依次与温度巡检仪对应通道相连接，再接至笔记本电脑上，打开已安装好的温度显示系统，确认 16 个测温点温度显示是否正常，若不正常则重新进行连接，温度数据显示正常后安装注气系统，将液态二氧化碳钢瓶出气口与减压阀一侧相接，另一侧接一段气管与流量计底端接口相连通，在流量计顶端接口也接一段气管，再依次接转接头、二通阀和变径管，与箱体的注气口连通，至此系统全部连接完成。

5. 预热煤体

开启温度控制器，设置加热棒温度，为煤体提供主动热源，模拟程序升温实验，当温度达到 170 ℃左右时停止加热，关闭温度控制器，整个预热过程共耗时 6 天。

6. 采气分析

在预热煤体期间，以 8 号温度为判断依据，当温度分别达到 70 ℃、90 ℃、130 ℃和 170 ℃时，通过注射器分别采集 1 号 ~ 15 号气体，充入气体采集袋中，做好标记，取样结束后送至实验室进行气相色谱分析，期间记录温度、达到对应温度的时间数据。由于实验模拟真实储煤环境，实验平台允许自然漏风场。进风口和出风口容易受漏风影响，不利于气体收集。因此，选取 4 号 ~ 12 号测点进行煤样气体成分分析。130 ℃和 170 ℃时气体含量统计见表 6-2。130 ℃时出现 C_2H_4，表明煤进入加速氧化阶段。170 ℃时关闭热源开始进行降温实验。

表6-2 气体含量统计 %

测点号	130 ℃						170 ℃					
	O_2	CO_2	C_2H_4	C_2H_6	C_2H_2	CH_4	O_2	CO_2	C_2H_4	C_2H_6	C_2H_2	CH_4
4	11.1	3.4	0.0	0.0	0.0	0.5	9.4	5.1	6.3	0.0	0.0	1.8
5	13.5	2.5	0.0	0.0	0.0	0.6	15.2	2.2	0.0	0.0	0.0	0.8
6	15.6	1.2	0.0	0.0	0.0	0.3	18.3	1.0	0.0	0.0	0.0	0.2
7	10.1	3.5	0.0	0.0	0.0	0.8	16.6	1.7	0.0	0.0	1.9	0.5
8	18.5	0.5	0.7	0.0	0.0	0.2	19.4	0.0	0.2	5.0	0.0	0.0
9	17.0	1.1	1.3	0.0	0.0	0.4	9.8	5.5	0.0	4.1	0.0	1.5
10	9.8	3.3	0.0	0.0	0.0	1.7	10.7	4.2	0.0	0.0	0.0	1.0
11	7.7	3.8	0.0	0.0	0.0	2.3	6.5	5.9	4.2	0.0	0.0	1.6
12	9.4	3.4	0.9	0.0	0.0	2.0	9.5	4.7	4.7	0.0	0.0	1.2

6.2.2 实验过程

1. 确定降温实验条件

实验共设计5组，注气流量为15 L/min，注气压力为0.1 MPa，以中心点测点8号温度作为整个实验过程的温度参照点，在温度约170 ℃时开启注气系统，将此时的煤温作为起始温度，温度每降低20 ℃停止注气，观察煤温变化，等待温度降低约10 ℃且稳定，继续按此原则开展实验，直至煤温接近50 ℃结束实验。实验过程中记录注气时刻、停止注气时刻以及对应煤温数据。

2. 实验开始前安全检查

实验开始前检查周围环境，清理易燃物品；确定液态二氧化碳钢瓶已固定好，清理实验室可能导致钢瓶撞击而倒下的危险源，防止气体泄漏或其配件破损；检查通风设备和配电设备是否良好；检查减压阀是否已调零。

3. 实验流程

开启温度采集模块，设置数据采集间隔为30 s；打开二氧化碳钢瓶上的旋拧阀，开启并调节减压阀至注气压力，流量计调至预设值；打开二通阀，开始向煤体中注入二氧化碳气体，记录开始注气时刻和温度，当一组实验完成后先关闭旋拧阀，等待一定时间继续第二组实验，重复实验流程，直至完成5组实验。

4. 实验结束后安全检查

实验结束后确认液态二氧化碳钢瓶和减压阀指针是否均已指向零，如果没有，调节旋拧阀和减压阀，放净余气，以免内部的弹性元件长久受压变形。

6.2.3 实验后处理

1. 数据储存备份

实验结束后进行系统温度数据的储存备份，对手动记录的数据表进行拍照留存并汇总电子表格。降温实验条件见表 6－3，共设计 5 组实验，注气时刻 8 号温度依次为 172 ℃、141 ℃、109 ℃、81 ℃和 58 ℃，对应停注时刻 8 号温度分别为 142 ℃、121 ℃、90 ℃、64 ℃和 50 ℃。

表 6－3 降温实验条件

组别	注气阶段			停注时长/h
	开始注气温度/℃	结束注气温度/℃	注气时长/h	
1	172	152	6.05	2.15
2	141	121	4.35	3.45
3	109	90	7.25	5.1
4	81	64	7.55	3.3
5	58	50	8.25	8.1

2. 设备仪器收纳

关闭实验仪器设备的电源，戴好防电手套进行拆卸设备仪器，拆掉热电偶线上的高温胶带，捆绑好之后对设备仪器进行分类，并贴标签，方便日后使用，节省实验准备时间。

3. 实验现场整理

清理实验现场，包括地面和实验平台。佩戴防尘口罩和手套，打开箱盖，洒水降尘、降温，清理箱体内部的松散煤体；清扫地面，清洗工具，完成现场整理。

4. 实验回顾和总结

实验结束次日回顾实验过程中存在的操作或者其他问题，总结实验中可能存在的风险点，罗列实验注意事项，以备进一步改进和完善实验。

6.3 实验结果与分析

6.3.1 煤体内部温度场变化特征

表6－4列出了5组实验注气时刻和注气4 h后煤体内部温度分布云图，云图的横纵坐标设置均保持一致。

表6－4 温度分布云图

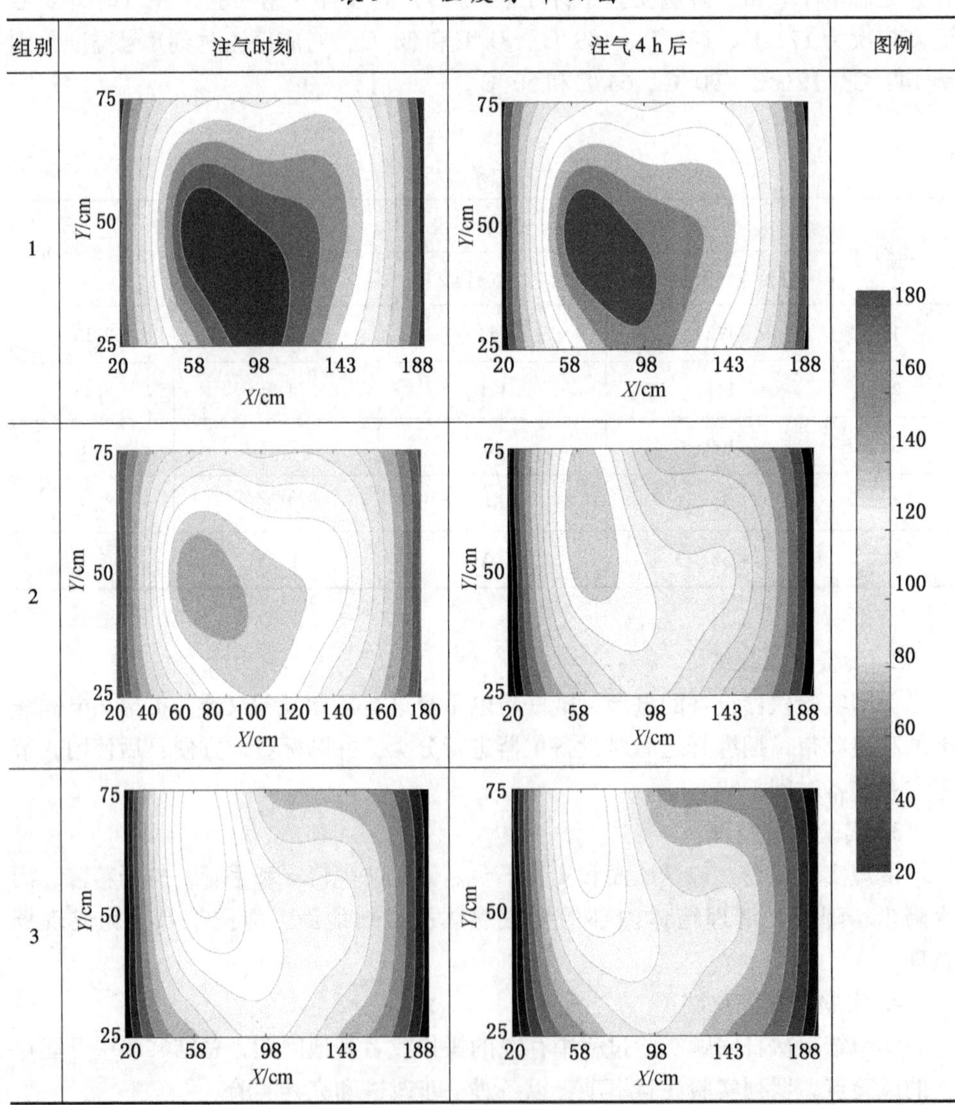

表 6-4（续）

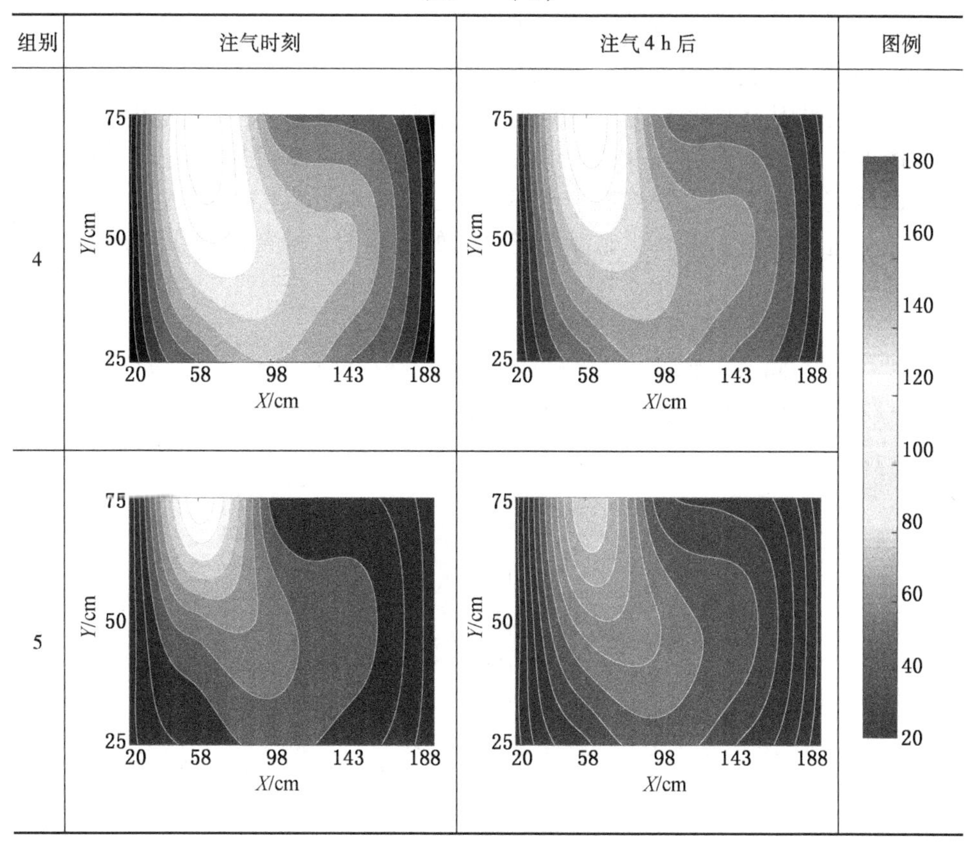

组别	注气时刻	注气 4 h 后	图例
4			
5			

第 1 次注气前期高温区域遍布整个水平面，距离进气口 60 ~ 120 cm 处温度最高，以波形形状向进、出气口递减；二氧化碳气体注入 4 h 后煤温下降，高温区域缩小，但温度场整体变化不显著。第 2 次注气前期高温区域出现向中部区域移动的趋势，距离进气口 60 ~ 100 cm 处温度最高，高温区域梯度分布呈各向同性特征；注气 4 h 后温度场改变，高温区域温度下降，距离注气口 50 ~ 80 cm 处温度最高，其梯度分布各向同性特征显著，相对较低温度区域开始以 U 形形状向出气口递减。第 3 ~ 5 次注气前后，高温区域均集中在 6 号测点附近，随着时间推移和注气量增加，煤温显著降低，高温区域缩小，其温度场分布特征与第 2 次注气 4 h 后相近。从第 4 次注气开始温度场稳定，测点温度仍呈下降趋势。由此可见，多孔介质中高温梯度分布呈各向同性特征，相对较低温度区域温度以 U 形形状向出气口递减，相对于初始煤温，二氧化碳气体注入使得高温区域向进气

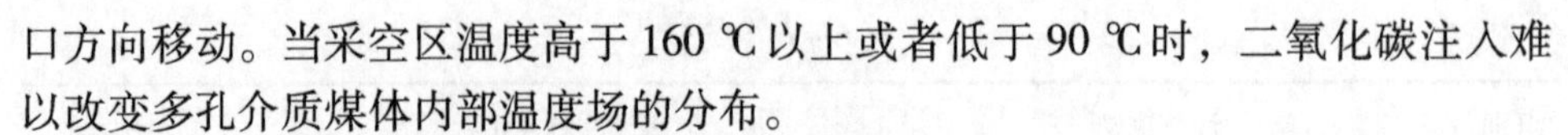

口方向移动。当采空区温度高于 160 ℃以上或者低于 90 ℃时，二氧化碳注入难以改变多孔介质煤体内部温度场的分布。

6.3.2　间歇注气过程中煤温随时间的变化特征

在二维平面上，煤温随时间的变化可从纵向方向和水平方向测点温度随时间的变化关系分别进行讨论。考虑到 5 组实验时间跨度和每间隔 30 s 进行采集的数据量偏大，数据点过于密集，所以每 30 min 筛选 1 个数据点，绘制间歇注气过程中同一平面测点温度随时间的变化图，分析温度纵向和横向变化特征。

1. 同一平面测点温度纵向变化特征

图 6 - 5 为同一平面测点温度随时间的纵向变化曲线，A ~ E 区域分别代表 5 次注气阶段温度变化情况，用粉色填充，白色区域为对应停注阶段。

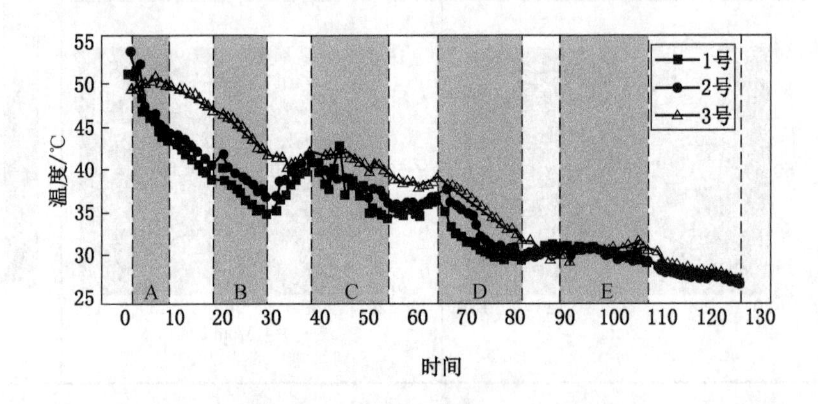

(a) 1号～3号

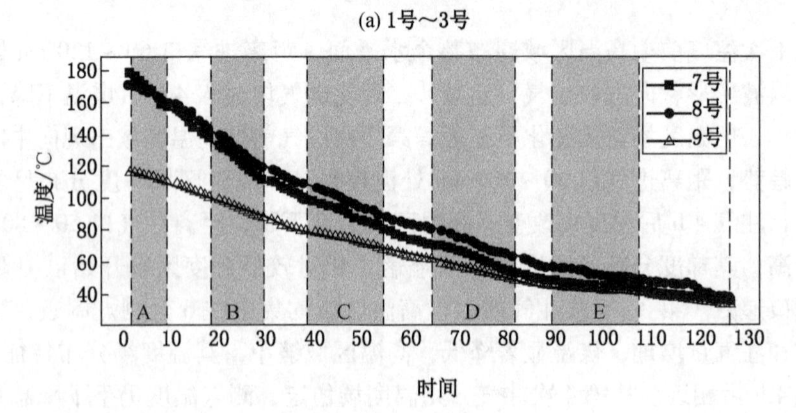

(b) 7号～9号

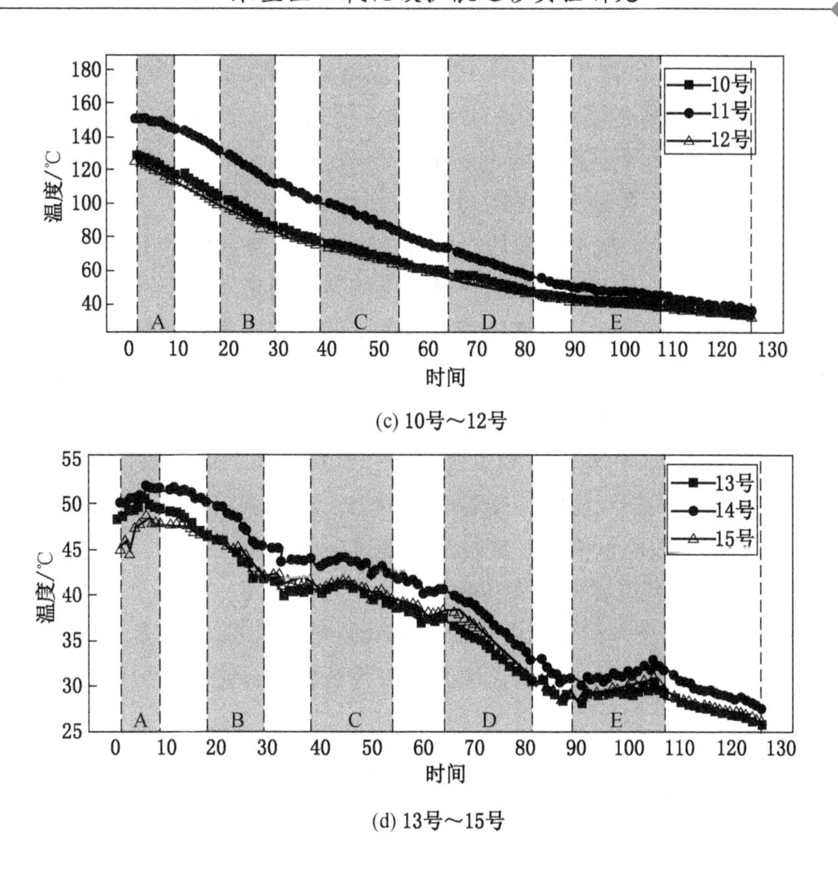

(c) 10号～12号

(d) 13号～15号

图6-5 同一平面测点温度随时间的纵向变化

由图6-5可知，间歇性注气过程中，距离注气口较近的1号~3号和距离出气口较近的13号~15号的温度波动比较大，中部区域测点温度均呈下降趋势。由图6-5a可知，测点1号和2号前2次注气阶段温度下降迅速，第3次和第4次注气阶段温度均呈下降趋势，但第4次注气阶段温度下降速度更快，当煤体内部温度接近30℃时，注气阶段测点1号~3号间的温度差距最小，虽然温度仍呈下降趋势，但是下降缓慢。从第2次停注阶段开始，测点1号~3号温度呈现先下降后上升的趋势，随着气体注入量增多，停注阶段温度的下降时间增加，上升幅度和时间减小。在停注阶段，受到惯性和压差的影响，气体会接续注气阶段的下降趋势而继续下降。随着时间推移，气体向出口运移，测点处煤体初始温度较高，当二氧化碳气体沿着煤体的裂隙通道向四周运移时，由于二氧化碳降温强度低于煤体初始温度导致温度出现上升现象。由图6-5b和图6-5c可知，测点 7 号 ~9 号和测点 10 号 ~12 号的温度均随着时间的增加而呈递减趋势。测点 8 号和测点 11 号的温度较同一平面同一竖向测点的温度高，虽然 170 ℃后关闭了热源，但是热源还存在余温，而且相对于进、出气口区域，中部热量聚积，不易散失，降温速度慢，因此同一平面同一竖向测点中，中部测点温度高。由图 6 -5d 可知，第 1 次注气阶段，测点 13 号 ~15 号温度呈上升趋势，此时煤体处于蓄热阶段，二氧化碳气体还未通过煤体裂隙通道运移至回风侧。第 2 次停注阶段，受黏性阻力影响，二氧化碳气体在运移过程中不断消耗自身能量，运移一定距离后降温强度与煤温达到相对平衡状态，随着第 3 次二氧化碳气体的注入，二氧化碳不断充入导致煤体在原有裂隙的基础上继续膨胀，煤体内部温度持续下降。当煤温达到 30 ℃时，测点 13 号 ~15 号周围二氧化碳的累积降温作用和内部煤温积聚水平相互竞争，随着时间增加，进风侧注入的二氧化碳运移至回风测点处，与原始累积量叠加，使得温度继续下降。

2. 同一平面测点温度横向变化特征

图 6 -6 为同一平面测点温度随时间的横向变化曲线，A ~ E 区域分别代表 5 次注气阶段温度变化情况，用粉色填充，白色区域为对应停注阶段。

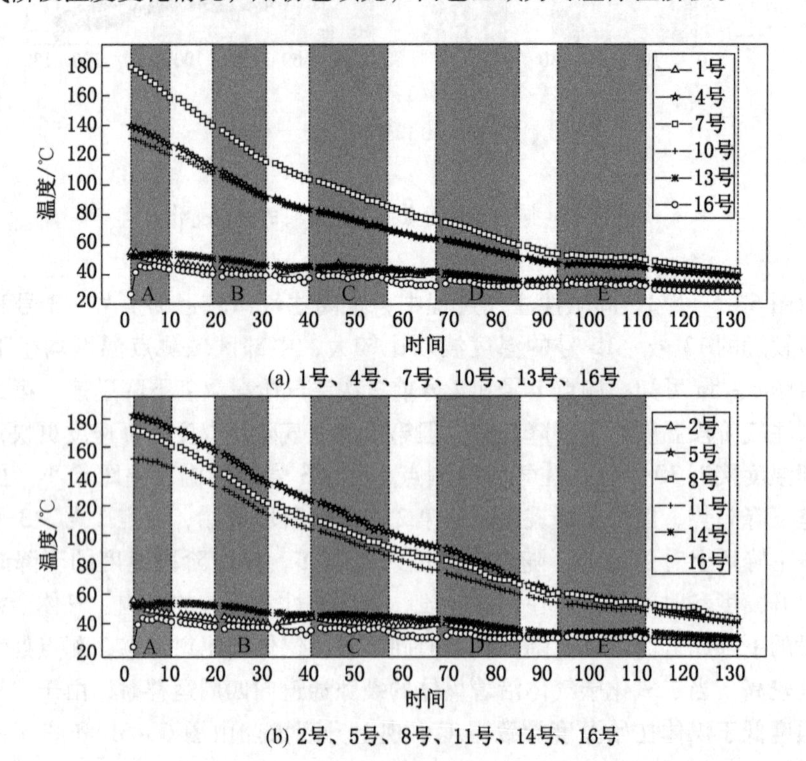

(a) 1号、4号、7号、10号、13号、16号

(b) 2号、5号、8号、11号、14号、16号

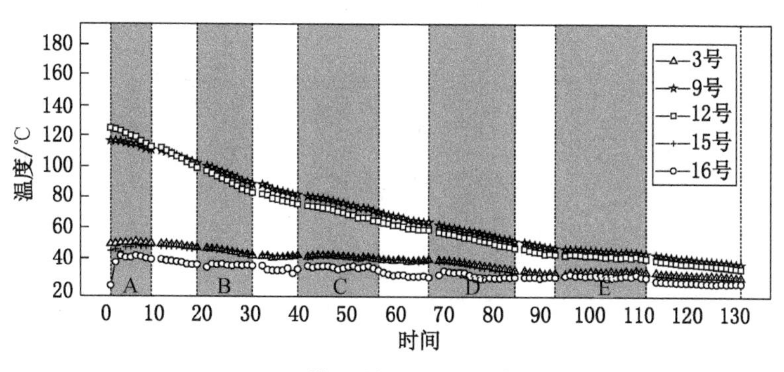

(c) 3号、9号、12号、15号、16号

图6-6 同一平面测点温度随时间的横向变化

由图6-6可知，同一平面测点横向测点温度均随着时间的增加而减小，中部测点2号、5号、8号、11号和14号的温度高于平行且靠近壁面两侧的测点温度。中部煤体孔隙度小，受到其阻隔，二氧化碳气体扩散运动速度慢，区域温差不大，热传导作用弱，而在靠近壁面两侧，孔隙度较采空区中部大，虽然实验平台采取了保温措施，但是并未做到完全绝热，煤体内部与外界环境进行了热量传递。随着注气次数增加，所有测点温度逐渐降低，最终稳定在外界环境温度。在注气阶段，受限空间内存在压差，二氧化碳从高压区向压力低的方向运移，二氧化碳气体密度和黏度低，流动阻力小，运移速度大，运移过程中强大的冲击力使得煤体内部产生渗流通道。随着注气流量增加，渗流通道扩大，在热对流作用下煤温显著降低。在停注阶段，压力流驱动力消失，热传导和热对流作用使得煤温逐渐降低。

6.3.3 降温速率及气体运移速率

降温速率和气体运移速率是表征采空区高温松散煤体中二氧化碳气体降温能力和运移快慢的关键参数。通过实验数据计算测点降温速率和气体运移速率。

1. 降温速率计算结果分析

降温速率指始末温度差与耗费时间之间的比值：

$$v = \frac{\Delta T}{\tau} \qquad (6-1)$$

式中，v 为降温速率，℃/h；ΔT 为测点温度变化值，℃；τ为时间，h。

通过实验得到的温度和时间数据计算5组测点的降温速率，如图6－7所示。

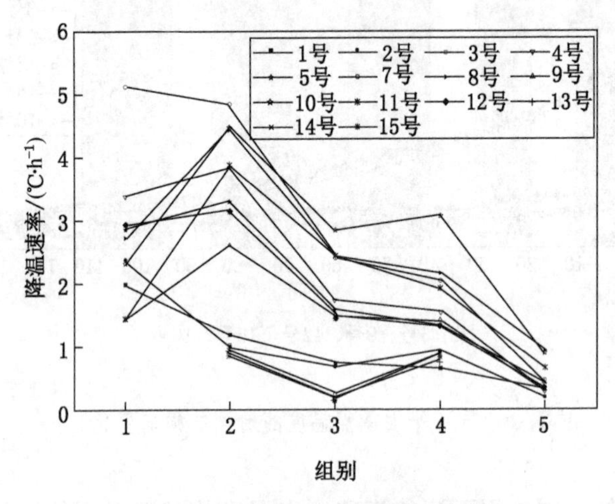

(a) 降温速率随注气次数的变化

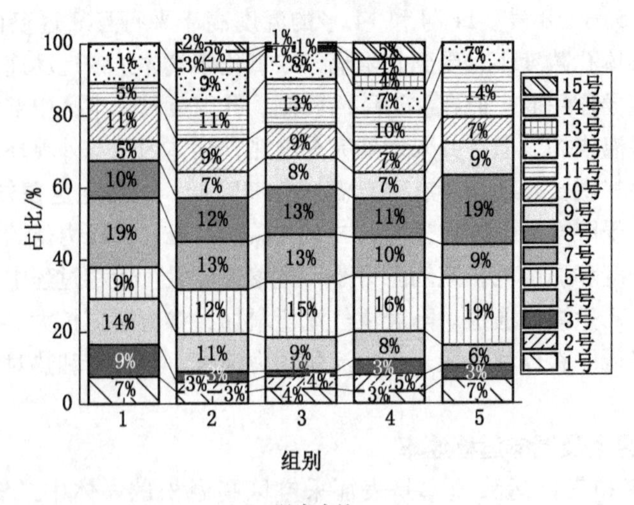

(b) 温度占比

图6－7　测点降温速率

由图6－7可知，测点3号和测点13号～15号的降温速率近似相等。测点1号、2号、7号的降温速率随着注气次数的增加而减小，测点4号、测点5号和测点8号～12号的降温速率随着注气次数的增加呈现先增大后减小的趋势。测

点7号在第1次和第2次注气阶段的降温速率都比其他测点高，受射流方向影响，距离注气口较远的测点7号的温度率先降低，而第3次注气至第5次注气阶段由于二氧化碳气体比热小，降温能力有限，降温速率均比较小。因此，随着注气次数的增加，测点处降温速率减小。

以8号测点注气时刻温差20 ℃和等待时刻降温温差10 ℃分别计算5次间歇注气的降温速率，见表6－5。随着注气次数增加，降低相同温度差的耗时增加。在注气阶段，第2次注气降温速率最大，第5次注气降温速率最小。在等待阶段，第一次停注降温速率最大。降温速率随着停注次数的增加而减小。

表6－5 降温速率统计表

组别	注气阶段		停注阶段	
	耗时/h	降温速率/(℃・h^{-1})	耗时/h	降温速率/(℃・h^{-1})
1	6.05	3.34	2.15	5.12
2	4.35	4.60	3.45	3.48
3	7.25	2.62	5.1	1.77
4	7.55	2.25	3.3	1.82
5	8.25	0.97	8.1	1.11

2. 气体运移速率计算结果分析

由多孔介质扩散机理和气体渗流机理可知，二氧化碳气体在煤体孔隙介质中的流动为扩散运动和渗流运动。扩散运动遵循 Fick 定律，多发生在小孔孔隙中。在流体势作用下，渗流运动遵循达西定律，在中孔和大孔孔隙中居多。利用气体运移速率对煤体中气体的运移规律进行表征，假设气体运移过程中降温强度一致，即计算时间所用的温度降低标准一致。相对于上一次温度降低时刻，温度每降低5 ℃的时刻与注气时刻之间的差值即为Δt，根据速度的定义可得：

$$v=\frac{L}{\Delta t} \tag{6-2}$$

式中，v为运移速率，m/min；L为测点与注气口之间的距离，m；Δt为测点温度降低时刻与注气时刻的差值，min。

根据式（6－2）对气体运移速率进行计算，计算结果见表6－6。第1次注气阶段测点 8 号的运移速率最大，为 0.73 m/min，测点 5 号的气体运移速率最小，为 0.34 m/min。第 2 次注气阶段测点 5 号的运移速率最大，为 0.83 m/min，测点 2 号的气体运移速率最小，为 0.07 m/min。第 3 次和第 4 次注气阶段测点 11 号的运移速率最大，分别为 1.1 m/min 和 0.95 m/min，测点 2 号的气体运移速率最小，分别为 0.04 m/min 和 0.11 m/min。前 3 次注气测点 14 号温度降低均未达到设定标准，在第 4 次注气阶段，气体运移至测点 14 号，即出气口附近。相对于注气时刻而言，气体运移速率随着与注气时刻时间差值的增大而减小。

表 6－6　气体运移速率计算结果

组别	气体运移速率/($m \cdot min^{-1}$)				
	2 号	5 号	8 号	11 号	14 号
1	0.40	0.34	0.73	0.56	—
2	0.07	0.83	1.40	1.68	—
3	0.04	0.55	0.78	1.10	—
	—	0.32	0.41	0.60	—
	—	0.20	0.29	0.39	—
	—	0.14	—	—	—
4	0.11	0.58	0.61	0.95	0.55
	—	0.29	0.40	0.48	—
	—	0.18	0.24	0.32	—
	—	0.08	—	—	—
5	—	0.13	0.36	0.29	—

6.3.4　多孔介质二氧化碳吸附场分布

以温度测点为基准，利用吸附量和温度的关系计算对应温度测点的吸附量，构建吸附分布云图，见表 6－7。多孔介质二氧化碳吸附场受注气次数和累积注气量影响。随着注气次数的增加，吸附场稳定性增大。因此，低温氧化条件下吸附场稳定。注气次数增加也意味着累积注气量增加，但吸附场趋于稳定，说明多孔介质对二氧化碳的吸附趋于饱和。

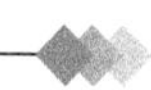

表6－7　吸附分布云图

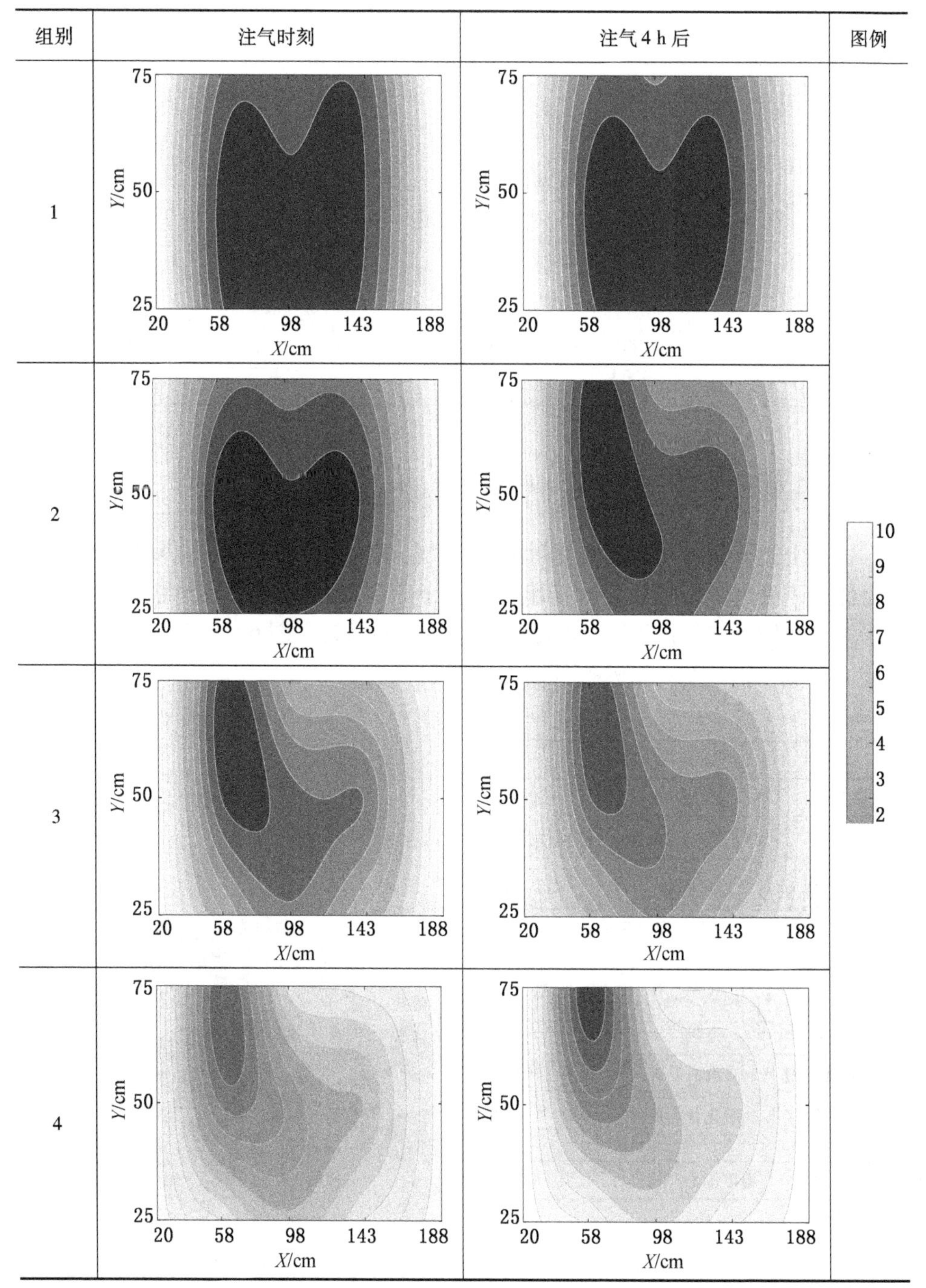
组别
注气时刻
注气4 h后
图例
1
2
3
4
Y/cm
X/cm
75
50
25
20
58
98
143
188
10
9
8
7
6
5
4
3
2

表6-7（续）

组别	注气时刻	注气4 h后	图例
5	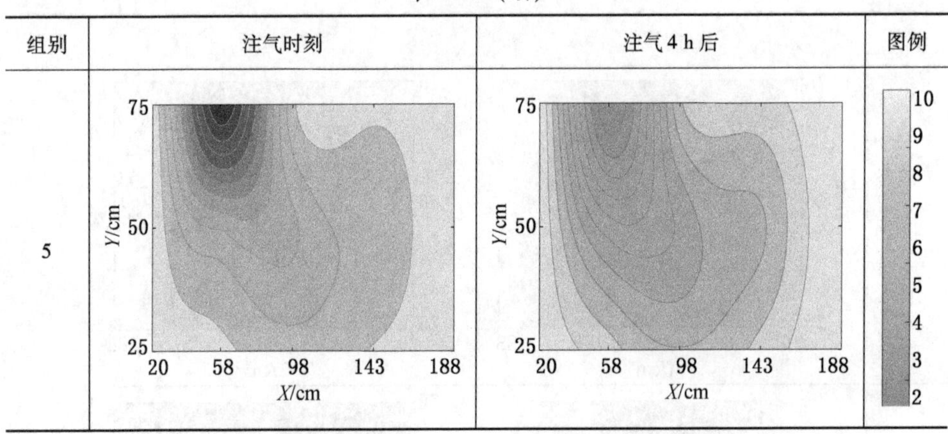		

6.4 受限空间二氧化碳防治煤自燃机制

根据上述分析可知，受限空间注入二氧化碳使得多孔介质-二氧化碳体系温度整体呈下降趋势，并最终趋于稳定。基于此现象和实验过程，考虑将受限空间、多孔介质和漏风作为影响温度场分布特征的因素。图6-8为受限空间多孔介质-二氧化碳温度变化机制图。

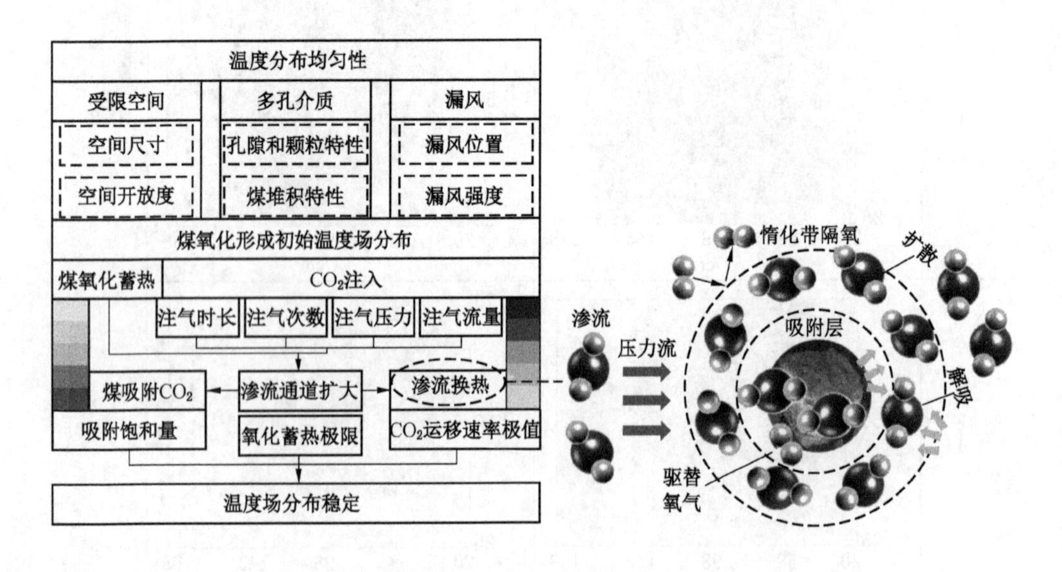

图6-8 受限空间多孔介质-二氧化碳温度变化机制

多孔介质非均匀特性在封闭路径中形成了流动通道。孔隙颗粒和分布不均匀导致温度分布不均匀是大尺度实验的一个重要特征。孔隙率越大，流动阻力越小，供氧量越大，煤的氧化和放热强度越强。在初始温度场形成后，二氧化碳注入的同时，受限空间继续为煤的氧化蓄热创造环境。高温热损伤下的煤发生孔隙断裂形态的改变，导致孔隙连通性和孔隙度增加。因此，在二氧化碳射流和煤氧化蓄热作用下渗流通道扩大。其中，二氧化碳注入影响温度场的因素包括注气时长、注气次数、注气压力和注气流量。

渗流通道扩大，一方面气体与煤的接触面积增大，煤吸附能力受到影响；另一方面渗流换热机会增加。在二氧化碳不断注入下，氧化蓄热达到极限，煤吸附二氧化碳能力饱和，多孔介质通道可能完全填充二氧化碳，二氧化碳流动阻力增大，运移速率达到极值，三者极限状态最终表现出温度场分布稳定。因此，可以将吸附饱和量、氧化蓄热极限和二氧化碳运移速率极值3个状态参数与热量建立关系，最终量化受限空间多孔介质－二氧化碳温度变化程度。

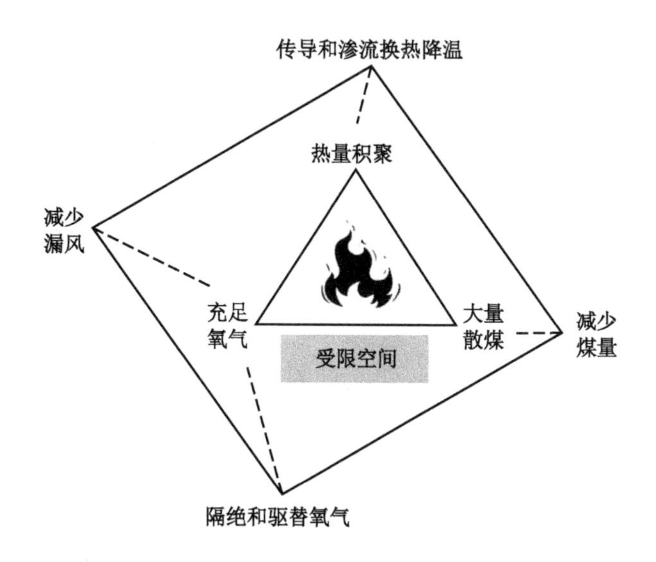

图6－9　煤自燃防治四边形

火灾三要素包括大量散煤、充足氧气和足够热量积聚。因此，煤自燃防治主要从三要素出发，破坏反应条件。根据分析实验结果和煤自燃发生条件，提出了煤自燃防治四边形，如图6－9所示。减少漏风是降低受限空间氧气含量，避免氧气充足供应。隔绝和驱替氧气包括两种情形，一是二氧化碳注入受限空间在煤与煤之间围绕，形成二氧化碳惰化带，隔绝氧气与煤体的接触，起到惰化作用；二是二氧化碳吸附在煤表面，驱替并占据氧气的吸附位，起到阻化作用。二氧化碳本身低于煤温，注气期间在压力流驱动下，通过传导和对流换热进行降温。根据阿伦尼乌斯方程，见公式（6－3），温度越低反应速率常数越小，因此受限空间煤自燃得到抑制。

$$k(T)=A\exp\left(-\frac{E_{\alpha}}{\mathrm{R}T}\right) \tag{6-3}$$

式中，T 为反应绝对温度，K；k 为温度 T 时的反应速度常数；A 是指前因子；E_{α} 是表观活化能，J/mol。

6.5　二氧化碳注气量方程计算改进

目前主要依据工作面日产煤量和采空区氧化带的氧气浓度进行二氧化碳注气量计算。采空区体积随工作面的推进而增加，按工作面日产煤量计算注气量：

$$Q_{\mathrm{N}}=\mathrm{k}\frac{A}{24\rho' N_1 N_2}\left(\frac{C_1}{C_2}-1\right) \tag{6-4}$$

式中，Q_{N} 为注气量，$\mathrm{m^3/h}$；k 为备用系数，一般取 1.2～1.5；A 为工作面日产量，t；ρ'为煤的密度，$\mathrm{kg/m^3}$；N_1 为二氧化碳输送效率，%；N_2 为注气效率，%；C_1 为工作面氧气浓度，%；C_2 为采空区惰化防火临界氧气浓度，%。

以使采空区氧气浓度降至惰化标准以下为原理，按采空区氧化带的氧气浓度计算注气量：

$$Q_{\mathrm{N}}=60\mathrm{k}Q_0\frac{C_3-C_2}{C_{\mathrm{N}}+C_2-1} \tag{6-5}$$

式中，Q_0 为采空区氧化带漏风量，$\mathrm{m^3/min}$；C_3 为采空区氧化带平均氧气浓度，%；C_{N} 为注入的二氧化碳浓度，%。

二氧化碳在采空区的存在形式有吸附在煤岩体表面、煤岩体孔隙裂隙中渗流或运移、受限空间中扩散 3 种。向采空区注入二氧化碳开展火灾防治工作时，一部分二氧化碳被采空区遗煤吸附，相当于二氧化碳耗散，直接影响二氧化碳注气量设计的科学性。因此，采空区 CO_2 发灭火注气量计算需要考虑二氧化碳耗散量。将实验数据所获吸附量和温度的关系式代入公式（6－4）和公式（6－5）改进注气量方程：

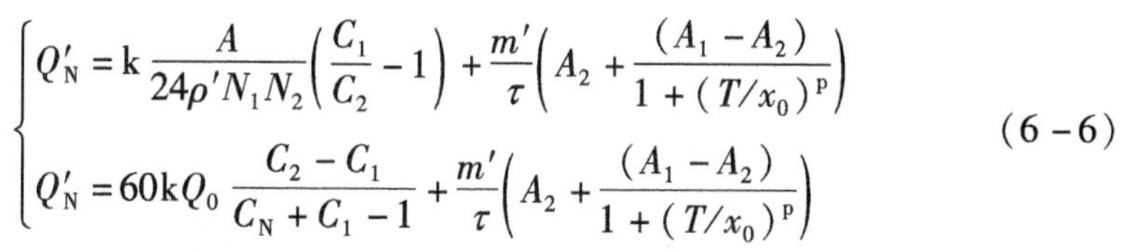

$$
\begin{cases}
Q'_{\mathrm{N}} = \mathrm{k}\dfrac{A}{24\rho' N_1 N_2}\left(\dfrac{C_1}{C_2}-1\right)+\dfrac{m'}{\tau}\left(A_2+\dfrac{(A_1-A_2)}{1+(T/x_0)^{\mathrm{p}}}\right) \\
Q'_{\mathrm{N}} = 60\mathrm{k}Q_0\dfrac{C_2-C_1}{C_{\mathrm{N}}+C_1-1}+\dfrac{m'}{\tau}\left(A_2+\dfrac{(A_1-A_2)}{1+(T/x_0)^{\mathrm{p}}}\right)
\end{cases}
\tag{6-6}
$$

式中，m'为遗煤量，g；T 为温度,℃；A_1、A_2、x_0、p 均为系数，通过拟合实验中吸附量与温度的关系曲线得到。

7 采空区压注二氧化碳工艺参数优化研究

7.1 采空区二氧化碳防灭火技术

当向采空区灌注二氧化碳时，二氧化碳在采空区温度和压力作用下迅速汽化，吸收采空区热量，从降温和惰化两个方面实现采空区防灭火要求。本章通过建立采空区二氧化碳防灭火影响因素指标体系，提出多源联合压注二氧化碳技术。利用数值模拟方法研究埋管深度和灌注量对采空区气体浓度场和温度场的影响，进一步分析相邻采空区气体运移规律，并计算相邻采空区泄漏量。

7.1.1 采空区注二氧化碳防灭火影响因素

采空区注二氧化碳防灭火主要影响因素包括注气管道参数、开采技术参数和惰气物理参数，建立采空区注二氧化碳防灭火影响因素指标体系如图 7-1 所示。

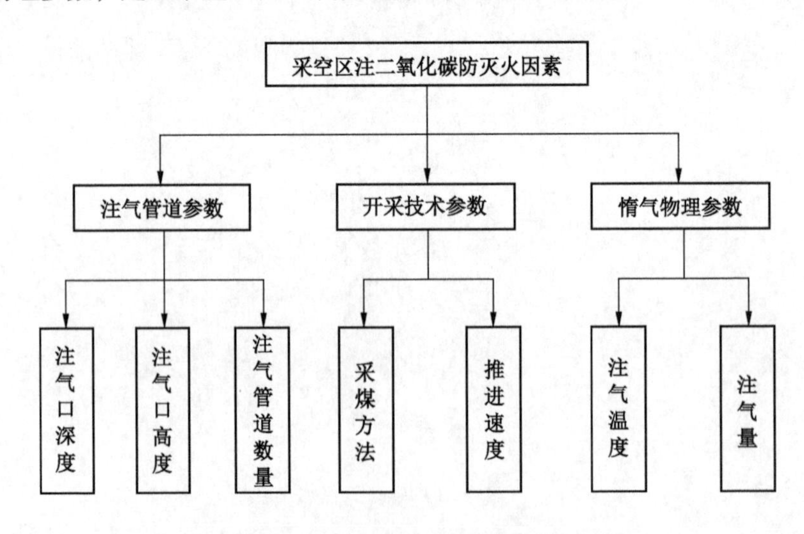

图 7-1 采空区二氧化碳防灭火因素指标体系

1. 注气管道参数

1）注气口深度

注气口深度为注气口与采煤工作面的垂直距离，其与采空区自然发火“三带”分布密切相关。当注气出口在散热带时，采空区孔隙率较大，漏风较严重，注二氧化碳管道出口离工作面较近，不利于二氧化碳积聚，且惰化散热带的意义不大；当注气口位置处于窒息带时，其离工作面距离较远，靠近进风侧采空区漏风较大，此时注气口处于低压能区，氧化带宽度加大，采空区惰化效果减弱。采空区惰化目的是减小氧化带宽度。因此，注气口位置应处于氧化带范围内，靠近进风侧深度应大于靠近回风侧位置。

2）注气口高度

二氧化碳密度大于空气密度。二氧化碳受重力影响有向下运动趋势，但采空区注入的二氧化碳气体经管道加压注入采空区后有向上扩散动能。因此，通常注气出口位置越高，二氧化碳扩散范围越大。

3）注气管道数量

受漏风场影响，采空区进风侧压能高于回风侧。采用单管道注二氧化碳时一般选择在采空区靠近进风侧，利用采空区内部漏风压差驱替采空区气体，达到惰化自燃带目的。然而单管注气对采空区中部和回风侧深部的影响有限，因此提出多管多源注气方法，利用区域叠加效应提高采空区惰化特性。

2. 开采技术参数

1）采煤方法

采煤方法对自然发火的影响主要取决于采空区遗煤量及其集中程度、顶板管理方法、煤层切割情况、煤柱破坏程度以及采空区封闭难易程度等，选择先进的现代化开采方法，提高煤炭回采率，从源头上可以降低煤自燃发生概率。采煤方法对采空区注气防灭火技术的影响主要体现在注气管道布置和物理参数管理方面。

2）推进速度

推进速度是采空区形成的重要参数，与自燃带宽度变化密切相关，其变化主要影响注二氧化碳防灭火注气参数。

3. 注惰气物理参数

1）注气量

注气量大小是影响采空区惰化程度的重要参数，合理的注气量既能有效降低采空区氧化带宽度，预防煤自燃，又能保证惰性气体不会大量涌出工作面造成其他安全事故。

2）注气温度

低温状态下二氧化碳呈液态，常温状态下呈气态。液态二氧化碳注入采空区后迅速气化，吸收大量热，可以提升防灭火效果，但其控制工艺较复杂。

7.1.2 多源联合压注二氧化碳防灭火技术

1. 多源联合压注二氧化碳技术

单一注气管道压注二氧化碳惰化采空区流场的影响范围有限。为了提高采空区注气防灭火效果，提出多源联合压注二氧化碳技术。图 7－2 为三管道联合压注二氧化碳示意图。通过设置多管道同时注气，在不同位置设置不同流量进行采空区二氧化碳防灭火工作。

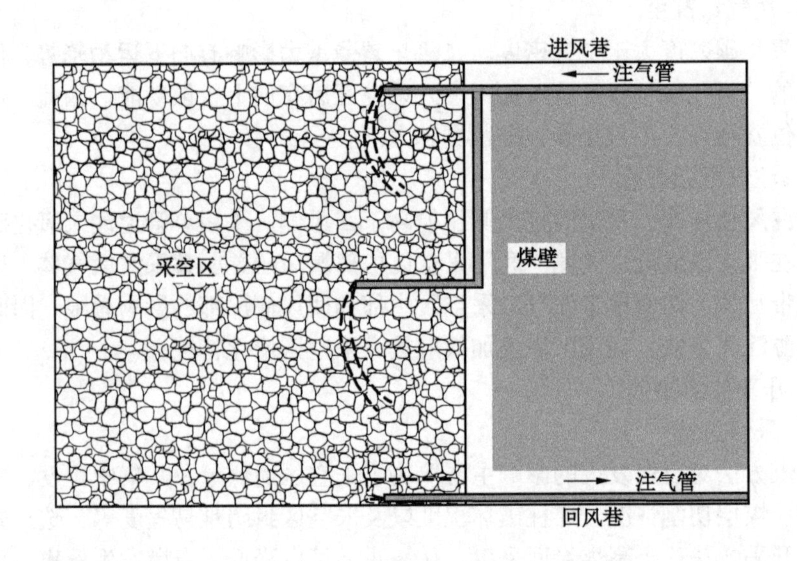

图 7－2 三管道压注二氧化碳示意图

2. 多源联合压注二氧化碳机理

将采空区进风巷入口处漏风源与回风巷出口处漏风源等效成一条通风网络分支，与工作面形成并联通风形式。分支压能随压力呈线性变化。当向采空区压注二氧化碳后，由于采空区孔隙特性不发生变化，因此采空区等效分支的风阻不变。根据阻力定律，通过增加采空区风流，注气管口附近的压能上升，相当于在管道出口位置形成增压调节。当存在多个二氧化碳管道时，形成多段升高的压力梯度曲线，采用驱替方式控制采空区气体流场分布，达到惰化采空区的目的。采空区形成新的压能分布如图 7－3 所示。

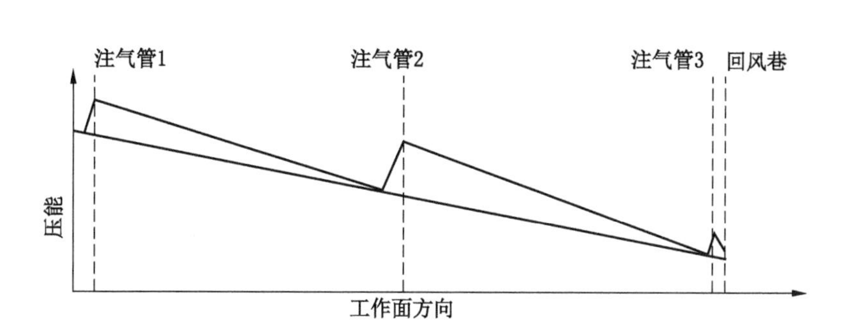

图7-3 多源联合压注二氧化碳压力分布示意图

3. 二氧化碳防灭火作用

（1）二氧化碳可以充满任何形状的空间并将氧气排挤出去，使火区氧含量降低，遗煤无法氧化自燃。

（2）在瓦斯和火灾存在的气体爆炸危险区，注入二氧化碳可使可燃气体失去爆炸性。

（3）向采空区大量注入二氧化碳可以增加采空区相对压力，使新鲜空气难以进入。

（4）二氧化碳防灭火技术必须与均压和其他堵漏措施相配合，如果采空区或火区漏风严重，注入的二氧化碳必然随漏风流失，难以起到防灭火作用。

4. 二氧化碳防灭火应用环境

坚硬顶板或可能造成顶板大面积跨落的采煤工作面，禁止实施开放式压注二氧化碳。出现下列情况可采取压注二氧化碳进行防灭火：

（1）综采放顶煤工作面推进进度滞后。

（2）不宜采取注浆方式防灭火。

（3）工作面一氧化碳浓度超过矿井临界指标，并有上升趋势。

（4）出现其他煤自然发火征兆或自然发火。

（5）工作面出现其他对防灭火不利因素，需要预防的。

7.2 采空区数值模拟方法

7.2.1 数值模拟软件简介

计算流体力学是利用边界条件下的数值解决实际环境下难以模拟的复杂流体流动、化学、物理和传热等现象。其中 Fluent 软件以用户实际需求为出发点，数值解法的选取与流动特点相适应，能够高效率解决复杂流动计算问题。Fluent 软件由前处理器、后处理器以及求解器 3 个部分组成，基本程序结构如图 7－4 所示。

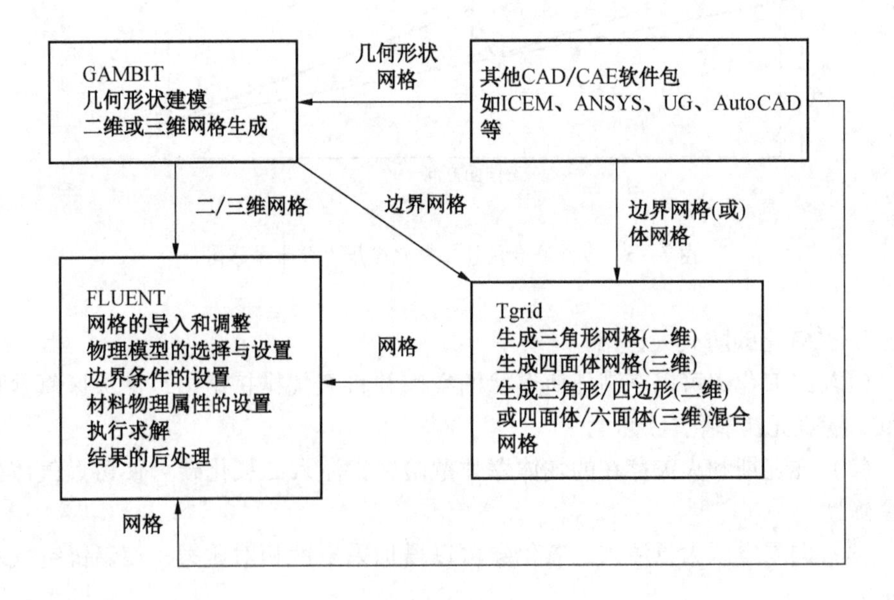

图 7－4　Fluent 基本程序结构

主要操作步骤为：

(1) 创建几何模型和物理模型，划分并生成网格。

(2) 选择合适的解算器。Fluent 软件解算器有 3DDP、2DDP、3D 和 2D 4 种精度类别，其中，3DDP 代表三维双精度，2DDP 代表二维双精度。

(3) 导入网格并检查。导入网格之后 Fluent 软件会自动进行检查，当网格的体积或面积数值为负时，对网格进行修复，否则会导致计算结果出现偏差。

(4) 选择合适的解算格式。Fluent 求解器常规计算方式为分离解算，用户可以根据需求选择需要的解算器格式。

(5) 选择合适的模型方程和附加模型。基本模型包括热传递、层流、湍流等，附加模型包括多孔介质、热量交换等。

(6) 设定模拟介质的物理性质。数据库中可以选择气体类型的属性或自定义材料属性。

（7）设定模型边界条件。根据模型环境条件设定合适的边界条件参数。

（8）调整解算控制参数。根据需要调整数据库中多项流动参数的数值。

（9）流场初始化及解算。计算前先给定一个初始解将流场初始化，然后进行多步迭代计算。

（10）检查并保存结果。通过迭代计算的残差图来验证控制微分方程的收敛性。结果收敛则可得到计算结果分布图。

7.2.2　数学模型

采空区风流流动属流体流动问题。流体流动遵循质量守恒方程（连续方程）、动量守恒方程、能量守恒方程等基本守恒方程。

1. 多孔介质源项

在多孔介质中，源项包括黏性损失项和惯性损失项，见公式（7-1），方程右端第一项为黏性损失项，方程右端第二项为惯性损失项。

$$S_{\mathrm{i}} = -\left(\sum_{j=1}^{3} D_{\mathrm{ij}}\mu v_{\mathrm{j}} + \sum_{j=1}^{3} C_{\mathrm{ij}}\frac{1}{2}\rho v_{\mathrm{mag}} v_{\mathrm{j}}\right) \tag{7-1}$$

式中，S_{i} 为第 i 个（x、y 或 z 方向）动量方程中的源项；D、C 为由 $1/a$ 和 C_2 为对角单元的对角矩阵；a 为多孔介质渗透率；C_2 为多孔介质惯性阻力系数；v_{mag} 为多孔介质中流体的名义速度。

由于数学模型中未体现多孔介质体积，故 Fluent 使用基于体积流量的名义速度来保证速度矢量通过多孔介质时的连续性。负源项称为“汇”，动量汇是对多孔介质单元动量梯度的贡献，在单元上产生了一个正比于流体速度的压力降。在简单、均匀的多孔介质上，数学模型可简化为

$$S_{\mathrm{i}} = -\left(\frac{\mu}{\alpha} v_{\mathrm{j}} + C_2 \frac{1}{2}\rho v_{\mathrm{mag}} v_{\mathrm{i}}\right) \tag{7-2}$$

1）Darcy 定律

流体在多孔介质层流中，压力降正比于速度，C_2 可设为 0。忽略对流加速和扩散项，简化为 Darcy 定律：

$$\nabla p = -\frac{\mu}{\alpha}\vec{v} \tag{7-3}$$

在 x、y、z 3 个坐标方向上的压力降为

$$\nabla p_{\mathrm{x}} = \sum_{j=1}^{3} \frac{\mu}{\alpha_{\mathrm{xj}}} v_{\mathrm{j}} \Delta n_{\mathrm{x}}$$

$$\nabla p_{\mathrm{y}} = \sum_{j=1}^{3} \frac{\mu}{\alpha_{\mathrm{yj}}} v_{\mathrm{j}} \Delta n_{\mathrm{y}}$$

$$\nabla p_z = \sum_{j=1}^{3} \frac{\mu}{\alpha_{zj}} v_j \Delta n_z \tag{7-4}$$

式中，v_j 为 x、y、z 3 个方向的速度分量；Δn_x、Δn_y、Δn_z 为多孔介质在 3 个坐标方向上的真实厚度。

2）惯性损失

采空区多孔介质中流体流速较高时，流体逐渐进入过渡流或紊流状态。此时 C_2 可对流体流动过程中的惯性损失做出修正。C_2 被看作流体流动方向上单位长度的损失系数，将压力降定义为动压头的函数。引入 C_2 的多孔介质渗流方程为

$$\nabla p = -\sum_{j=1}^{3} C_{2ij}\left(\frac{1}{2}\rho v_j v_{mag}\right) \tag{7-5}$$

写成分量形式为

$$\nabla p_x \approx \sum_{j=1}^{3} C_{2xj} \Delta n_x \frac{1}{2}\rho v_j v_{mag}$$

$$\nabla p_y \approx \sum_{j=1}^{3} C_{2yj} \Delta n_y \frac{1}{2}\rho v_j v_{mag}$$

$$\nabla p_z \approx \sum_{j=1}^{3} C_{2zj} \Delta n_z \frac{1}{2}\rho v_j v_{mag} \tag{7-6}$$

Fluent 中定义多孔介质惯性阻力系数的位置在 Define/Boundary Conditions 对话框中，用户定义多孔介质区域名称（模拟中定义为采空区 goaf）/Porous Zone 时选择选项卡中的 Inertial Resistance 选项。

2. 惯性阻力系数计算

采用对雷诺数适用范围很广的半经验公式 Ergun 方程计算 C_2：

$$\frac{|\Delta p|}{L} = \frac{150\mu}{D_p^2}\frac{(1-\varepsilon)^2}{\varepsilon^3}v_\infty + \frac{1.75\rho(1-\varepsilon)}{\varepsilon^3}v_\infty^2 \tag{7-7}$$

计算层流时去掉公式（7-7）右端第二项则简化为 Blake-Kozeny 方程：

$$\frac{|\Delta p|}{L} = \frac{150\mu}{D_p^2}\frac{(1-\varepsilon)^2}{\varepsilon^3}v_\infty \tag{7-8}$$

式中，μ 为流体动力黏滞系数；D_p 为多孔介质平均粒径，m；L 为多孔介质厚度，m；ε 为多孔介质空隙率。

根据达西定律和惯性损失方程可得，多孔介质各方向上 C_2 为

$$C_2 = \frac{3.5}{D_P}\frac{(1-\varepsilon)}{\varepsilon^3} \tag{7-9}$$

将孔隙率随采空区走向长度 x 的变化公式代入公式（7-9）：

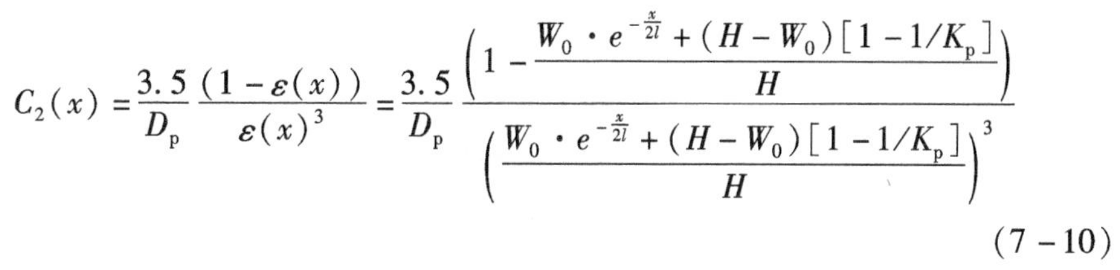

$$C_2(x)=\frac{3.5}{D_p}\frac{(1-\varepsilon(x))}{\varepsilon(x)^3}=\frac{3.5}{D_p}\frac{\left(1-\frac{W_0\cdot e^{-\frac{x}{2l}}+(H-W_0)[1-1/K_p]}{H}\right)}{\left(\frac{W_0\cdot e^{-\frac{x}{2l}}+(H-W_0)[1-1/K_p]}{H}\right)^3} \tag{7-10}$$

代入某矿综采面参数：

$$C_2(x)=8.75\frac{(0.8943-0.1893e^{-0.03125x})}{(0.1893e^{-0.03125x}+0.1057)^3} \tag{7-11}$$

采空区惯性阻力系数分布如图 7－5 所示。

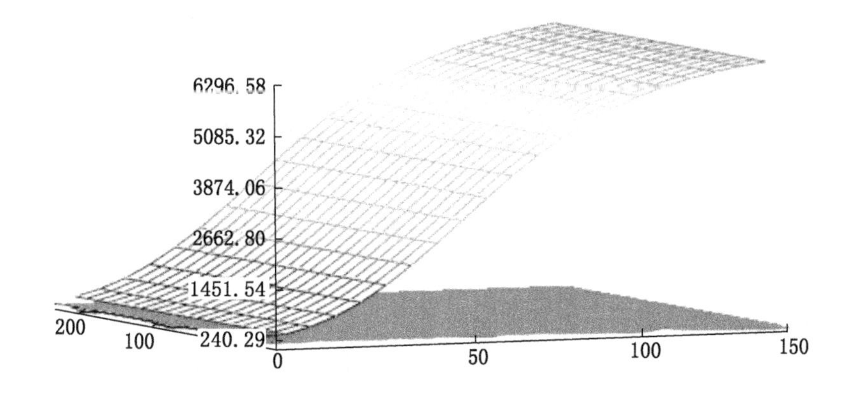

图 7－5　采空区惯性阻力系数分布

3. 多孔介质渗透率分布

渗透率随采空区走向长度 x 的变化规律见 5.2 节。沿煤层走向，从工作面煤壁到采空区深部，冒落煤岩体逐渐压实，渗透率减小；沿煤层倾向，渗透率从采空区两侧到中部逐渐减小。因此，采空区渗透率分布可近似为

$$k(x,y)=\begin{cases}\frac{y}{L_s}[\alpha(x)-\alpha(0)]+\alpha(0) & y\leqslant L_s\\ \alpha(x) & L_s<y\leqslant L-L_s\\ \frac{L-y}{L_s}[\alpha(x)-\alpha(0)]+\alpha(0) & L-L_s<y\leqslant L\end{cases} \tag{7-12}$$

式中，x，y 为工作面走向和倾斜方向上的坐标，m；L_s 为基本稳定点距工作面的距离，m；L 为工作面倾斜长度，m。

用 Matlab 对公式（7－12）进行作图，得出采空区渗透率分布如图 7－6

所示。

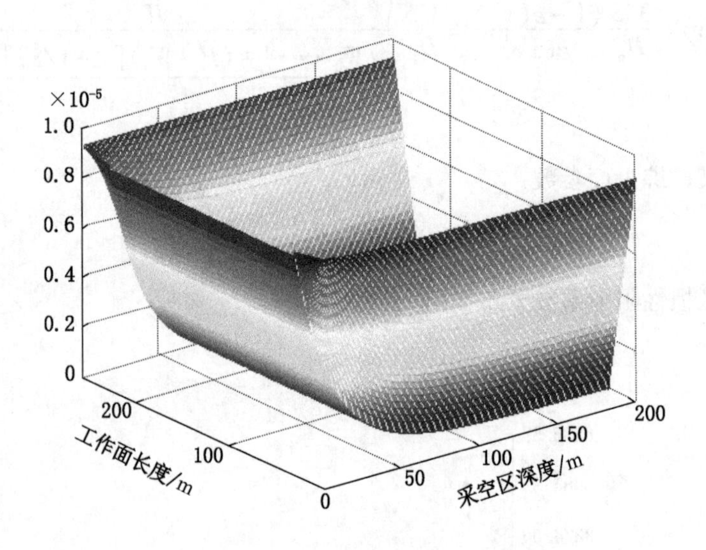

图 7-6　采空区渗透率分布

4. 求解器选择

Fluent 中提供了分离式和耦合式 2 种求解器，区别在于对连续性方程、动量方程、能量方程以及组分输运方程的求解步骤。分离式按顺序求解，耦合式与方程同时求解。分离式主要用于不可压流动和微可压流动问题求解，而耦合式用于高速可压缩流动问题求解。由于工作面正常通风属不可压缩流体流动，故选用分离式求解器。本模拟主要研究采空区二氧化碳分布规律，认为二氧化碳在输运过程中无流失。由于工作面风流一般属于湍流流动，所以考虑其对采空区风流分布的影响，对进口湍流参数进行设置。

7.2.3　物理模型及边界条件

1. 基本假设

现场工作面条件相对复杂。为保证物理模型网格划分的质量作出如下假设：

(1) 由于二氧化碳管路与整体空间尺寸大小相差较大，网格划分时容易出现网格形状不规则问题，导致计算结果发散，影响模拟结果的准确性。因此，模型建立时将注气管道直径放大至 1 m，长度不变，根据注气量反算入口速度。

(2) 将采空区煤、冒落岩石与空气等混合物视为各向同性的多孔介质层。

（3）忽略工作面设备和管线。

（4）气流中不存在热源、热汇，气体组分间没有化学反应。

2. 物理模型构建

以某矿 S1 综采面为例，工作面走向长度 1520 m，斜长 186 m，平均煤厚 3.5 m，采用后退式走向长壁一次采全高综合机械化采煤方法，U 形通风。工作面回采区域内原始瓦斯压力为 0.4 ~0.6 MPa，原始瓦斯含量为 2.3 ~4.8 m^3/t，平均可解吸瓦斯含量为 2.65 m^3/t。工作面回采区域的煤属Ⅱ类自燃，自然发火期 3 ~6 个月，煤尘具有爆炸危险性，抑制煤尘爆炸最低岩粉量 75% 。

物理模型包括工作面与顺槽、采空区、注二氧化碳管道区域 3 个区域，模型物理参数见表 7 -1。网格划分采用不规则法，即管道及工作面附近加密，采空区上部尺寸放大，类型为 Tet/Hybrid，TGrid。不同深度模型网格划分情况见表 7 -2。图 7 -7 为网格划分示意图。

表 7 -1 物理模型参数

名 称	参 数	流体类型
采空区	150 m（深度）×186 m（长）×30 m（高）	Fluid Type
工作面	186 m（斜长）×5 m（宽）×3 m（高）	
进风巷	50 m（长）×5 m（宽）×3 m（高）	
埋管深度	30 m/60 m/90 m（长）管直径 1 m	

表 7 -2 网络划分情况

编号	埋管深度/m	采空区		工作面	
		区域形状	网格数量/个	区域形状	网格数量/个
模型 1	30	长方体 Fluid Type Porous Zone	241278	长方体 Fluid Type	37050
模型 2	60		226447		
模型 3	90		230710		

3. 边界条件设置

1）控制参数设置

选用压力求解器，打开能量方程；湍流模型选用 Standard $k-\varepsilon$ 模型；采用

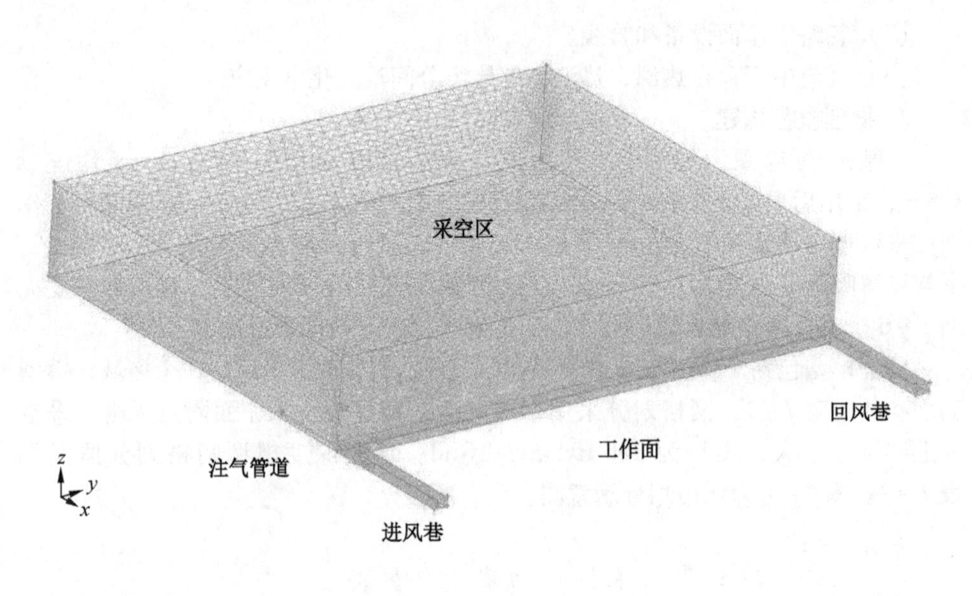

图 7-7　网格划分示意

Simplec 算法，设置收敛残差为 10^{-6}。

2）入口和出口边界

入口风量按工作面实际风量 1300 m³/min 进行模拟，设定为进口边界，进风口气体体积分数为氧气 20%，氮气 79%。根据实测巷道断面积计算得到入口速度约 1.445 m/s，温度设置为 290 K。二氧化碳管道出口设置为 Velocity inlet 进口边界，二氧化碳浓度为 99%，氮气浓度为 1%，分别研究二氧化碳注入量为 250 m³/h、500 m³/h、750 m³/h、1000 m³/h 4 种工况下采空区二氧化碳分布规律。按速度边界入口换算成相应风速分别为 0.0885 m/s、0.1769 m/s、0.2654 m/s、0.3539 m/s。二氧化碳注入流量根据管路口埋深及下隅角二氧化碳溢出情况确定。回风巷出口边界设置为 Outflow 出口边界，其余面设置为 Wall。

湍动能：

$$k = 0.05u_m^2 \tag{7-13}$$

湍动能耗散率：

$$\varepsilon = \sqrt[4]{C_\mu^3}\frac{\sqrt{k^3}}{0.07d_0} \tag{7-14}$$

式中，u_m 为入口平均速度，m/s；d_0 为入口处特征尺寸，m；C_μ 为经验常数，取 0.09。

7.3 采空区注二氧化碳流场分布

为了掌握采空区注二氧化碳气体流场和温度场分布情况，确定灌注前后采空区自然发火“三带”变化规律，选择距离底板 1 m 的剖面作为研究对象，获得该剖面气体流场和温度场分布云图，并提取进风巷、距离进风巷 30 m 和回风巷 3 个位置灌注前后氧气体积分数，对比分析埋管深度为 30 m 时，灌注量对 3 个位置处氧气体积分数的影响，以及二氧化碳灌注对氧化带宽度的影响。

7.3.1 埋管深度 30 m 时采空区气体流场分布

1. 灌注前后气体流场分布

未注二氧化碳时采空区氧气浓度三维分布如图 7－8 所示。

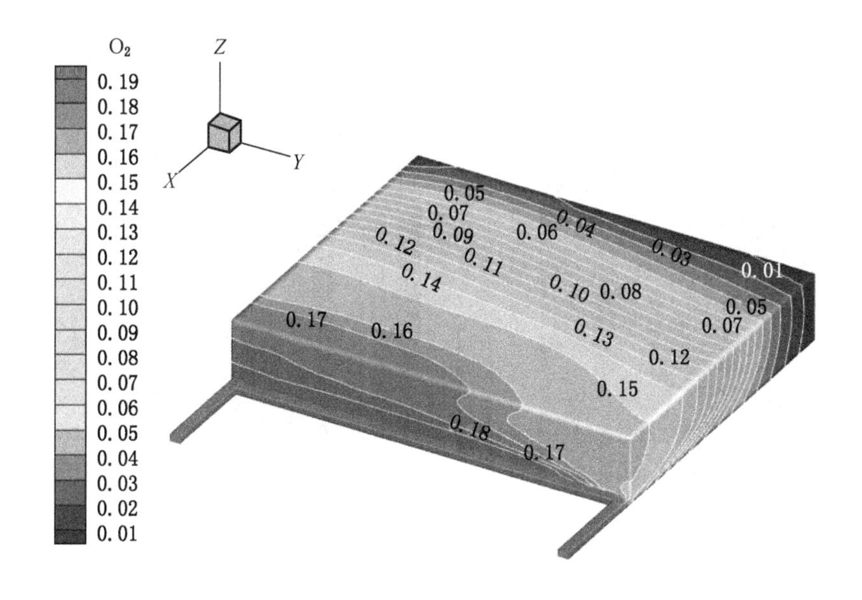

图 7－8 灌注前氧气分布云图

由图 7－8 可知，采空区 80% 的区域处于氧化带中。采空区内顶板垮落后没有压实，内部孔隙率较大，漏风严重。以此为基础，分别模拟灌注二氧化碳量为 250 m^3/h、500 m^3/h、750 m^3/h、1000 m^3/h 4 种工况下埋管深度 30 m 时采空区气体浓度分布规律，得出距离底板 1 m 处氧气和二氧化碳分布云图，如图 7－9 和图 7－10 所示。下边巷道为进风巷道，上边巷道为回风巷道。

如图 7－9 和图 7－10 所示，当埋管深度 30 m 时，随着灌注量的增加，灌注

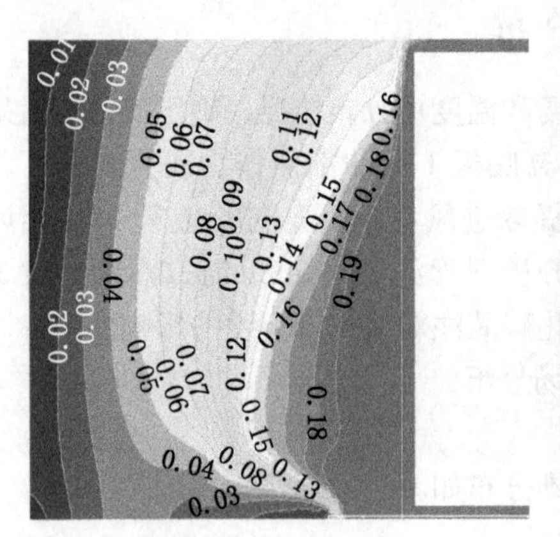

(a) 灌注量250 m^3/h

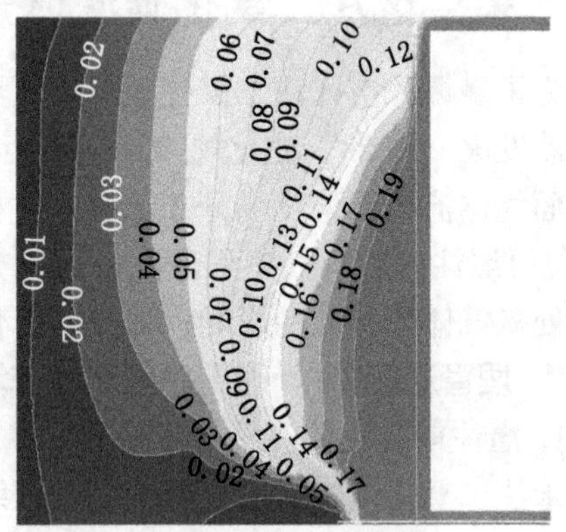

(b) 灌注量500 m^3/h

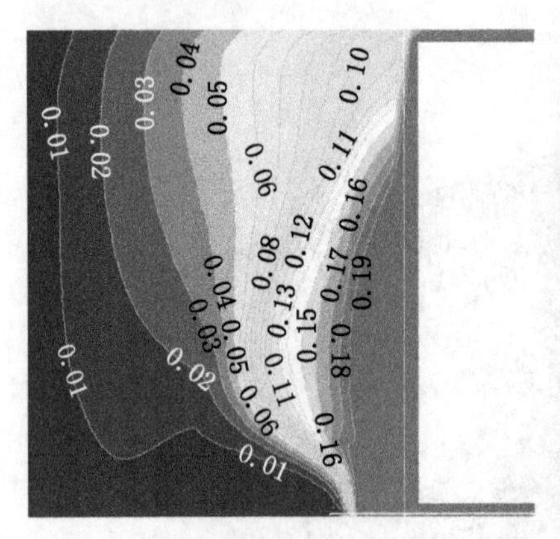

(c) 灌注量750 m^3/h

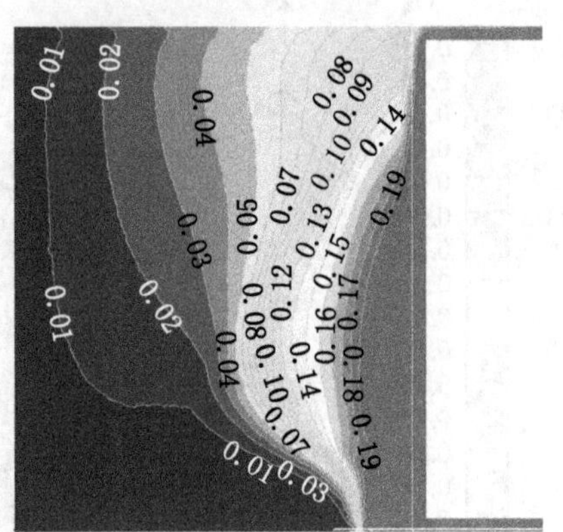

(d) 灌注量1000 m^3/h

图7-9　不同灌注量下氧气浓度云图

口附近氧气浓度迅速下降，二氧化碳浓度上升，回风侧氧气浓度变化较小。当灌注量为250 m^3/h时，氧化带向回风侧偏移5～10 m，采空区深处氧气变化不明显。当灌注量为500 m^3/h时，氧化带持续向回风侧偏移。随着二氧化碳在采空区深处聚集，窒息带宽度增加，氧化带向回风侧偏移的同时也向工作面移动，且氧化带宽度缩短10～15 m。根据采空区O型圈理论，由于采空区中部为压实区，煤岩体孔隙率较小，二氧化碳沿着压实部分周围，在进风巷新鲜风流的作用下运移至采空区深处，使得窒息带范围加大。当灌注量大于750 m^3/h时，氧化带继续向工作面和回风巷移动，工作面上隅角附近出现浓度约1%的二氧化碳泄漏至

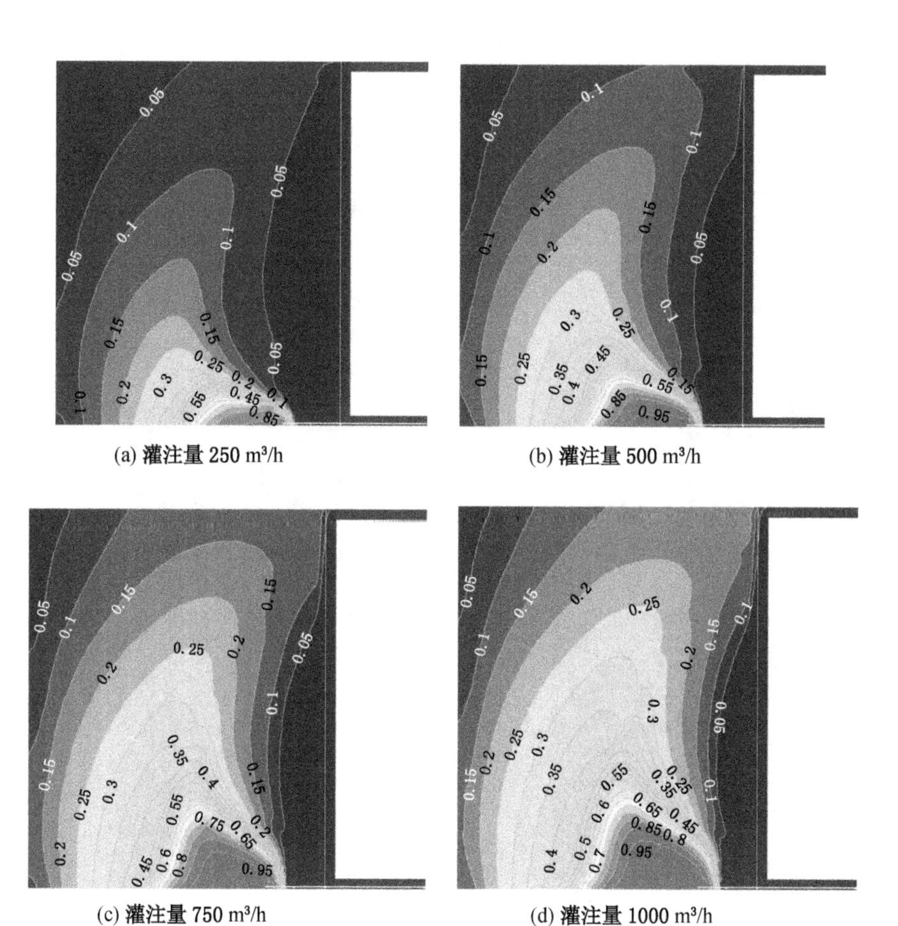

(a) 灌注量 250 m^3/h　　(b) 灌注量 500 m^3/h

(c) 灌注量 750 m^3/h　　(d) 灌注量 1000 m^3/h

图 7-10　不同灌注量下二氧化碳浓度云图

工作面。当灌注量达到 1000 m^3/h 时，氧化带宽度相较于 750 m^3/h 时变化不明显，回风侧二氧化碳涌出量和涌出范围持续扩大至 2% ~3%，极易造成上隅角氧气含量降低，危及作业人员安全。

综上，随着灌注量的增加，二氧化碳以注入口为中心向四周扩散，进风巷侧采空区二氧化碳浓度达到 85% ~95%，且二氧化碳分布于整个采空区，可以达到采空区防灭火的目的。随着灌注量的增加，氧化带范围逐渐减小，防火效果逐渐变好，但是当灌注量超过 500 m^3/h 时，部分二氧化碳从上隅角附近漏出，存在回风巷二氧化碳浓度超限风险。

2. 采空区注二氧化碳温度场分布

不同灌注量下距离底板 1 m 处温度场分布云图如图 7－11 所示。

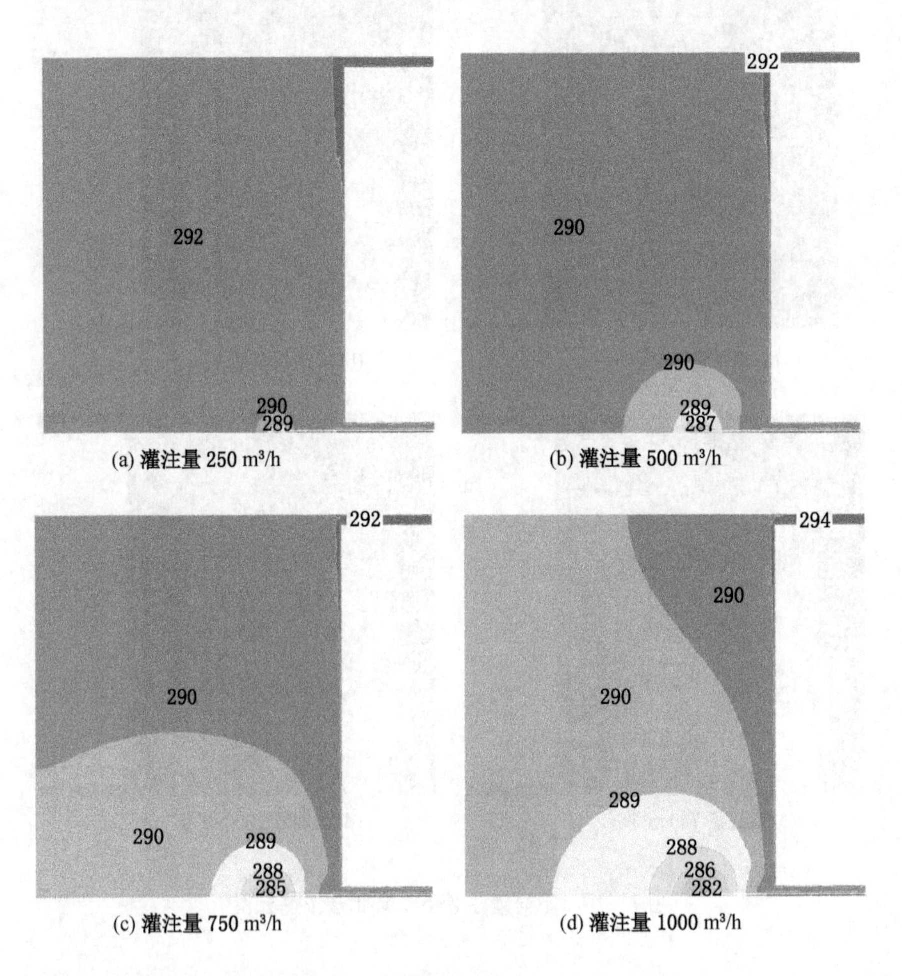

(a) 灌注量 250 m³/h (b) 灌注量 500 m³/h (c) 灌注量 750 m³/h (d) 灌注量 1000 m³/h

图 7－11 不同灌注量下温度场分布云图

随着灌注量的增加，采空区温度逐渐降低。当灌注量为 250～500 m^3/h 时，290 K 以下温度分布以灌注口为中心，半径逐渐增大，整体分布呈半圆形。当灌注量为 750～1000 m^3/h 时，290 K 以上温度所呈现的形状发生改变，呈弧状。

3. 灌注前后“三带”变化

在采空区靠近进风巷、靠近进风巷 30 m、靠近回风巷侧 3 个位置，不同灌注量下氧气浓度随着采空区深度方向的变化曲线如图 7－12a～图 7－12c 所示。

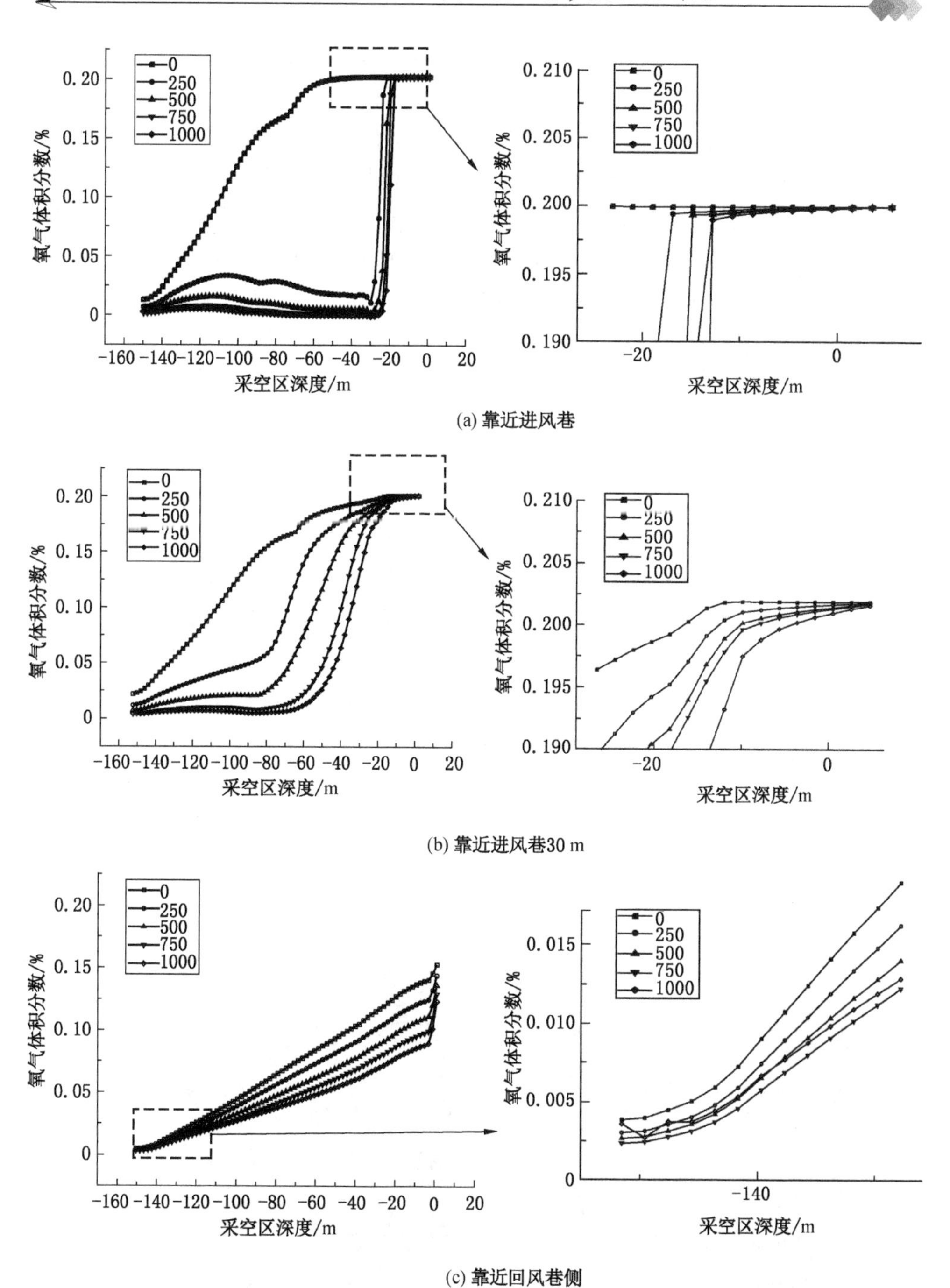

(a) 靠近进风巷

(b) 靠近进风巷30 m

(c) 靠近回风巷侧

图7-12 氧气体积分数随采空区深度变化曲线

由图7－12a可知，未灌注二氧化碳前，采空区靠近进风巷侧氧化带位于采空区深度70～110 m范围内。当开始灌注二氧化碳时，从采空区深处20 m位置开始氧气含量迅速下降，且随着二氧化碳灌注量增加，下降速度增大。在同一位置不同灌注条件下，随着灌注量的增加，氧气含量显著降低，其中灌注量250～500 m^3/h范围内减小程度最大，但是当灌注量超过750 m^3/h时，下降比例不明显。灌注二氧化碳后进风侧氧化带范围由70～110 m缩短至20～70 m。

由图7－12b可知，在采空区距离进风巷30 m位置处，氧气含量在采空区深处60 m范围内下降幅度较小，当超过60 m时，氧气含量开始下降，直到110 m后采空区进入窒息带。当灌注二氧化碳后，在采空区0～30 m范围内，由于灌注出口位置压能低于进风巷下隅角处，汽化后气体压能克服阻力做功，使得二氧化碳气体向工作面位置逆流，导致此区域内氧气含量变化较大。当采空区深度位于30～60 m时，受二氧化碳灌注影响，氧气含量降幅较大。当采空区深度位于60～120 m时，采空区进入压实区，此范围内受到二氧化碳的影响比较有限。

由图7－12c可知，灌注二氧化碳对于回风侧的氧气浓度影响较小，具体表现为，在未灌注二氧化碳时，此区域内氧气含量随着采空区深度的增加而下降，尤其在上隅角至采空区内5 m处范围内，氧气含量下降较快。灌注二氧化碳后，氧气含量随着灌注量的加大而减小，但由于此处距离灌注点较远，氧气含量变化幅度较小。

7.3.2 埋管深度60 m时采空区气体流场分布

1. 灌注前后气体流场分布

分别模拟灌注二氧化碳量为250 m^3/h、500 m^3/h、750 m^3/h、1000 m^3/h 4种工况下埋管深度60 m时采空区气体浓度分布规律，得出距离底板为1 m处氧气和二氧化碳分布云图，如图7－13和图7－14所示。

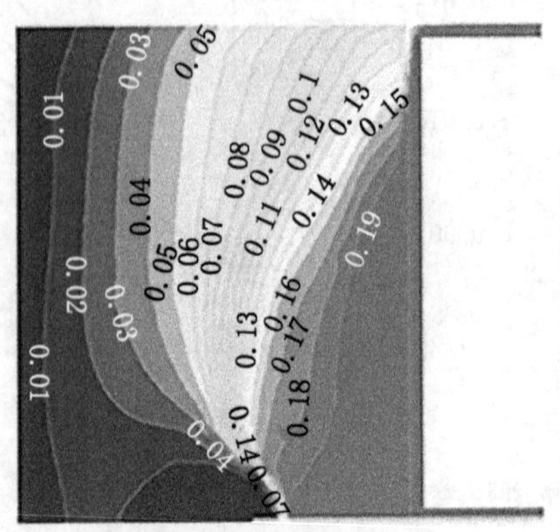

(a) 灌注量250 m^3/h

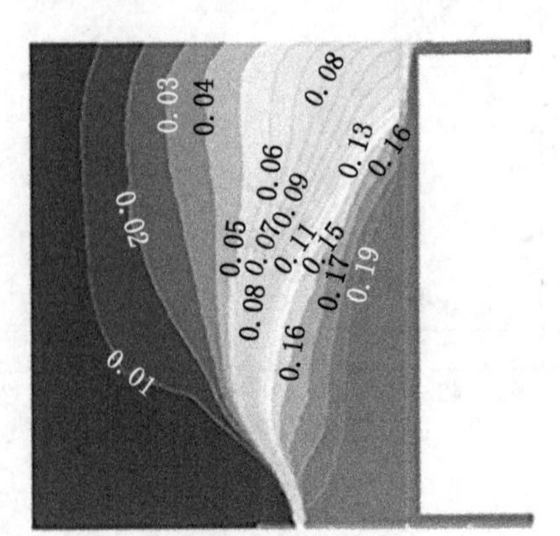

(b) 灌注量500 m^3/h

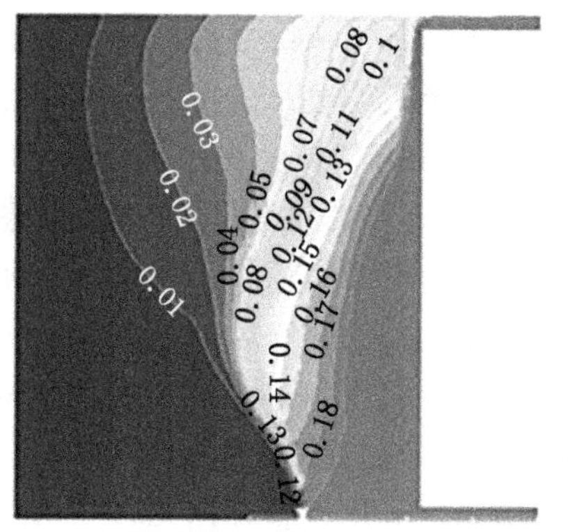

(c) 灌注量750 m^3/h

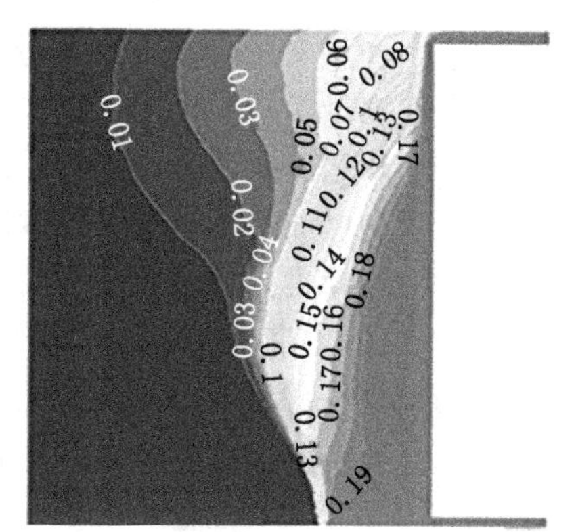

(d) 灌注量1000 m^3/h

图7－13　不同灌注量下氧气浓度云图

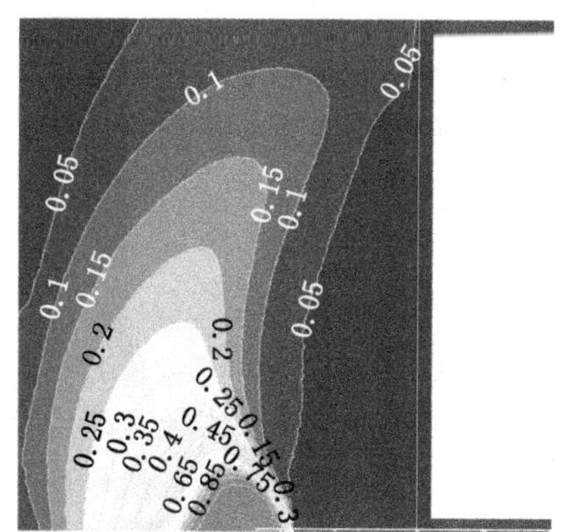

(a) 灌注量250 m^3/h

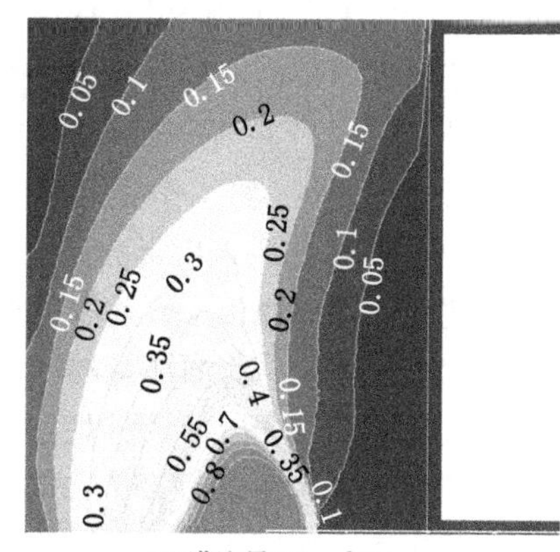

(b) 灌注量500 m^3/h

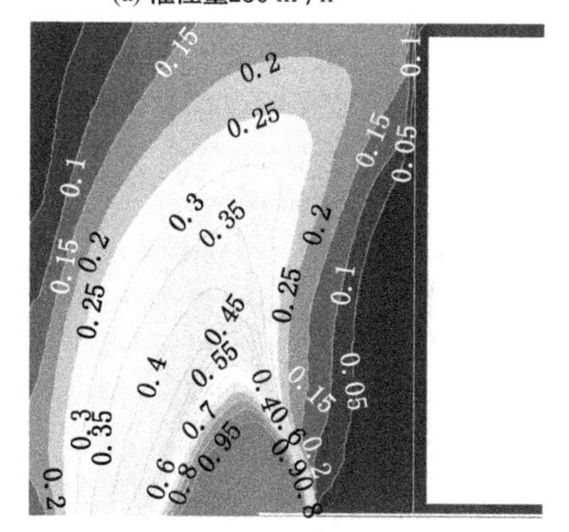

(c) 灌注量750 m^3/h

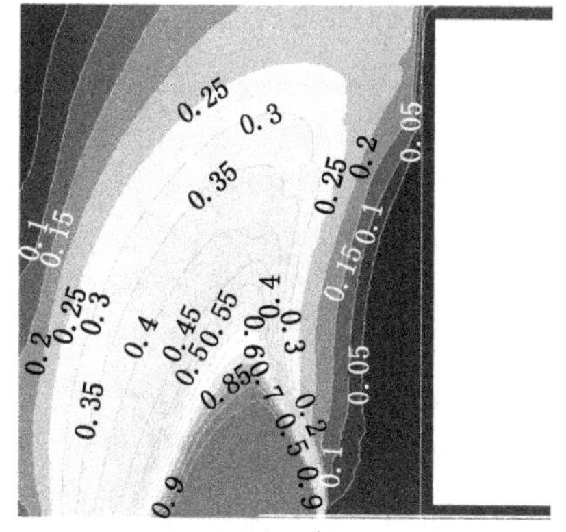

(d) 灌注量1000 m^3/h

图7－14　不同灌注量下二氧化碳浓度云图

由图7－13和图7－14可知，当埋管深度为60 m时，随着灌注量的增加，灌注口附近氧气含量相较于灌注深度30 m时下降更明显，以灌注口为中心的二氧化碳浓度分布较之前半径增加，范围更广。采空区气体变化主要表现在，窒息带随着埋管深度的增加逐渐向工作面移动，相比埋管深度为30 m时，窒息带范围扩大10～20 m。氧化带随着埋管深度的增加也逐渐向工作面移动，且相对埋管深度为30 m时氧化带范围减小。回风侧氧气浓度维持在10%～14%水平。

此外，对比埋管深度30 m时采空区流场分布情况，采空区二氧化碳浓度逐渐增高，二氧化碳浓度范围扩大了30～40 m。当灌注量在250 m^3/h时，氧化带向回风侧偏移10～15 m，窒息带加宽10～15 m，氧化带整体向工作面移动。当灌注量在500 m^3/h时，氧化带持续向回风侧偏移，且随着二氧化碳在采空区深处聚集，窒息带宽度增加，氧化带宽度缩短15～20 m。当灌注量大于750 m^3/h时，氧化带持续向工作面和回风巷移动，并且工作面上隅角附近出现二氧化碳涌出现象，气体浓度约2%～3%；当灌注量达到1000 m^3/h时，此时氧化带宽度相较于750 m^3/h时变化不明显，回风侧二氧化碳涌出量和涌出范围持续扩大，涌出最大浓度可达到5%，给工作面带来了安全隐患。

2. 采空区注二氧化碳温度场分布

不同灌注量下距离底板1 m处温度场分布云图如图7－15所示。

由图7－15可知，随着灌注量的增加，采空区温度也在发生变化。当灌注量在250～500 m^3/h时，289 K以下温度分布以灌注口为中心，半径逐渐增大，整体分布呈半圆形。当灌注量为750～1000 m^3/h时，288 K以上温度所呈现的形状发生改变，呈弧状。相较于埋管深度为30 m的温度场分布，采空区最大温度变化下降2 K，低温度波及面积扩大。

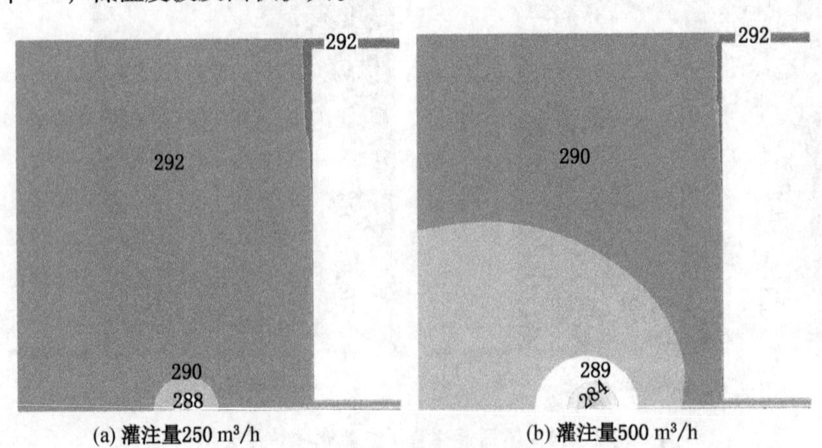

(a) 灌注量250 m^3/h　　(b) 灌注量500 m^3/h

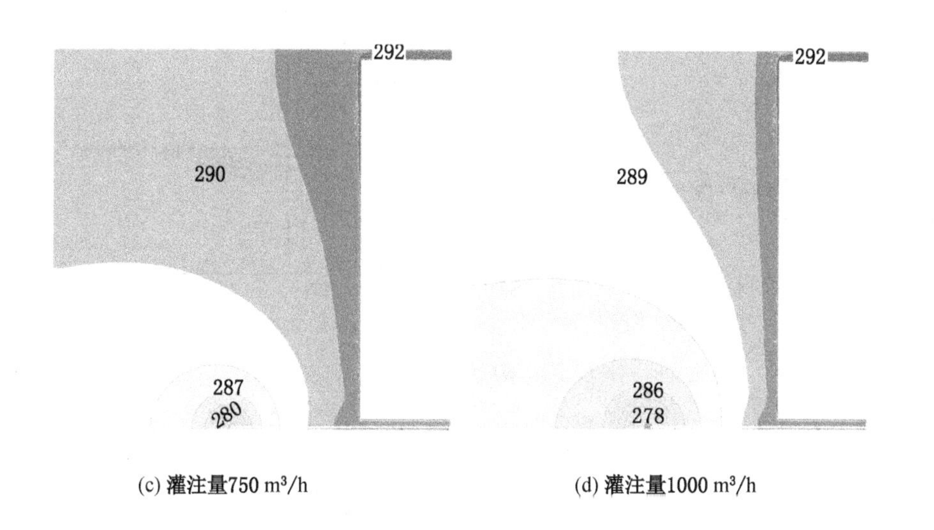

(c) 灌注量750 m³/h　　(d) 灌注量1000 m³/h

图 7-15　不同灌注量下温度场分布云图

3. 灌注前后“三带”变化

在采空区靠近进风巷、靠近进风巷 30 m、靠近回风巷侧 3 个位置，不同灌注量下氧气浓度随着采空区深度方向变化曲线如图 7-16a ~ 图 7-16c 所示。

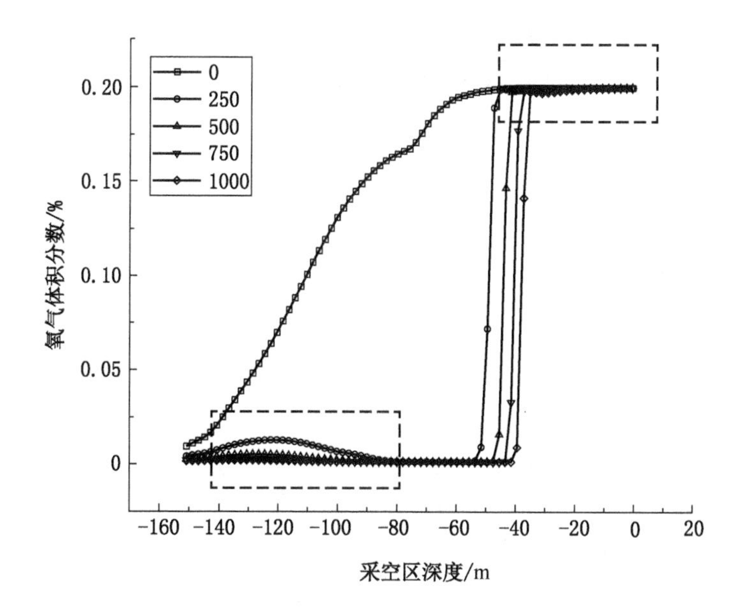

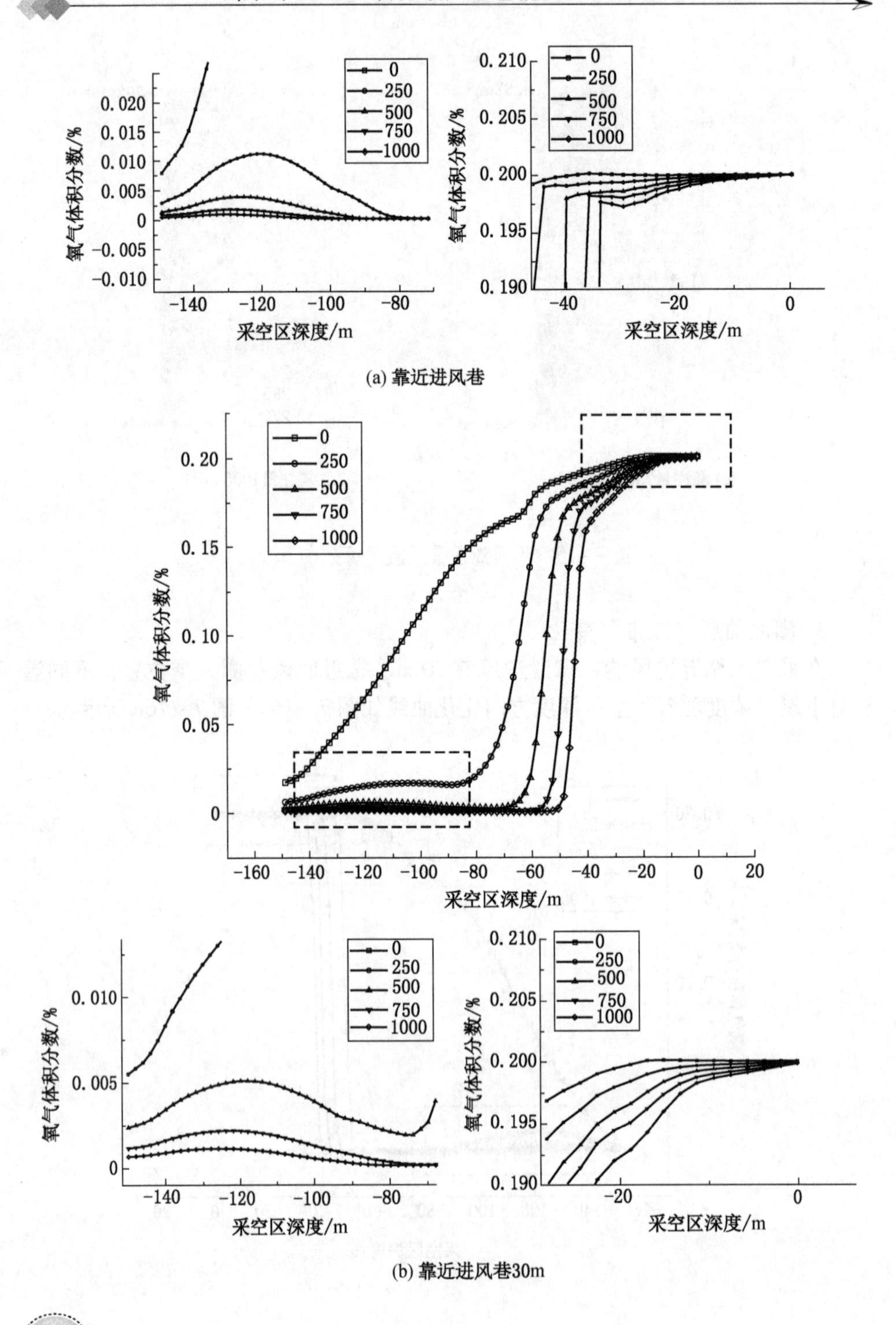

(a) 靠近进风巷

(b) 靠近进风巷30m

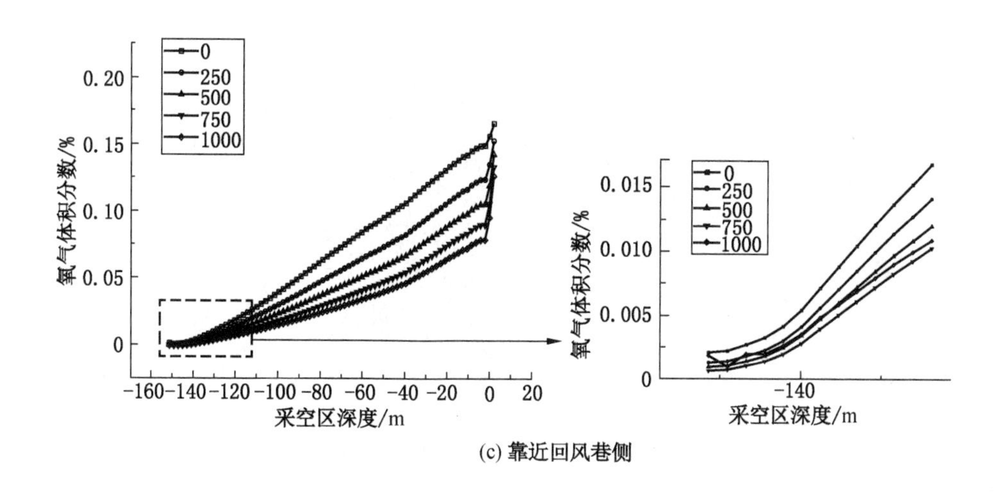

(c) 靠近回风巷侧

图 7-16　氧气体积分数随采空区深度变化曲线

由图 7-16a 可知，当灌注深度达到 60 m 时，与灌注深度 30 m 相比变化趋势基本一致。在采空区靠近进风侧，氧气含量在灌注口附近迅速下降，且随着灌注量的增加，氧气含量下降范围从 10 m 扩大到 25 m。沿着采空区深度方向，氧气含量呈先小幅上升后趋于稳定的趋势，其中灌注量为 250 m^3/h 时上升幅度最大。随着灌注量的增加，增幅逐渐变小。在相同位置随着灌注量增加，氧气含量呈下降趋势，其中灌注量为 250～500 m^3/h 区间段的变化降幅大。

由图 7-16b 可知，在采空区距离进风巷 30 m 处，相较于埋管深度为 30 m 的情况，灌注二氧化碳后氧化带范围缩小 10～15 m，整体向工作面偏移 10 m。氧气含量变化同埋管深度 30 m 变化趋势大体相同。

由图 7-16c 可知，在采空区回风侧位置，相较于埋管深度 30 m 的情况，氧气含量变化幅度稍有增加，但在相同位置氧气含量随着灌注量的增加而减小，降幅较小。

7.3.3　埋管深度 90 m 时采空区气体流场分布

1. 灌注前后气体流场分布

分别模拟灌注二氧化碳量为 250 m^3/h、500 m^3/h、750 m^3/h、1000 m^3/h 4 种工况下埋管深度 90 m 时采空区气体浓度分布规律，得出距离底板为 1 m 处氧气和二氧化碳气体的分布云图，如图 7-17 和图 7-18 所示。

由图 7-17 和图 7-18 可知，当埋管深度为 90 m，灌注量在 250 m^3/h 时，

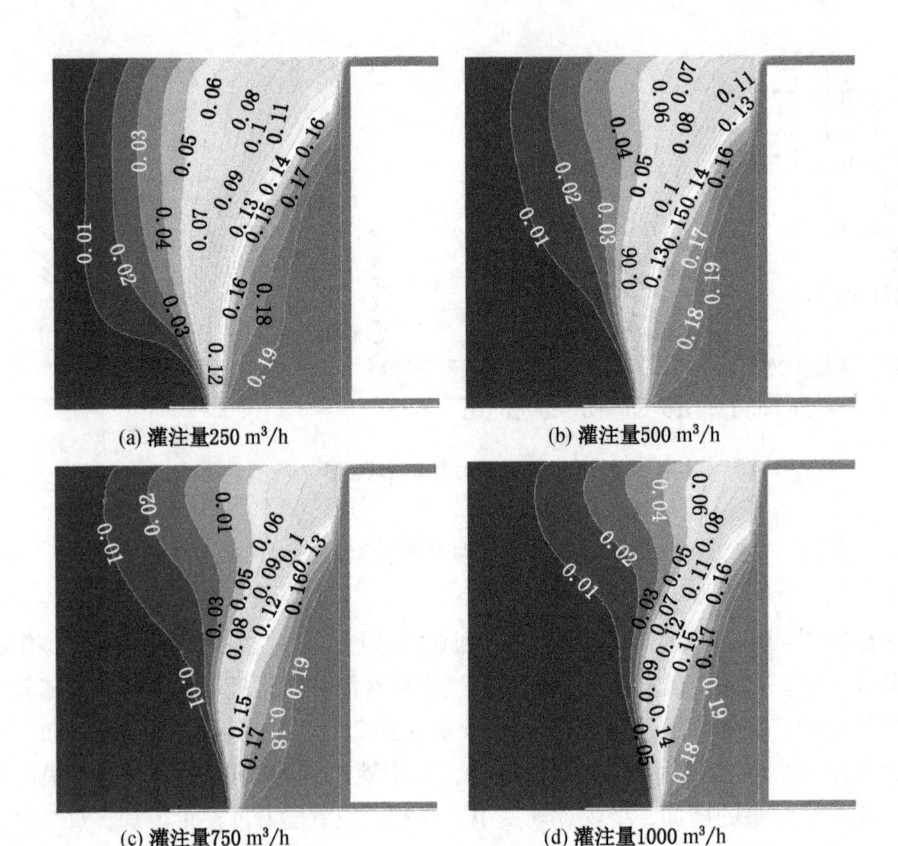

(a) 灌注量250 m^3/h　(b) 灌注量500 m^3/h

(c) 灌注量750 m^3/h　(d) 灌注量1000 m^3/h

图 7－17　不同灌注量下氧气浓度云图

氧化带向回风侧偏移 15～20 m，窒息带加宽 15～20 m，氧化带向工作面方向移动；当灌注量在 500 m^3/h 时，氧化带持续向回风侧偏移，且随着二氧化碳浓度的升高，窒息带也向工作面移动，氧化带宽度缩短 20～25 m。当灌注量大于 750 m^3/h 时，氧化带继续向工作面和回风巷移动，上隅角二氧化碳浓度为 4%～5%。当灌注量达到 1000 m^3/h 时，此时氧化带宽度变化已经不明显，回风侧二氧化碳涌出量和涌出范围持续扩大，上隅角二氧化碳浓度可达 8%。

2. 采空区注二氧化碳温度场分布

不同灌注量下距离底板 1 m 处温度场分布云图如图 7－19 所示。

由图 7－19 可知，随着灌注量的增加，采空区温度也在发生变化，变化范围为 290～292 K。当灌注量在 250～500 m^3/h 时，287 K 以下温度分布以灌注口为

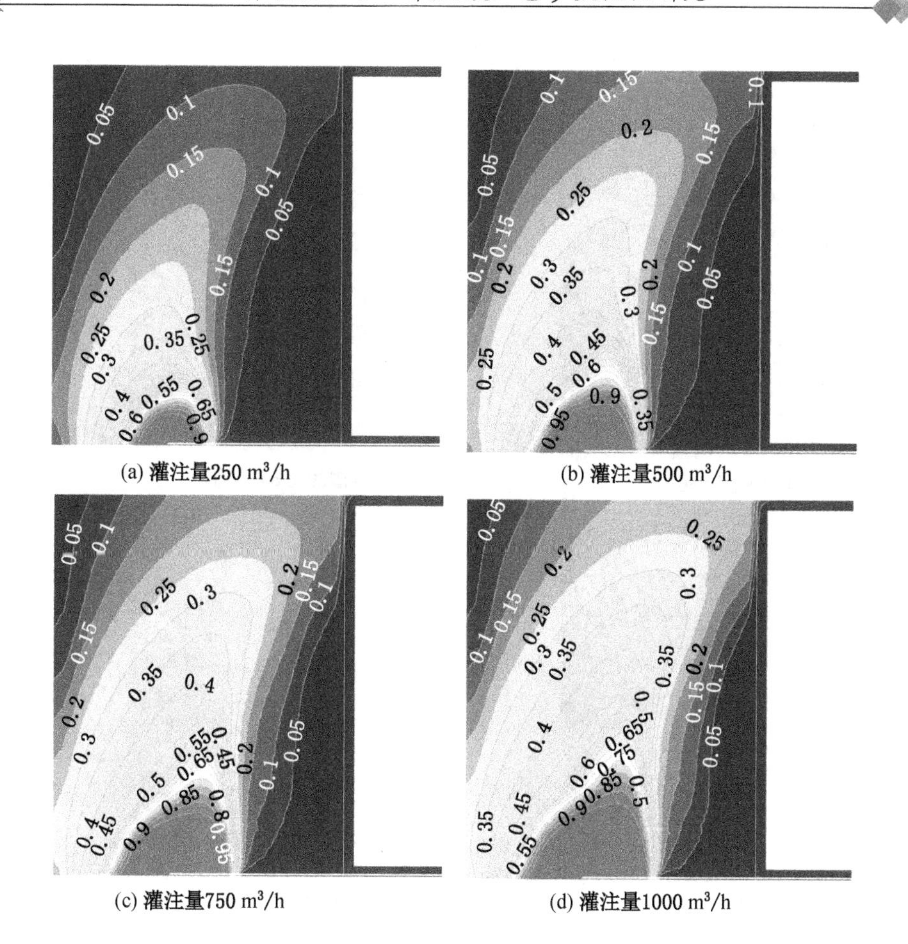

(a) 灌注量250 m³/h　(b) 灌注量500 m³/h

(c) 灌注量750 m³/h　(d) 灌注量1000 m³/h

图 7－18　不同灌注量下二氧化碳浓度云图

中心，半径逐渐增大，整体分布呈半圆形。当灌注量为 750～1000 m^3/h 时，288 K 以上温度所呈现的形状发生改变，呈弧状。相较于埋管深度为 60 m 的温度场分布，采空区最大温度无变化，但是呈半圆形分布的温度波及面积扩大。

3. 灌注前后“三带”变化

在采空区靠近进风巷、靠近进风巷 30 m、靠近回风巷侧 3 个位置，不同灌注量下氧气浓度随着采空区深度方向变化的曲线如图 7－20a～图 7－20c 所示。

由图 7－20a 可知，当埋管深度为 90 m，灌注口处对采空区的影响范围较之前变化大，随着灌注量的增加，其影响半径分别为 18 m、23 m、48 m 和 51 m，灌注量为 500～750 m^3/h 时变化幅度最大。在相同位置随灌注量增加，氧气含量

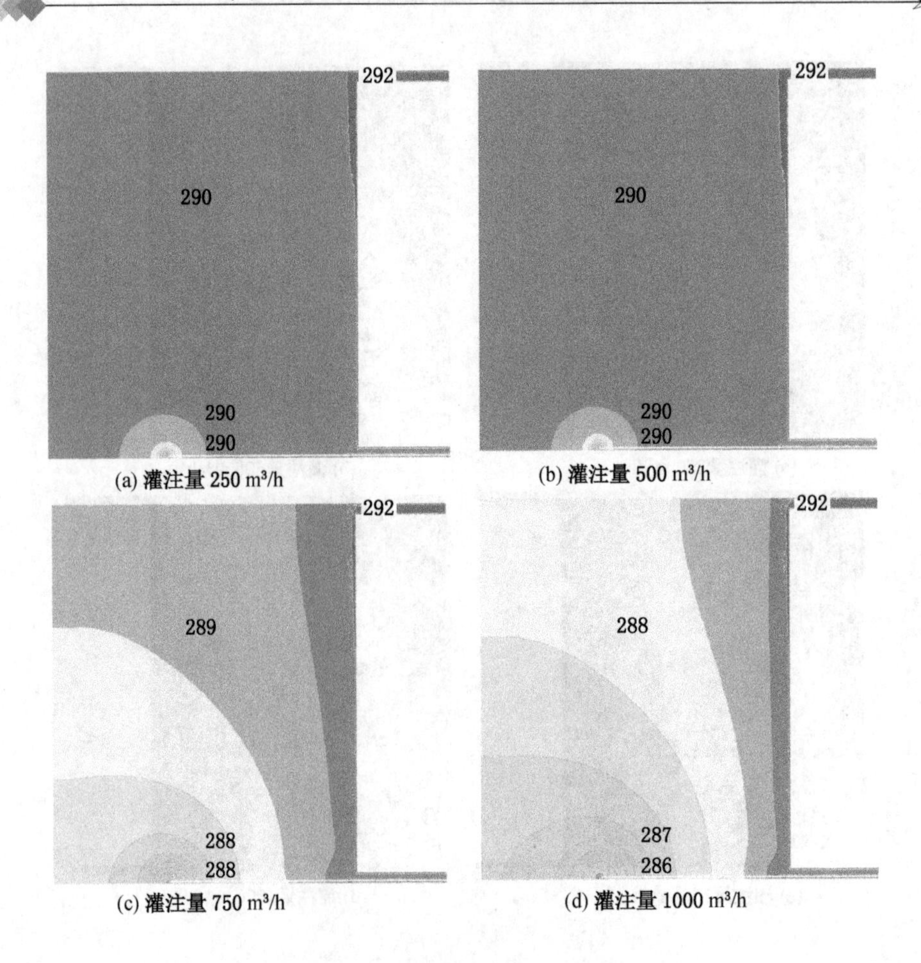

图 7－19　不同灌注量下温度场分布云图

呈下降趋势，且随着灌注量的增加降幅逐渐变小。

由图 7－20b 可知，当埋管深度为 90 m 或 30 m 时，氧气含量呈下降趋势，相较于埋深 60 m 情况，氧化带宽度向回风侧和工作面偏移 5～10 m，氧化带宽度减小 5～10 m。同一位置不同灌注参数下，在埋管深度为 90 m 时，由于大部分二氧化碳都在采空区深处聚集，使得窒息带宽度增加，灌注后采空区氧气含量变化较小。

由图 7－20c 可知，相较于埋管深度为 30 m 和 60 m 的采空区气体流场分布，埋深为 90 m 时，在回风巷侧采空区氧气含量呈增加趋势，但是在相同位置，氧气含量随着灌注量的增加而减小，变化幅度较小。

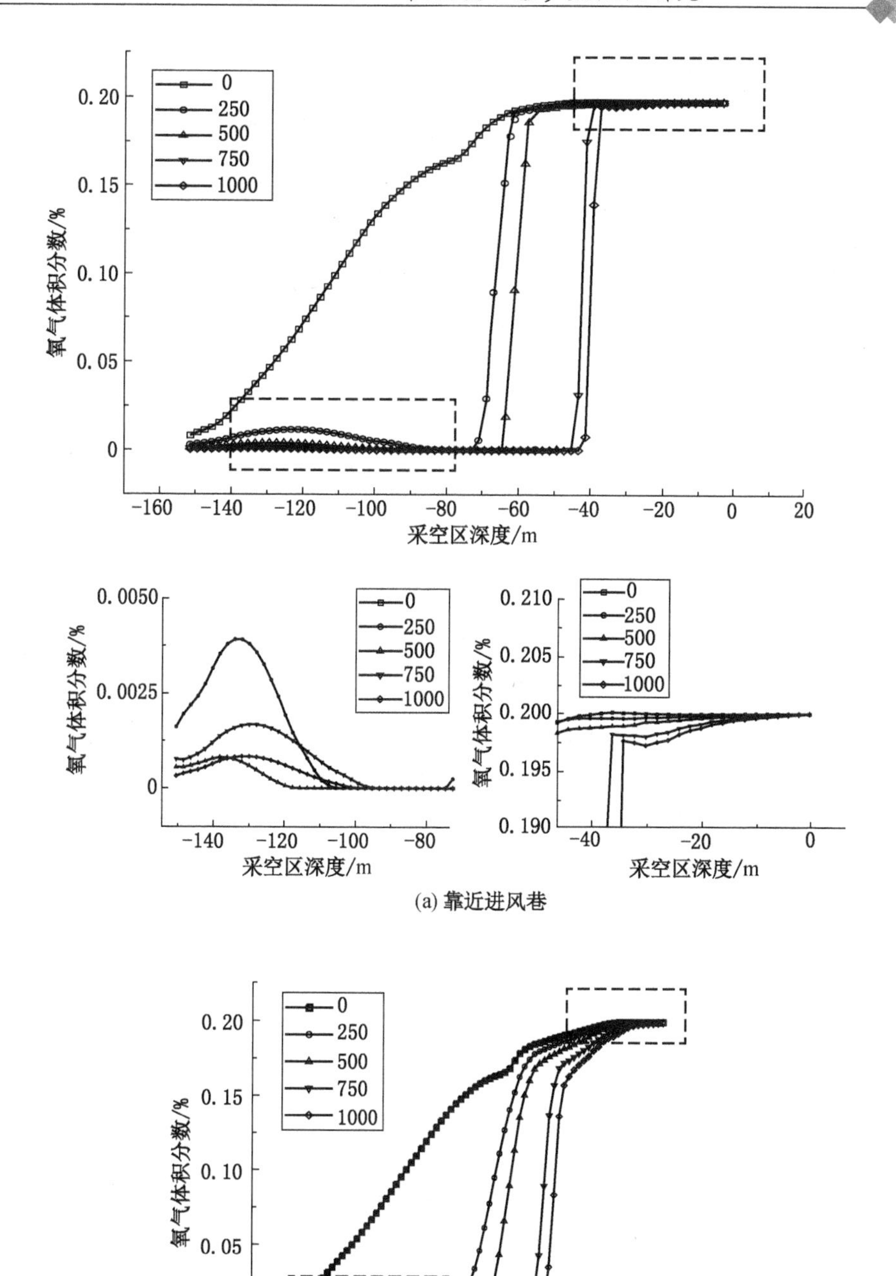
0
250
500
750
1000
0.20
0.15
0.10
0.05
0
氧气体积分数/%
-160
-140
-120
-100
-80
-60
-40
-20
0
20
采空区深度/m
0.0050
0.0025
0.210
0.205
0.200
0.195
0.190

(a) 靠近进风巷

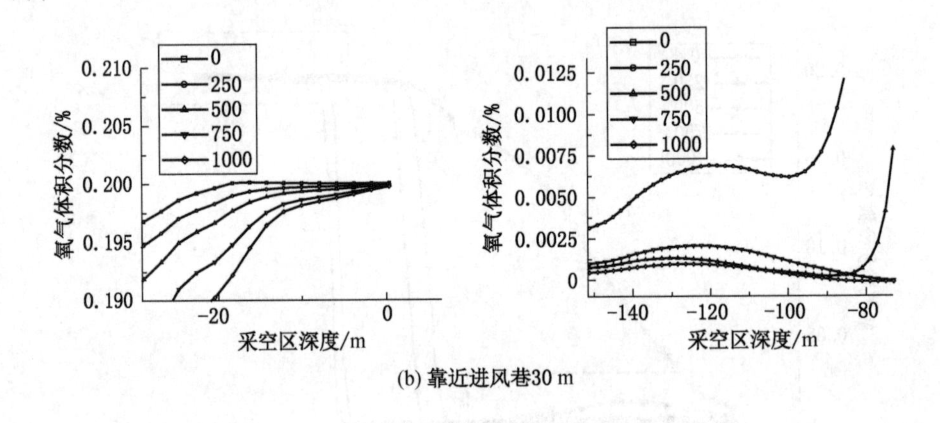

(b) 靠近进风巷30 m

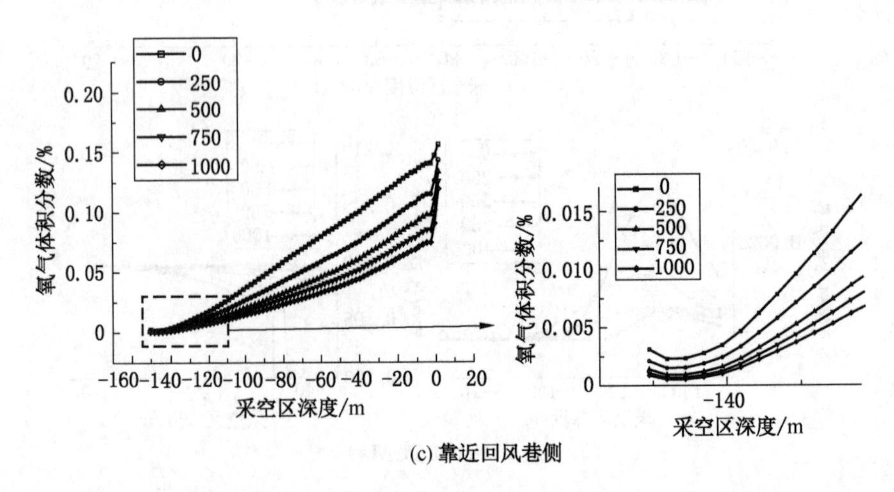

(c) 靠近回风巷侧

图7-20　氧气体积分数随采空区深度变化曲线

7.4　灌注参数优选

7.4.1　氧化带宽度对比

1. 采空区自然发火“三带”划分方法选择

根据通风供氧和煤氧复合理论，采空区可以划分为散热带、氧化带和窒息带。由于各个矿井地质条件和工作面开采方式、推进速度等不同，每个采空区自然发火“三带”分布情况不同，而火灾经常发生在氧化带。因此，如何科学合理划分采空区自然发火“三带”尤为重要。目前，采空区自然发火“三带”划分指标包括漏风风速、氧气浓度和温升速度，见表7-3。

表7-3　采空区自然发火“三带”划分指标

名称	氧气浓度/%	漏风流速/(m·min^{-1})	温升速度/(℃·d^{-1})
散热带	>18	>0.24	<1
氧化带	8~18	0.1~0.24	≥1
窒息带	<8	<0.1	<1

1）根据采空区漏风流速划分

当采空区漏风风速大于0.24 m/min时，不利于煤自燃发生，这是由于漏风太大导致煤氧反应生产的热量难以积聚；当漏风风速在0.1~0.24 m/min时，煤氧化充分，且热量积聚，有利于煤自燃发生；当漏风风速小于0.1 m/min时，采空区遗煤因缺氧而不能发生煤自燃。此方法主要利用实验室模型模拟采场实际条件来测定计算获取采空区漏风流速，由于采空区测点布置困难、测量仪器精度不足、采空区风流方向的不可预见性等因素，现场实测采空区漏风流速尚无法进行。

2）根据采空区遗煤温升速度划分

温升速度是反映温度上升或下降情况的指标，根据煤自燃温度变化情况，常将温升速度不小于1 ℃/d的区域划分为氧化带。当采空区日升温速度不小于1 ℃/d时，认为采空区已进入可能氧化带。

3）根据采空区氧气浓度划分

当氧气浓度大于18%时为散热带，该区域距离工作面较近，漏风现象很严重，给煤自燃提供大量氧气，同时，带走的热量大于积聚的热量，不利于煤自燃发生。当氧气浓度小于8%时为窒息带，位于采空区深部，紧邻氧化带，漏风很小，给煤自燃供给的氧气小，达不到煤自燃所需条件，不会发生煤自燃。当氧气浓度为8%~18%时为自燃带，又称氧化带。氧化带紧邻散热带，漏风适中，给遗煤提供氧气的同时有利于热量集聚，发生煤氧反应并最终导致自燃。

受采空区风流方向的不可预见性，温度测点布置困难以及测量仪器精度不足等因素影响，通过漏风流速和温升速度进行采空区自然发火“三带”划分的可信度较低。目前，根据氧气浓度划分采空区自然发火“三带”是最常用的方法。氧气浓度对煤自燃特性存在影响，氧气浓度降低可以升高煤自燃活化能，减弱煤自燃氧化速率。采空区氧气浓度分布综合反映了采空区漏风情况和遗煤氧化程度。在煤矿现场测试中，采空区氧气浓度数据容易检测，通过埋管抽取气体进行色谱分析，便可得到测点位置的氧气浓度，而且准确性比较高。在发生自燃的位置氧气消耗量比较大，氧浓度变低，从而可通过氧含量的大小判断该区域煤体处于何种状态。因此，本章采用氧气浓度法进行采空区自然发火“三带”划分。

2. 采空区氧化带宽度模拟结果

根据模拟结果和氧气浓度法对采空区进风巷侧、距进风巷 30 m 和回风巷侧氧化带宽度进行测算，结果见表 7－4。

表 7－4　采空区氧化带模拟结果

埋管深度/m	灌注量/($m^3 \cdot h^{-1}$)	氧化带宽度/m		
		进风巷	距进风巷 30 m	回风巷
30	0	48.84	57.70	67.34
	250	2.45	34.31	54.88
	500	1.90	28.78	42.72
	750	1.70	16.77	32.57
	1000	1.58	16.70	22.06
60	0	47.84	55.94	62.75
	250	1.89	18.65	41.74
	500	1.74	18.17	28.96
	750	1.74	15.58	15.10
	1000	1.72	15.77	6.01
90	0	46.33	56.19	64.86
	250	5.31	19.29	40.40
	500	4.23	20.74	26.79
	750	3.50	17.91	13.21
	1000	3.31	19.35	5.65

（1）埋管深度为 30 m 时，随着二氧化碳灌注量的增加，同一区域氧化带宽度减小。其中，采空区靠近进风巷侧氧化带的宽度在灌注前后变化幅度最大，为 46.39 m。当灌注量超过 500 m^3/h 时，进风巷氧化带变化幅度开始变小。受灌注

量影响，进风巷、距进风巷30 m、回风巷氧化带宽度变化量最大值分别是0.55 m、11.91 m和12.16 m，对应发生在灌注量为250～500 m^3/h、500～750 m^3/h和250～500 m^3/h时。

（2）埋管深度为60 m时，采空区靠近进风巷侧氧化带的宽度在灌注前后变化幅度最大，减小45.95 m。当灌注量超过500 m^3/h时，采空区靠近进风巷侧氧化带宽度不再变化。灌注开始后，受灌注量影响，进风巷、距进风巷30 m、回风巷氧化带宽度变化量最大值分别是0.15 m、2.59 m和9.09 m，对应发生在250～500 m^3/h、500～750 m^3/h和750～1000 m^3/h时。

（3）埋管深度为90 m时，随着二氧化碳灌注量的增加，同一区域氧化带宽度减小，但在采空区距离进风巷30 m处氧化带宽度随着灌注量的增加出现波动。此外，采空区靠近进风巷侧氧化带宽度灌注前后变化幅度最大，最大减小量为40.02 m。当灌注量超过500 m^3/h时，进风巷氧化带变化幅度开始变小。受灌注量影响，进风巷、距进风巷30 m、回风巷氧化带宽度变化量最大值分别是1.08 m、2.83 m和13.61 m，对应发生在灌注量为250～500 m^3/h、500～750 m^3/h和750～1000 m^3/h时。

根据表7－4绘制采空区靠近进风巷侧、距离进风侧30 m、靠近回风巷侧的氧化带宽度变化柱状图，如图7－21～图7－23所示。

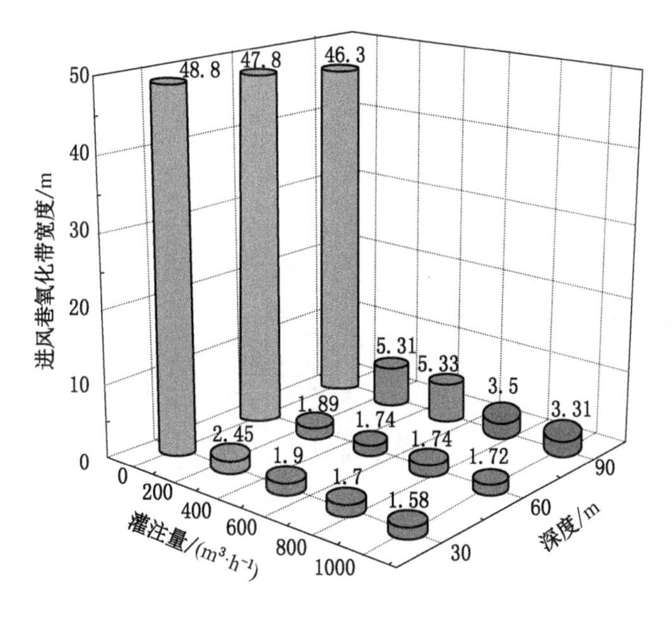

图7－21 采空区靠近进风巷侧氧化带宽度变化

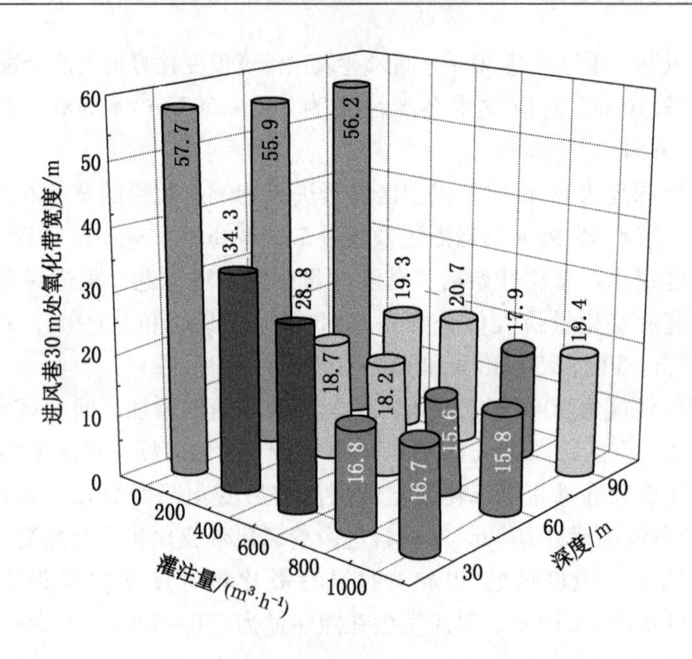

图7－22　距离进风巷30 m处氧化带宽度变化

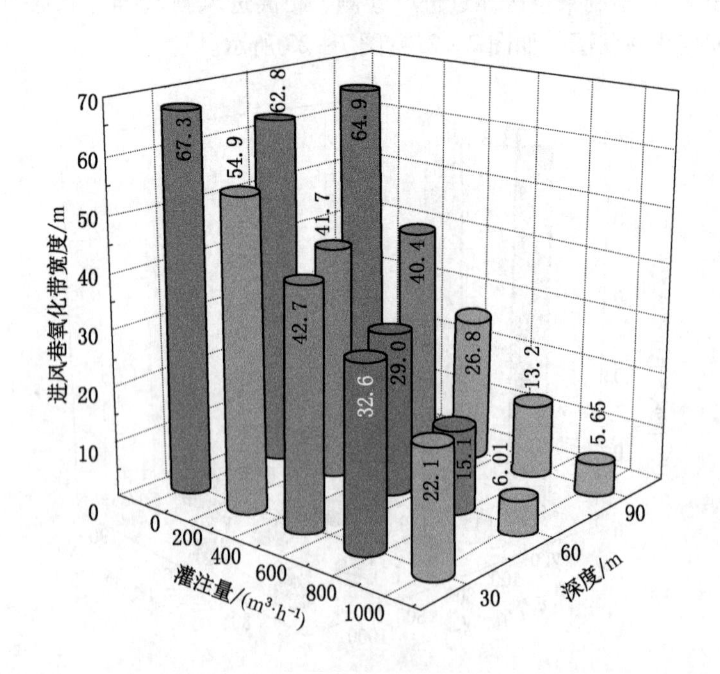

图7－23　采空区靠近回风巷侧氧化带宽度变化

由图 7－21 可知，当埋管深度为 30 m 时，采空区靠近进风巷侧氧化带宽度随着灌注量的增加而减小，其氧化带宽度为 2. 45 m、1. 9 m、1. 7 m 和 1. 58 m；当埋管深度为 60 m 时，氧化带宽度为 1. 89 m、1. 74 m、1. 74 m 和 1. 72 m；当埋管深度为 90 m 时，氧化带宽度为 5. 31 m、5. 33 m、3. 5 m 和 3. 31 m。进风巷侧采空区氧化带宽度受灌注影响较大，当灌注开始后，在同一灌注量下，不同位置灌注量变化对氧化带宽度影响较小，其中埋深 90 m 时对氧化带宽度影响最大，采空区二氧化碳动力充足，进入窒息带，氧化带宽度相对增加。

由图 7－22 可知，当埋管深度为 30 m 时，距离进风巷 30 m 氧化带宽度随着灌注量的增加而减小，其氧化带宽度为 34. 3 m、28. 8 m、16. 8 m 和 16. 7 m；当埋管深度为 60 m 时，氧化带宽度为 18. 7 m、18. 2 m、15. 6 m 和 15. 8 m；当埋管深度为 90 m 时，氧化带宽度为 19. 3 m、20. 7 m、17. 9 m 和 19. 4 m。在灌注量一定情况下，氧化带宽度随着埋管深度的增加逐渐减小。此外，在相同灌注量下，不同位置氧化带宽度呈下降趋势，其中埋管深度为 30 m 时变化幅度最大。对比分析相同埋深不同灌注量可知，埋管深度为 30 m 时，灌注对此区域的采空区氧化带影响最大。

由图 7－23 可知，当埋管深度为 30 m 时，采空区靠近回风巷侧氧化带宽度随着灌注量的增加而减小，其氧化带宽度为 54. 9 m、42. 7 m、32. 6 m 和 22. 1 m；当埋管深度为 60 m 时，氧化带宽度为 41. 7 m、29 m、15. 1 m 和 6. 01 m；当埋管深度为 90 m 时，氧化带宽度为 40. 4 m、26. 8 m、13. 2 m 和 5. 65 m。在灌注量一定情况下，氧化带宽度随着埋管深度的增加逐渐减小。

7. 4. 2 埋管深度对上隅角二氧化碳浓度的影响

不同埋管深度和灌注量对上隅角二氧化碳浓度的影响统计结果见表 7－5，绘制不同埋管深度情况下上隅角二氧化碳涌出浓度变化如图 7－24 所示。

表 7－5 埋管深度对上隅角二氧化碳的影响

灌注量/($m^3 \cdot h^{-1}$)	深度/m	二氧化碳浓度/%	灌注量/($m^3 \cdot h^{-1}$)	深度/m	二氧化碳浓度/%
250	30	0. 30	750	30	0. 94
	60	0. 35		60	1. 12
	90	0. 33		90	1. 52
500	30	0. 60	1000	30	1. 25
	60	0. 72		60	1. 54
	90	0. 71		90	1. 52

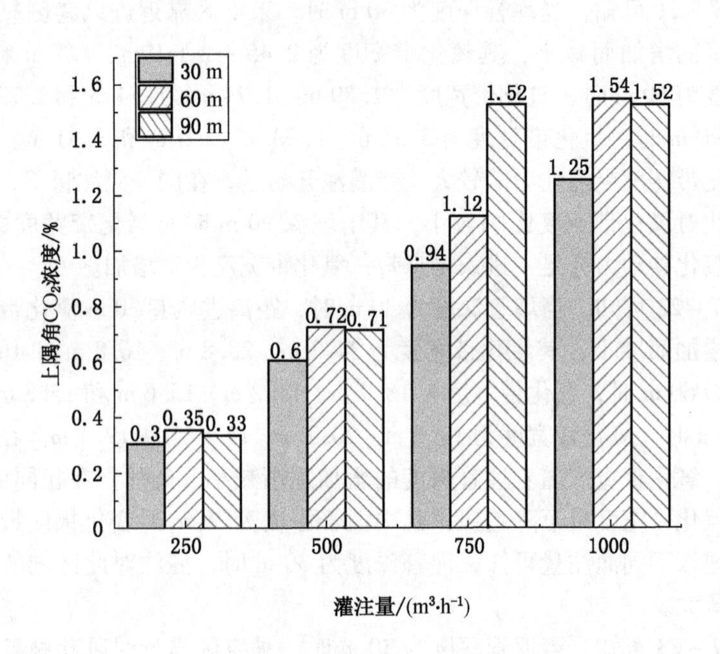

图 7-24　上隅角二氧化碳涌出浓度变化

由图 7-24 可知，在灌注量一定情况下，埋管深度对上隅角二氧化碳浓度产生一定影响。其中，二氧化碳灌注量为 750～1000 m^3/h 时，上隅角有二氧化碳涌出风险。当灌注量为 750 m^3/h，埋管深度为 30 m、60 m、90 m 时，涌出浓度对应为 0.94%、1.12%、1.52%；当灌注量为 1000 m^3/h，埋管深度为 30 m、60 m、90 m 时，涌出浓度对应为 1.25%、1.54%、1.52%。

7.4.3　灌注量对上隅角二氧化碳浓度的影响

不同灌注量下上隅角二氧化碳涌出浓度如图 7-25 所示。

由图 7-25 可知，在埋管深度一定情况下，灌注量对上隅角二氧化碳浓度产生一定影响。随着灌注量的增加，上隅角二氧化碳浓度增加。其中，当埋管深度为 30 m、60 m、90 m，二氧化碳灌注量为 750 m^3/h 和 1000 m^3/h 时，上隅角有二氧化碳涌出风险。当灌注量为 500 m^3/h，埋管深度为 30 m 时，上隅角无二氧化碳涌出风险，此工况下注气参数作为矿方现场注气较合适。

综上，在相同灌注量情况下，埋管深度在 30～60 m 时，埋深越深，氧化带宽度越窄；在相同埋深情况下，灌注量越大，氧化带宽度越窄。

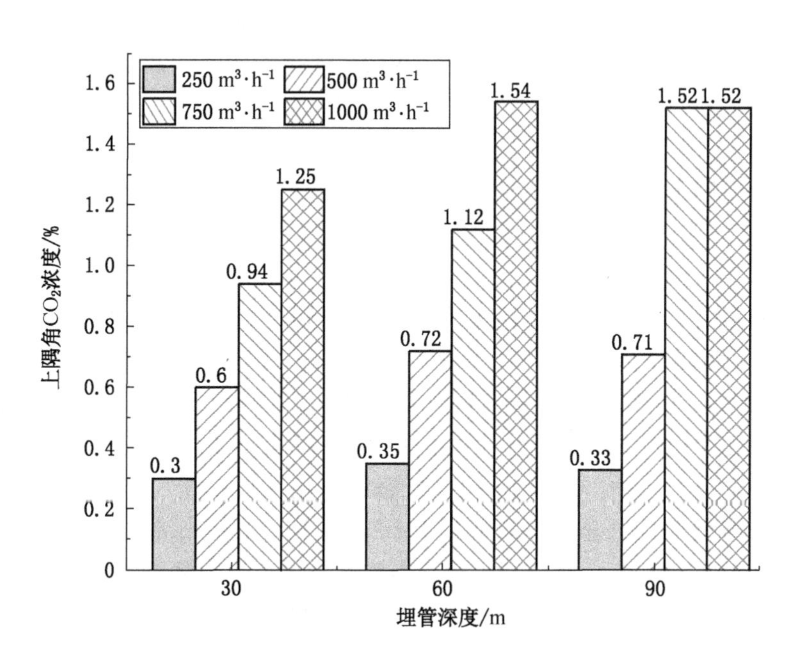

图 7－25　上隅角二氧化碳涌出浓度

7.4.4　模拟参数优选及液态二氧化碳安全灌注量计算

1. 优化参数确定

根据上述分析可知，在相同灌注条件下，随着埋深的增加，氧化带越靠近工作面和回风巷，氧化带宽度越小；在相同埋深条件下，随着灌注量的增加，氧化带越靠近工作面和回风巷，氧化带宽度越小。然而，随着灌注量的增加，上隅角会有二氧化碳涌出现象发生。综合考虑防灭火效果、经济效益和上隅角二氧化碳不超限等方面，确定最佳灌注参数为埋深 30 m，灌注量 500 m^3/h。

2. 液态二氧化碳安全灌注量计算

目前计算采空区二氧化碳注入量主要借鉴《煤矿用氮气防灭火技术规范》（MT/T 701—1997）中氮气注入量计算式。根据控制火区的氧浓度计算二氧化碳注入量，计算式为

$$Q_N = 60kQ_0 \frac{C_1 - C_2}{C_N + C_2 - 1} \tag{7-15}$$

式中，Q_N 为二氧化碳注入量，m^3/h；k 为备用系数，取 1.2～1.5；Q_0 为采空区氧化带内漏风量，m^3/h；C_N 为注入二氧化碳的浓度，%；C_1 为采空区氧化带内

平均氧浓度,%；C_2 为氧化带惰化防火指标，其值为煤自燃临界氧浓度,%。

间歇式压注二氧化碳时，每次二氧化碳压注最长时间计算式为

$$T=\frac{V_0(C_1-C_2)}{C_2Q_N} \tag{7-16}$$

式中，T 为间歇压注二氧化碳时间，h；V_0 为采空区氧化带体积，m^3，其计算式为

$$V_0=0.6abc \tag{7-17}$$

式中，a 为回采工作面宽度，m；b 为采空区有效高度，m；c 为采空区深度，m；0.6 为采空区冒落系数。

工作面长度为 168 m，采空区有效高度取 3.5 m，采空区深度取 60 m；采空区冒落系数取 0.6。将这些参数代入公式（7-17）可得，间歇压注二氧化碳时间为 36.74 h。结合优化参数结果得，气态二氧化碳最佳注气量为 500 m^3/h。因此，气态二氧化碳注气总量为 18892.76 m^3。由于 1 t 液态二氧化碳在常温状态下可转换成气体为 640 m^3。将气态二氧化碳注气总量转化为液态二氧化碳注气总量为 29.51 t。综上，灌注量为 500 m^3/h、埋管深度为 30 m，液态二氧化碳注气总量为 29.51 t，压注时间不得超过 36.74 h。

7.5 相邻采空区气体运移规律及泄漏量计算

在开采过程中，工作面与相邻采空区之间留设的保护煤柱可能发生破坏，产生漏风通道，灌注的二氧化碳经煤柱裂隙漏入相邻采空区，相邻采空区内部二氧化碳气体经漏风通道流向工作面，威胁工作面作业人员的生命健康。为此需探究工作面与相邻工作面采空区气体运移规律，得出相邻工作面采空区二氧化碳气体分布与泄漏情况。

7.5.1 数值模拟物理模型

工作面进风侧相邻工作面已经回采结束，煤柱宽度为 15 m，研究灌注量对相邻采空区气体分布的影响。采用数值模拟方法，分别模拟注二氧化碳量为 250 m^3/h、500 m^3/h、750 m^3/h 和 1000 m^3/h 时埋管深度 30 m 条件下采空区二氧化碳浓度分布情况，研究不同灌注量时相邻采空区气体分布规律。物理模型如图 7-26 所示，网格划分方法及参数设置与前文相同，其中,采空区、工作面、煤柱和相邻采空区的网格数量分别为 177196 个、33318 个、16177 个和 37564 个。

7.5.2 数值模拟结果分析

1. 埋管深度 30 m 时相邻采空区气体流场分布

为掌握采空区注二氧化碳相邻采空区气体流场分布规律，选择距离底板 1 m

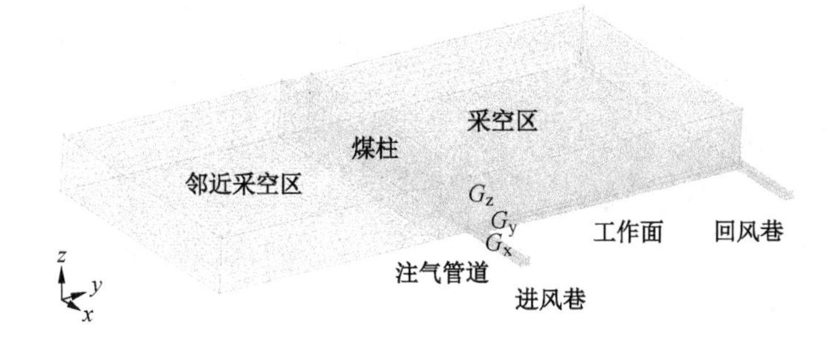

图 7－26　模型网格划分

的剖面作为研究对象，获得该剖面气体流场分布云图。埋管深度为 30 m，相邻采空区深度为 1 m 时，灌注前后氧气体积分数和二氧化碳体积分数如图 7－27 和图 7－28 所示。

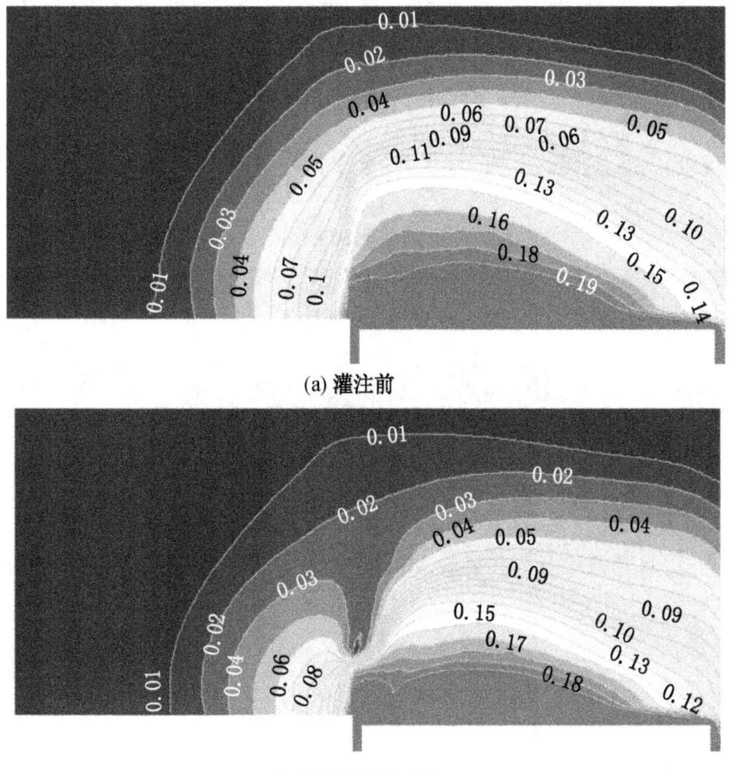

(a) 灌注前

(b) 灌注量250 m^3/h

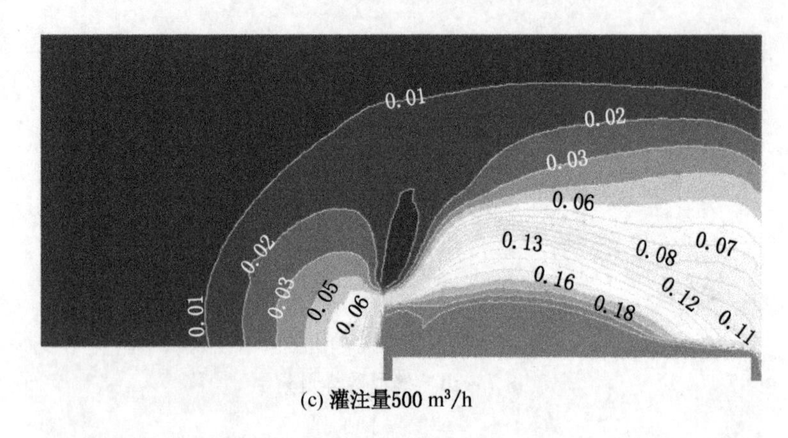

(c) 灌注量500 m^3/h

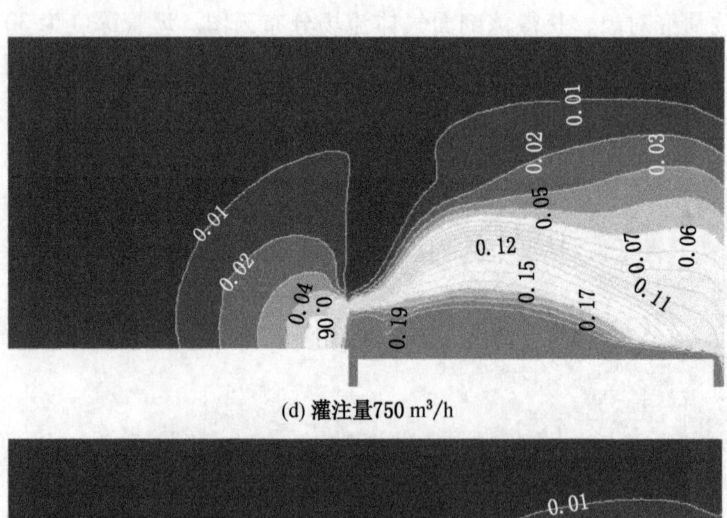

(d) 灌注量750 m^3/h

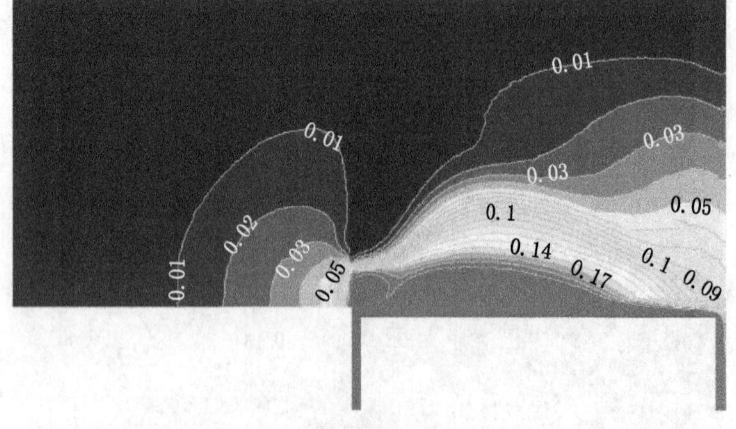

(e) 灌注量1000 m^3/h

图7－27　灌注前后氧气流场分布云图

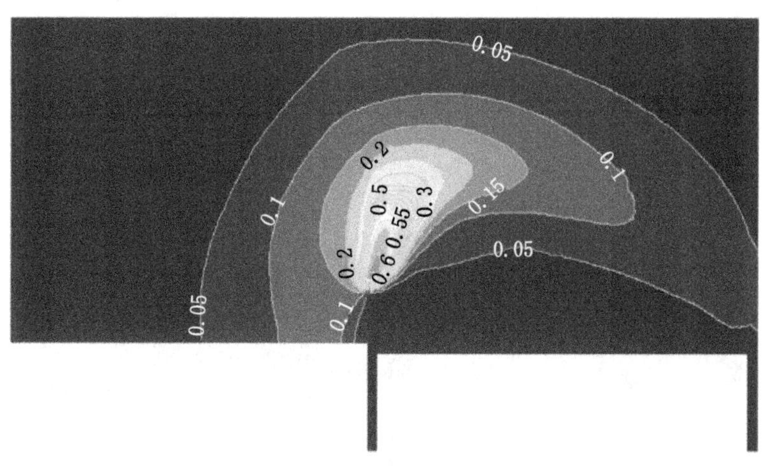

(a) 灌注量250 m^3/h

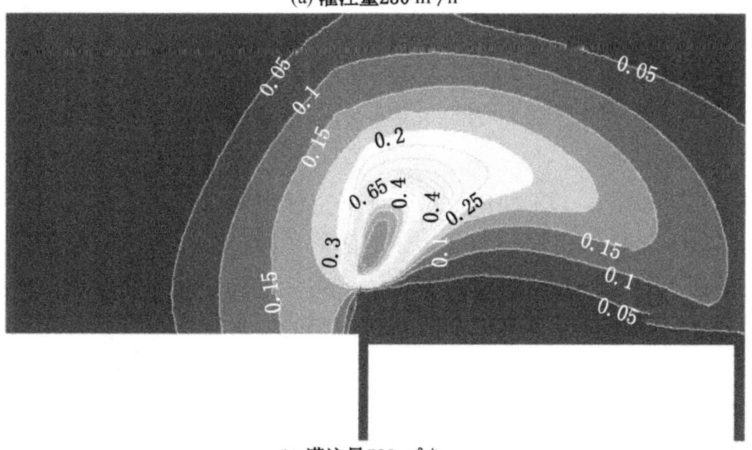

(b) 灌注量500 m^3/h

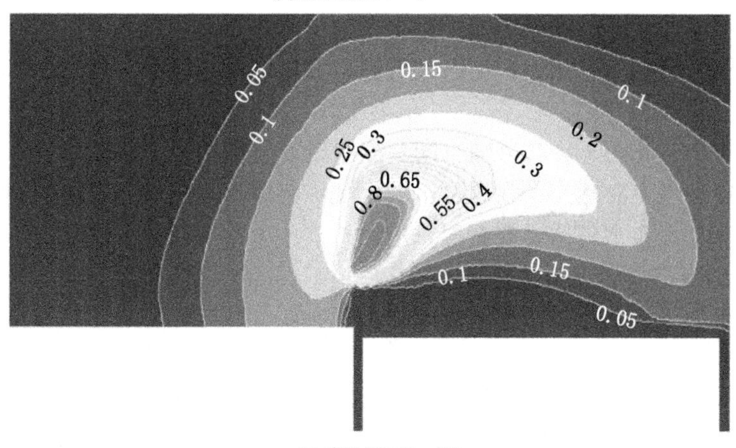

(c) 灌注量750 m^3/h

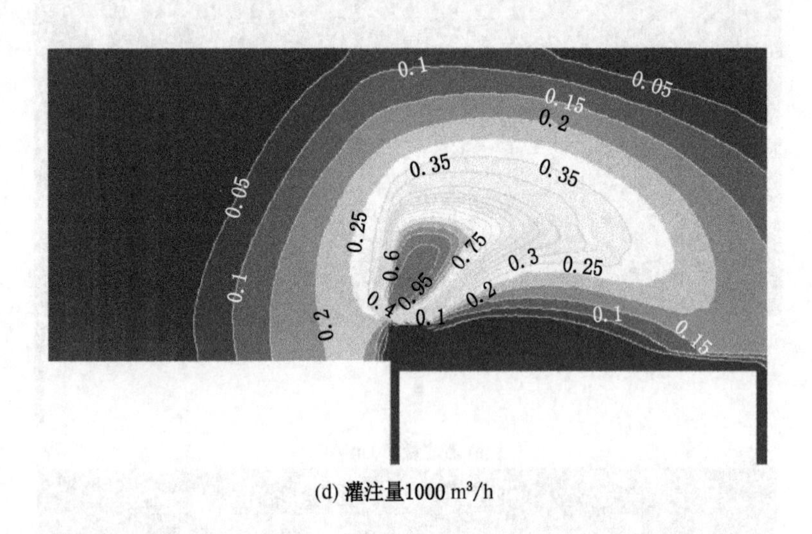

(d) 灌注量1000 m^3/h

图7-28　二氧化碳流场分布云图

由图7-27和图7-28可知，当未向采空区灌注二氧化碳时，相邻采空区氧气分布呈现以下隅角相邻部分为中心，向四周扩散趋势。受煤柱阻挡作用，部分氧气进入相邻采空区，氧气浓度为1%～15%。热量积聚会使相邻采空区和煤柱靠近相邻采空区侧煤自燃风险增加，同时泄漏的二氧化碳也可能从相邻采空区涌向工作面。灌注二氧化碳后部分二氧化碳通过煤柱裂隙进入相邻采空区，驱替下隅角相邻部分的氧气浓度，氧气扩散范围变小。在进风巷新鲜风流压力作用下，氧气在小范围内聚集，无法扩散，减小了相邻采空区自然发火风险。

2. 相邻采空区气体分布

不同注气量条件下相邻采空区氧气和二氧化碳气体浓度分布曲线如图7-29和图7-30所示。

由图7-29和图7-30可知，同一灌注量下氧气和二氧化碳体积分数均随着采空区深度的增大而减小，在煤柱区域出现小幅波动。因此，煤柱的完好性对于隔绝采空区有毒有害气体具有重要作用。

7.5.3　相邻采空区二氧化碳泄漏量计算

相邻采空区二氧化碳泄漏量计算式为

$$q = 60\mathrm{k}Q_0' \frac{C_1' - C_2}{C_N' + C_2 - 1} \tag{7-18}$$

式中，q 为相邻采空区二氧化碳泄漏流量，m^3/h；Q_0' 为采空区氧化带内漏风量，

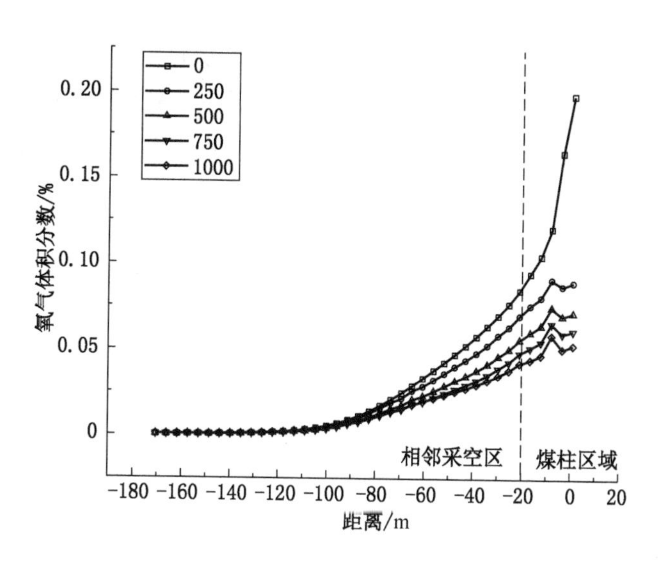

图 7-29　相邻采空区氧气分布曲线

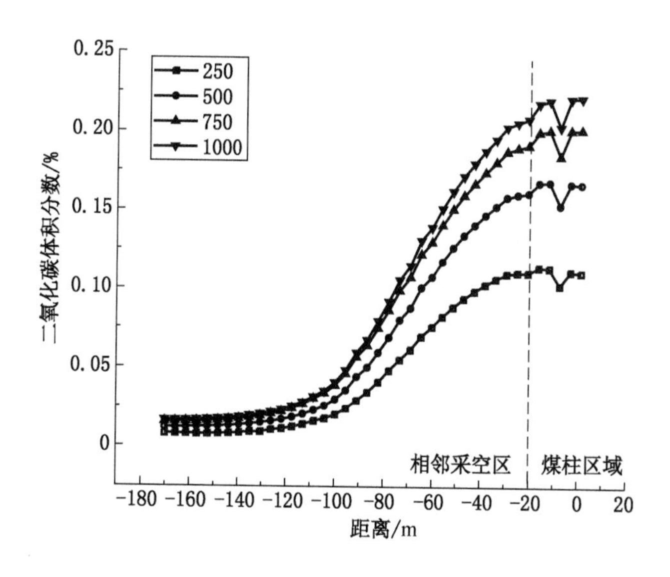

图 7-30　相邻采空区二氧化碳分布曲线

m^3/h；C'_N 为相邻采空区二氧化碳浓度,%；C'_1 为相邻采空区平均氧浓度,%。

通过分析埋管深度 30 m，灌注量 500 m^3/h 条件下邻近二氧化碳分布情况可知，相邻采空区二氧化碳浓度为 10%，平均氧浓度为 2%，代入公式（7－18）得相邻采空区二氧化碳泄漏流量为 2. 63 m^3/h。压注二氧化碳时间为 36. 74 h 时，则气态二氧化碳泄漏量为 96. 77 m^3。将气态二氧化碳泄漏量转化为液态二氧化碳泄漏量为 0. 15 t。

8 采空区二氧化碳安全智能防灭火技术

8.1 现代智能调控技术

8.1.1 智能调控原理

智能控制是具有智能信息处理、智能信息反馈和智能控制决策的控制方式，是控制理论发展的高级阶段。智能控制以控制理论、计算机科学、人工智能、运筹学等学科为基础，扩展相关理论和技术，其中模糊逻辑、神经网络、专家系统、遗传算法等理论，以及自适应控制、自组织控制和自学习控制等技术应用较多。

1. 模糊逻辑

模糊逻辑是一种模仿人脑的不确定性概念判断、推理思维方式，对于模型未知或不能确定的描述系统，以及强非线性、大滞后的控制对象，应用模糊集合和模糊规则进行推理，表达过渡性界限或定性知识经验，模拟人脑方式，实行模糊综合判断，推理解决常规方法难以对付的规则型模糊信息问题。模糊逻辑用模糊语言描述系统，既可以描述应用系统的定量模型，也可以描述其定性模型，适用于任意复杂的对象控制。模糊逻辑可用于表达界限不清晰的定性知识与经验，其借助隶属度函数概念，区分模糊集合，处理模糊关系，模拟人脑实施规则型推理，解决因“排中律”的逻辑破缺产生的不确定问题。

2. 神经网络

神经网络是利用大量的神经元，按一定拓扑结构进行学习和调整的自适应控制方法，能表示出丰富的特性，具体包括并行计算、分布存储、可变结构、高度容错、非线性运算、自我组织、学习或自学习。神经网络在智能控制的参数、结构或环境的自适应、自组织、自学习等控制方面具有独特的能力。

3. 专家系统

专家系统是一个模拟人类专家解决领域问题的智能计算机程序系统，其内部含有大量某领域专家水平的知识与经验，应用人工智能技术和计算机技术，根据系统中的知识与经验进行推理和判断，模拟人类专家的决策过程，解决需要人类

专家处理的复杂问题。尽管专家系统在解决复杂的高级推理中获得了较为成功的应用，但是专家系统的实际应用相对较少。

4. 遗传算法（Genetic Algorithm，GA）

遗传算法最早于20世纪70年代由美国John holland提出，该算法根据大自然中生物体进化规律设计，模拟达尔文生物进化论的自然选择和遗传学机理的生物进化过程，搜索最优解。遗传算法利用计算机仿真运算，将问题的求解过程转换成类似生物进化中的染色体基因的交叉、变异等过程。在求解较为复杂的组合优化问题时，能够较快获得优化结果，已被人们广泛地应用于组合优化、机器学习、信号处理、自适应控制和人工生命等领域。作为一种非确定的拟自然随机优化工具，具有并行计算、快速寻找全局最优解等特点，可以和其他技术混合使用，用于智能控制的参数、结构或环境的最优控制。智能控制的相关技术与控制方式结合或综合交叉结合，构成风格和功能各异的智能控制系统和控制器。

8.1.2 智能控制模式

智能控制是由智能机器自主地实现其目标的过程，能对复杂系统，如非线性、快时变、复杂多变量、环境扰动等进行有效的全局控制，实现广义问题求解，并具有较强的容错能力。智能控制系统以知识表示非数学广义模型、以数学表示混合控制过程，采用开闭环控制、定性决策及定量控制结合的多模态控制方式，从系统功能和整体优化角度实现预设目标。智能控制系统具有自适应、自组织、自学习和自协调能力。生产过程中的智能控制主要包括局部智能控制和全局智能控制。

1. 局部智能控制

局部智能控制是指将智能引入工艺过程中的某一单元进行控制器设计。智能PID控制是利用专家系统、模糊控制和神经网络技术，将人工智能以非线性控制方式引入到控制器中，将智能控制与传统的PID控制相结合，使系统在任何运行状态下均能得到比传统PID控制更好的控制性能。局部智能控制具有不依赖系统精确数学模型、控制器参数在线自动调整、对系统参数变化具有较好适应性、可控制一些非线性复杂对象等特点。

2. 全局智能控制

全局智能控制主要针对整个生产过程的自动化，包括整个操作工艺的控制、过程的故障诊断、规划过程操作处理异常等。建立全局模型作为智能决策的必要前提和依据，通过分析生产过程中的环境信息、使命信息和系统自身的运行状态和健康状态来保证生产自动化过程的决策正确有效，系统执行和控制安全可靠。

8.1.3 数据分析技术

大数据是指无法在一定时间内用常规软件工具对其内容进行抓取、管理和处

理的数据集合。大数据技术是指从各种各样类型的数据中，快速获得有价值信息的能力。大数据技术适用范围包括大规模并行处理数据库、数据挖掘电网、分布式文件系统、分布式数据库、云计算平台、互联网和可扩展的存储系统。

大数据技术具备快速分析和处理信息数据、运行准确等优点。在大数据处理平台中，Hadoop 和 Spark 是主要技术。Hadoop 可以处理传统系统无法处理的数据，但不能对实时应用进行处理。Spark 本身具有内存并行计算技术及流式处理技术。将 Spark 和 Hadoop 相结合，二者优势互补实现大数据分析平台的功能。

大数据分析平台架构见表 8－1，包括业务应用、平台服务、数据分析、数据计算、数据存储、数据整合、数据安全、数据管理以及管理配置 9 部分，也可分为管理部分、数据部分、服务部分以及业务应用部分。管理部分功能为：配置、集群、任务、日志以及监控告警的管理；数据部分功能为：身份验证、隐私保护、数据存储、整合、计算、分析等；服务部分功能为：为用户提供数据存储、计算、分析以及展现服务；业务应用部分功能为：日志的实时分析和预警。在平台框架中，全部功能实现后才可达到安全预警的目的，降低事故损失。如果缺少部分功能，容易造成精度不够，出现错误预警情况。

表 8－1　大数据分析平台架构

名称	功　能
业务应用	日志实时分析/预警
平台服务	存储服务、计算服务、分析服务、展现服务
数据分析	统计分析、多维分析、数据挖掘
数据计算	批量计算、流计算、内存计算、查询计算
数据存储	关系数据存储、分布式数据库存储、分布式文件存储
数据整合	关系数据库数据抽取、实时数据/文件数据采集、数据库实时复制
数据安全	身份验证、隐私保护、存储安全、接入安全
数据管理	基础数据管理、数据质量管理、数据链路检测、数据运维管理
管理配置	配置管理、集群管理、任务管理、日志管理、监控告警

8.2　开放式采空区二氧化碳安全防控模型

8.2.1　目标函数

采用二氧化碳防灭火技术时，注入的二氧化碳与采空区漏风场相互作用，引起采空区风流场发生变化。由于破碎煤岩体与二氧化碳发生吸附作用和热量传递，采空区温度场影响二氧化碳理化性质，使得采空区二氧化碳气体的储存和流动过程极其复杂。对于开放式采空区，二氧化碳惰化技术存在惰化区域较窄、漏气现象严重、控制效果较差的问题，并且不能完全掌握采空区惰化过程中煤岩体对二氧化碳的吸附及扩散运移规律，严重制约了惰化技术的发展。

二氧化碳惰化技术的关键是研究惰性气体在开放式采空区中的扩散运移规律，提高惰性气体在采空区的存储时间，提升采空区惰化效果。通过控制二氧化碳灌注参数，防止注入开放式采空区高浓度惰性气体涌入工作面，造成工作人员中毒窒息产生二次灾害，平衡二氧化碳惰化效果与生产安全之间的关系。在实际操作过程中，二氧化碳灌注量偏小无法达到采空区防灭火的要求，灌注量偏大则会造成工作面二氧化碳泄漏，直接危害井下工作人员的身体健康。因此，采空区二氧化碳智能调控的目标是根据二氧化碳在采空区的吸附扩散运移规律，保证采空区惰化效果最优的同时不发生二次灾害。

采用采空区氧化带宽度和采空区温度表征惰化效果，工作面上隅角二氧化碳涌出浓度表征工作面的安全性，因此智能调控模型的目标函数可转变为通过自适应调节二氧化碳灌注量参数（灌注流量、灌注时间），使得采空区氧化带宽度最小、温度保持在正常范围、工作面上隅角二氧化碳浓度不超过1%。

8.2.2 二氧化碳自适应调控

目前二氧化碳最大灌注量通常采用经验公式计算得出，为了能够更精确进行二氧化碳调控，建立基于预测先行与监测数据反馈校正相结合的采空区二氧化碳灌注参数反馈模型，如图8－1所示。

二氧化碳安全智能调控方法涉及两个核心内容。一是根据多孔介质气体输运耗散模型和采空区气体扩散运移规律建立采空区二氧化碳扩散运移预测模型，确定每个巡检时间间隔内二氧化碳灌注参数。二是通过在二氧化碳灌注口、工作面及上隅角安装气体浓度监测传感器，对关键位置二氧化碳浓度进行监测，利用多参数多时刻监测数据，根据气体在采空区运移的时间差，建立二氧化碳安全防控反演数学模型，对下一巡检时间间隔段数据进行校正分析，实现灌注安全性能自动检测和灌注量自动控制。

1. 采空区二氧化碳扩散运移预测模型

二氧化碳扩散运移预测的主要思路是利用采空区灌注二氧化碳扩散运移规律，求解下一巡检时间间隔段灌注二氧化碳后采空区浓度场、温度场和速度场。二氧化碳扩散运移预测流程如图8－2所示。由于工作面回采期间，工作面的物理模型、采空区孔隙分布可在小范围内近似看作固定值，在工作面通风量不变的

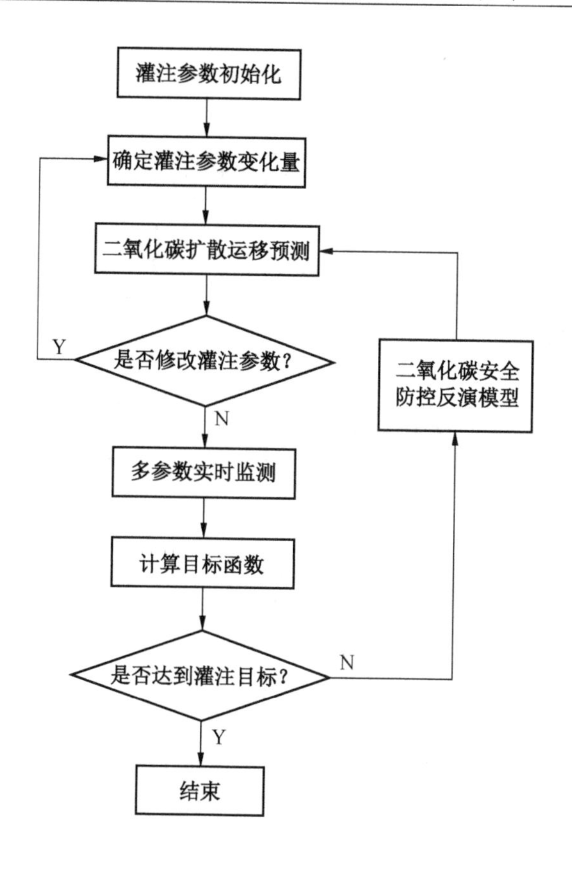

图8－1　二氧化碳安全智能调控方法

条件下，采空区二氧化碳灌注量是关于灌注速度和灌注时间的函数，可表示为

$$Q_{CO_2}=f(v_{CO_2},t) \tag{8-1}$$

式中，Q_{CO_2}为二氧化碳灌注量，m^3/h；v_{CO_2}为灌注管出口速度，m/s；t为灌注时间，h。

根据多孔介质二氧化碳输运耗散模型，结合S1工作面采空区数值模拟结果，计算采空区浓度场（x，y，z，gas，t）、温度场（x，y，z，t）、速度场（x，y，z，t，v_{CO_2}）。根据计算结果判断关键参数是否满足约束条件。

（1）约束条件一：累计灌注量小于计算的最大灌注量；

（2）约束条件二：上隅角二氧化碳浓度小于1%。

如果满足约束条件，将下一巡检时间间隔段灌注参数发送给执行部分，如果不满足，则进一步调整灌注参数，重新计算。

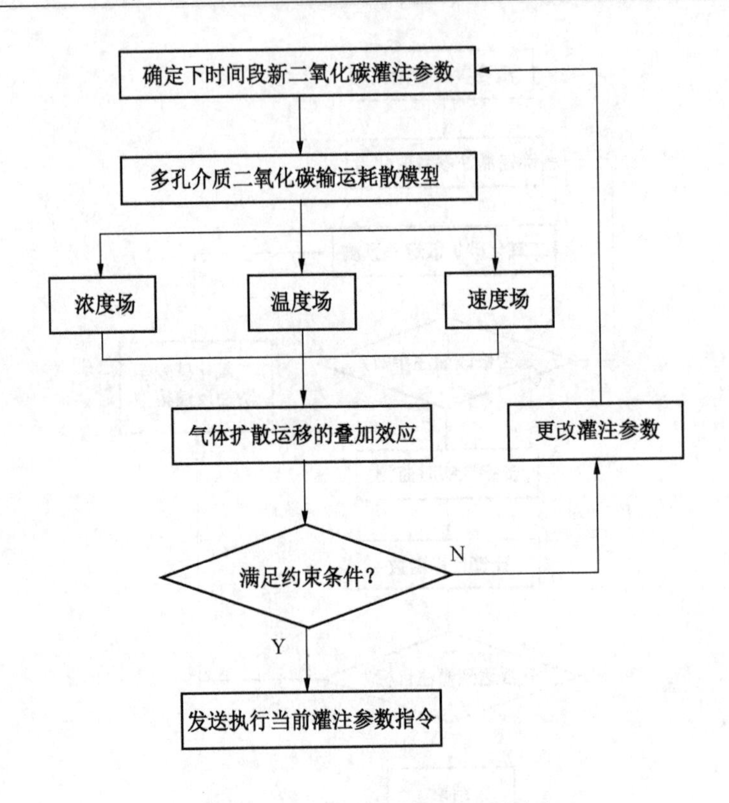

图 8-2　二氧化碳扩散运移预测流程

2. 二氧化碳安全防控反演模型

灌注气体在采空区运移需要一定时间，假设采空区平均漏风流速为 v_{avg}，则 t_1 时刻注入采空区的二氧化碳气体除去煤的吸附耗散量后，到达上隅角的时间为 t_2，可表示为

$$t_2 = t_1 + L/v_{avg} \tag{8-2}$$

式中，L 为采空区漏风流迹长度，m；v_{avg} 为采空区中平均漏风流速，m/s。

当 t_2 时刻在上隅角监测到二氧化碳气体超标时，根据气体扩散运移叠加效应，在 $\Delta t = t_2 - t_1$ 时间段内灌注的二氧化碳将会涌出工作空间，且涌出浓度仍会超标。因此，需要根据监测出的 t_2 时刻的关键参数，建立二氧化碳安全防控反演模型，对灌注量进行反馈校正，保证灌注安全。二氧化碳安全防控反演模型如图 8-3 所示，其核心内容是进行监测数据分析，建立累计灌注量、灌注时间与温升、灌注时间与气体浓度之间的关系。监测数据通过构建 BP-GA 神经网络进行学习和分析。

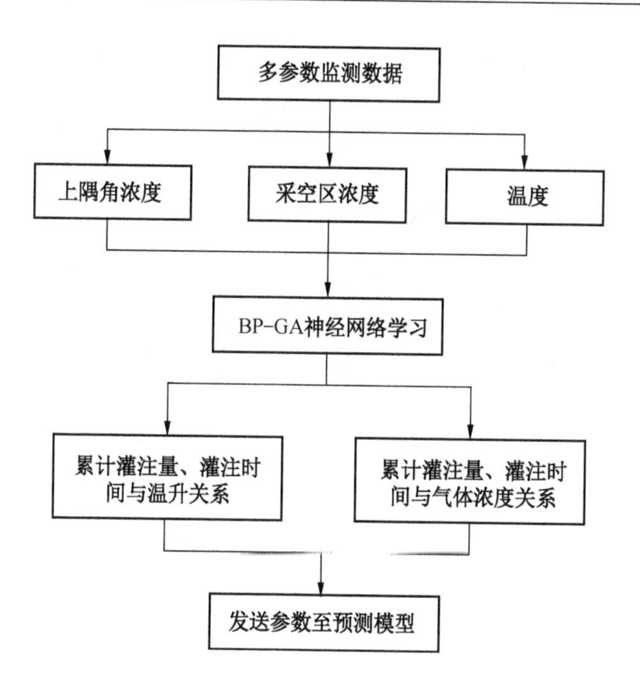

图 8-3 二氧化碳安全防控反演模型

8.2.3 模型求解方法

BP 神经网络模型如图 8-4 所示，分为 3 个部分，输入层、输出层以及输入层与输出层之间的隐含层。输入层的神经元节点向前传送给所有隐含层的神经元节点，经过隐含层处理后，最后由输出层的神经元节点传出。BP 神经网络中向前传播工作信号和逆向传播误差信号不断循环往复进行修改，直到得到满意的结果，方可停止，完成训练，输出结果。

1. 初始化

隐含层 Q，输出层 N，输入层节点数 M；给定全局误差函数 E 一个极小值 ε，输入层与隐含层连接权（W_{ij}^{p}）、隐含层与输出层连接权（W_{ij}^{p}）赋予（-1，1）的随机值；学习样本（X_i^p，Y_k^p）。

2. 隐含层节点的输入与输出

$$S_j^p = \sum_{i=1}^{M} W_{ij}^p X_i^p \tag{8-3}$$

$$O_j^p = f(S_j^p) = \frac{1}{1+\exp(-S_j^p+\theta_j^p)} \tag{8-4}$$

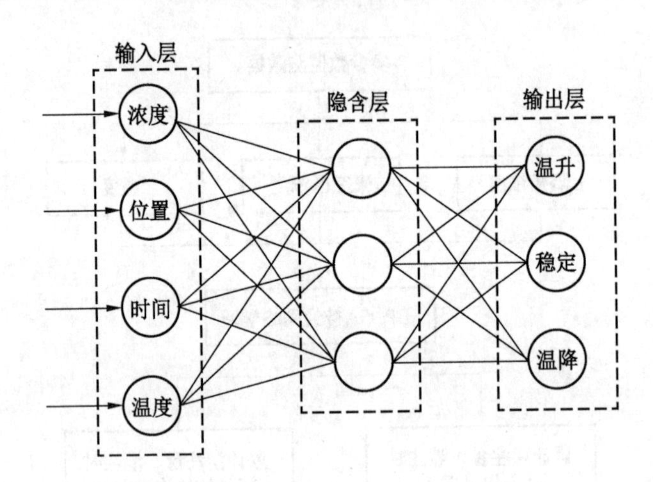

图 8-4　BP 神经网络模型

式中，S_j^p 为输入值；O_j^p 为输出值；$f_i(x)$ 为作用函数；θ_j^p 为隐含节点的门限。

$$\delta_j^p = (1 - O_j^p) O_j^p \sum O_j^p W_j^p \tag{8-5}$$

$$W_{ij}^{p+1} = W_{ij}^p + \eta(\delta_j^p O_j^p + \alpha \delta_j^{p-1} O_j^{p-1}) \tag{8-6}$$

式中，δ_j^p 为误差；W_{ij}^{p+1} 为权重调整；η 为训练速度；α 为常数。

3. 输出层节点的输入与输出

$$S_k^p = \sum_{j=1}^{Q} W_{jk}^p Y_k^p \tag{8-7}$$

$$O_k^p = \frac{1}{1 + \exp(-S_k^p + \theta_k^p)} \tag{8-8}$$

$$\delta_k^p = (1 - O_k^p) O_k^p (Y_k^p - O_k^p) \tag{8-9}$$

$$W_{jk}^{p+1} = W_k^p + \eta(\delta_k^p O_k^p + \alpha \delta_k^{p-1} O_k^{p-1}) \tag{8-10}$$

式中，θ_k^p 为输出节点的门限；O_k^p 为输出值；S_k^p 为输入值。

4. 网络收敛

网络收敛是指循环记忆训练，直至全局误差函数误差小于 ε。

BP 神经网络在使用过程中存在收敛速度慢、易陷入局部极小点和网络拓扑结构难以确定等问题。遗传算法（GA）是用于解决最优化的搜索算法，利用随机化技术指导对一个被编码的参数空间进行高效搜索，基本操作包括变异、交叉和选择，利用遗传算法优化 BP 神经网络可以有效弥补传统 BP 神经网络的不足。GA - BP 神经网络模型如图 8 - 5 所示，算法流程如图 8 - 6 所示。采用 GA 算法的全局搜索能力优化 BP 神经网络结构，得到优化的初始权值和阈值，对随机初始化参数进行编码，用适应度值代表优化的目标函数，利用训练样本网络输出和实际输出的误差不断迭代计算，使适应度值达到设定的水平或触发其他终止条件，利用 GA－BP 神经网络去找寻最优解，使得最后所有解都在最优解范围内。

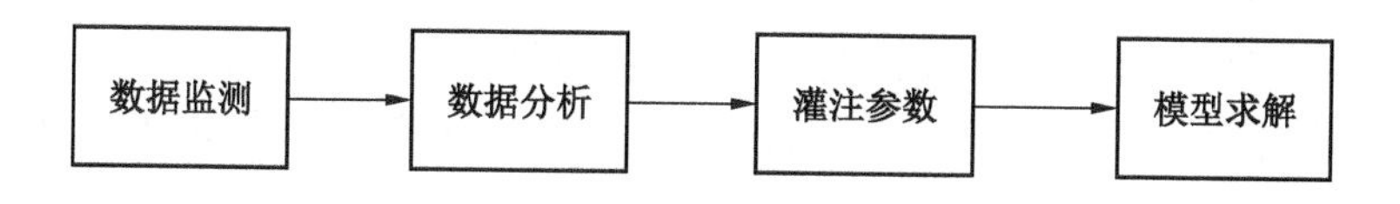

图 8－5　GA－BP 神经网络模型

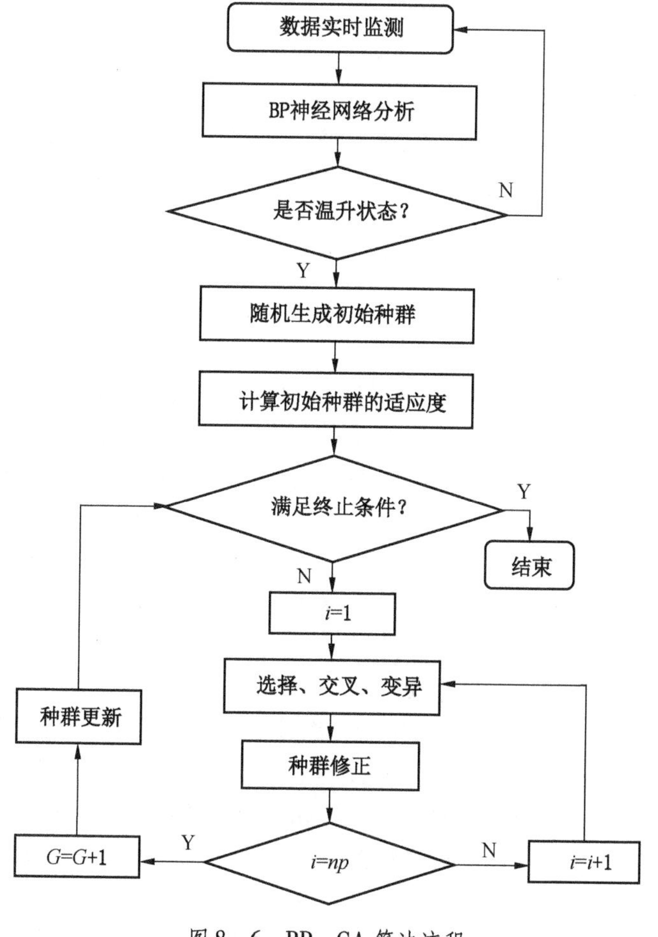

图 8－6　BP－GA 算法流程

8.3 二氧化碳安全智能防灭火系统设计

8.3.1 设计原则和思路

开放式采空区压注二氧化碳安全智能防灭火系统应遵循以下原则：

（1）实用性。实用性设计的关键是系统的运行、维护、高效和易用等。

（2）友好性。系统界面设计美观、使用方便等。

（3）前瞻性。系统在设计的过程中，不仅要满足当下发展需求，还要考虑可能添加的功能，为后续工作预留空间。

（4）可拓展性。方便业务需求的更改和更新。

根据上述 4 个原则设计基于大数据技术的开放式采空区压注二氧化碳安全智能防灭火系统。

8.3.2 系统组成及安装布置

1. 系统组成

采空区二氧化碳安全智能防灭火系统主要包括数据采集模块、数据传输模块、数据处理模块、上传显示模块和控制模块，如图 8－7 所示。

（1）数据采集模块由浓度传感器和监测束管组成，包括一氧化碳浓度传感器、氧气浓度传感器、甲烷浓度传感器、二氧化碳浓度传感器、乙烯浓度传感器等，用于监测采空区气体浓度、负压、流量、温度等信息，同时将采集数据发送到数据传输模块。

（2）数据传输模块包括数据编码器和 PLC 数据传输装置，用于将采集数据编码打包，通过网络传输到数据处理模块。井下防爆 PLC 通过 RS485 或光纤与地面上位机进行通信，将检测到的各种信息发送给上位机，通过显示系统进行实时显示和预警。

（3）数据处理模块包括监测主机、监测信号 A/D 转换、数据解码分析，用于接收、处理传输模块的数据，还含有灌注参数优化系统。

（4）上传显示模块包括报警模块和数据上传，主要功能是将处理好的数据实时显示在屏幕上，并上传到监测主机。

（5）控制模块包括罐装二氧化碳、灌注管路、流量控制装置和定时器等，通过接收数据处理模块发出的指令，控制电磁阀调整流量大小，同时对灌注时间进行定时操作，保证灌注量的精准。动作执行机构的运行情况也可以通过其位置信息传感器传递给 PLC，将传感器检测到的灌注信息与设定的预期浓度信息进行比较。如果预设浓度信息符合采空区二氧化碳监测点预测浓度，则不发送控制指令，否则，井下 PLC 通过对动作执行机构发送指令，调节二氧化碳灌注量，实

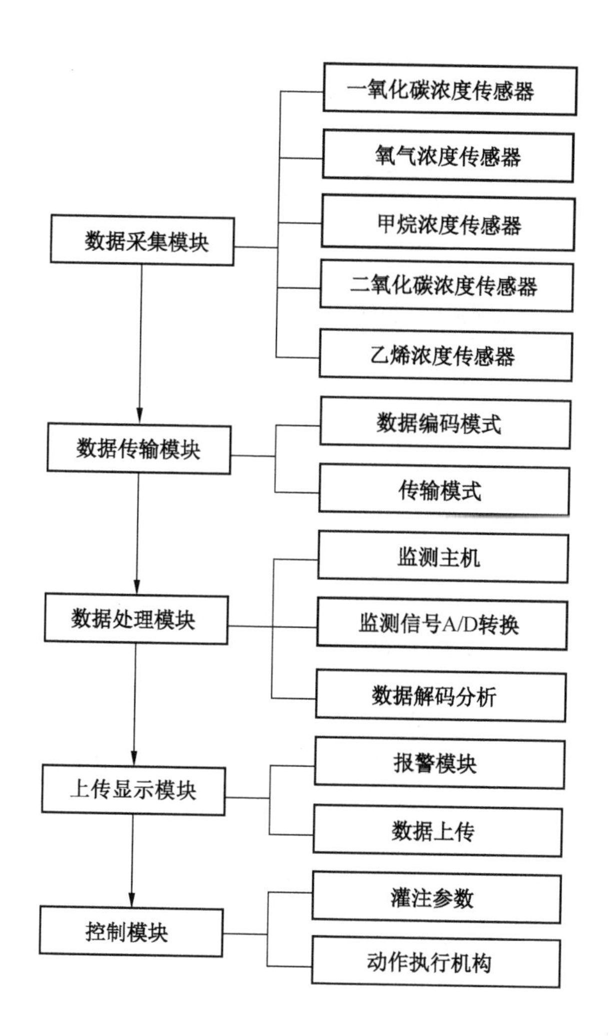

图 8 -7　二氧化碳安全智能防灭火系统架构

现对动作执行机构的调节控制，使得采空区二氧化碳浓度符合系统预测浓度。此外，根据传感器检测到的温度、一氧化碳浓度值与预设报警值比对，确认是否报警。

2. 逻辑控制

图 8 -8 为采空区二氧化碳安全智能调控设计逻辑图，具体如下：

（1）当系统开始运行时，通过自检程序判断系统是否正常运行，如不能正常运行，则报警器报警维修。

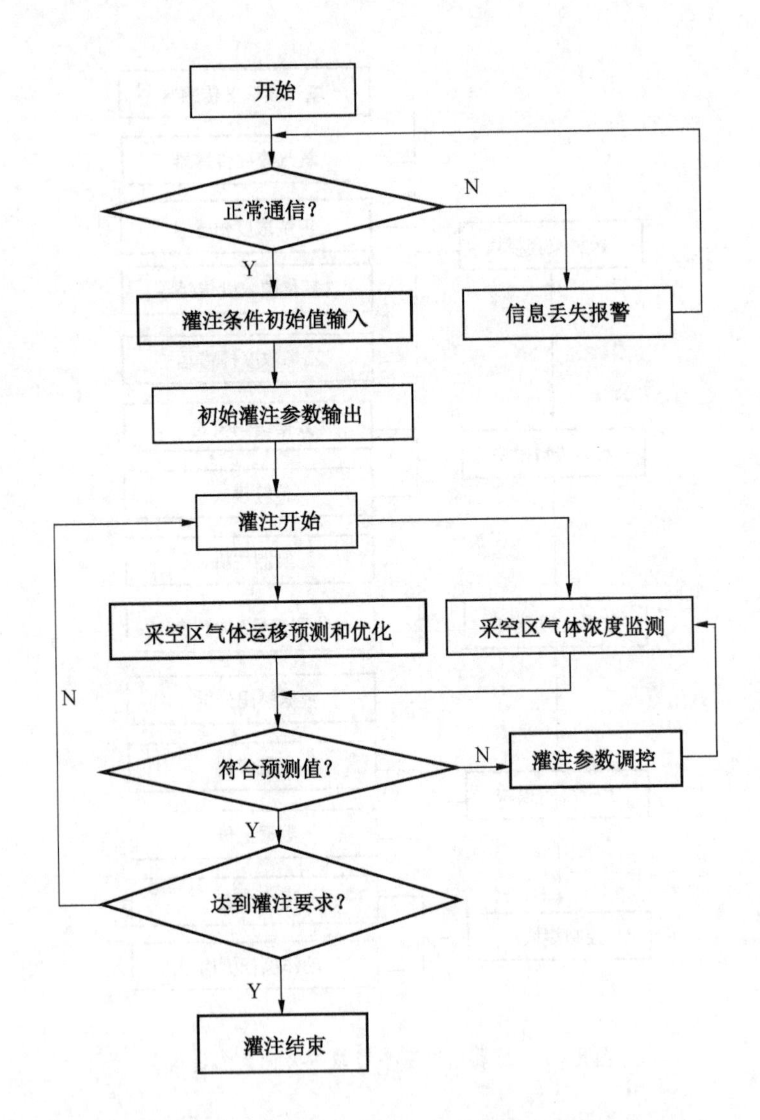

图 8-8　采空区二氧化碳安全智能调控设计逻辑

（2）确定系统可以正常运行后，将灌注工况输入至总控计算机中，通过二氧化碳预测系统中的数值模拟软件和灌注参数优化系统确定初始灌注值，将数据输出至灌注装置中，开始灌注。

（3）在灌注过程中，采空区二氧化碳运移预测系统和采空区二氧化碳浓度监测系统同时运行，通过实时检测的采空区二氧化碳浓度，结合二氧化碳反演预

测模型，判断当前灌注参数是否符合灌注要求。

（4）当前灌注参数不符合要求时，通过优化模型优化当前灌注参数，而后输出至灌注装置中，调整当前灌注条件，直到此时监测数据符合预测值。

（5）灌注一段时间后，判断是否达到采空区防灭火要求。若未满足要求，则继续灌注，反之控制装置对灌注装置进行关闭处理，灌注结束。

3. 井下安装布置

采空区二氧化碳安全智能防灭火系统井下布置如图8－9所示，由总控计算机、数据转化器（格式转化器）、二氧化碳灌注优化系统、二氧化碳检测和监测系统构成。预先进行采空区数值模拟，并与第一次灌注的二氧化碳实时监测数据进行对比，将对比数据输入优化调控系统中，得出下一次灌注的优化参数。

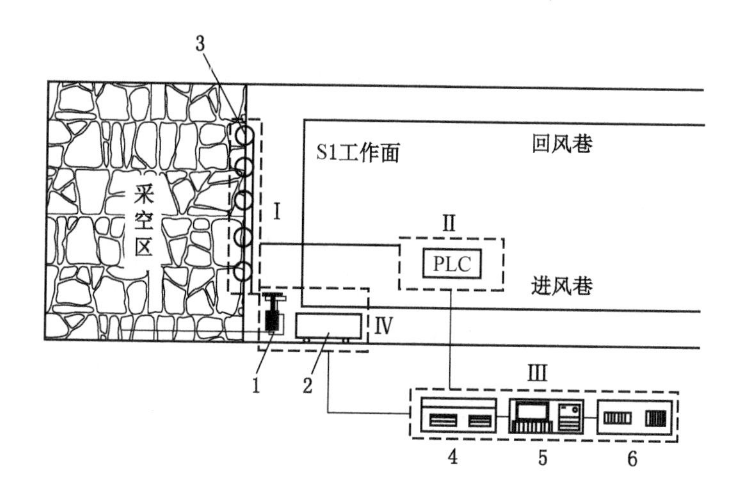

Ⅰ—监测模块；Ⅱ—数据传输模块；Ⅲ—数据处理模块；Ⅳ—灌注装置；1—流量阀；2—二氧化碳储罐；3—二氧化碳浓度检测器；4—灌注优化系统；5—总控计算机；6—数据转换

图8－9　二氧化碳安全智能防灭火系统井下布置示意

8.3.3　关键设备选型

1. 主控系统选型

目前用于工业控制的主流控制设备为可编程控制器（PLC），如图8－10所示，其具有可靠性高、抗干扰能力强、编程方便等特点。由于系统在煤矿井下使用，需要有煤安认证，故选用山东中煤生产的KXJ1/127－D矿用隔爆兼本质安全型PLC控制器。该控制器由PLC模块、电源板、变压器、输入隔离安全栅、输出继电器模块、隔爆型控制箱、工业鼠标、液晶显示器、工业交换机和接线排组成。通过小型PLC控制器和通信模块，实现井下现场数据采集、远程监控、设备自动控制、自动报警和断电闭锁等功能。

图8－10　防爆型PLC可编程控制器

2. 智能控制系统设计

流量控制系统结构如图8－11所示，外形图和实物图如图8－12所示，矿用电磁阀智能控制系统设计如图8－13所示。以STM32F103控制芯片为核心，以采样频率F_{set}采集阀芯位移和阀口流量传感器信号，电路经硬件模拟量处理、功率放大处理后转换为STM32F103控制器可接收的0～3.3 V模拟电压信号，交由电磁阀智能控制系统中断处理模块、模拟量处理模块、模糊PID处理模块进行滤波、模数转换以及逻辑控制，同时将需要实时监控的数据以CAN总线通信模式

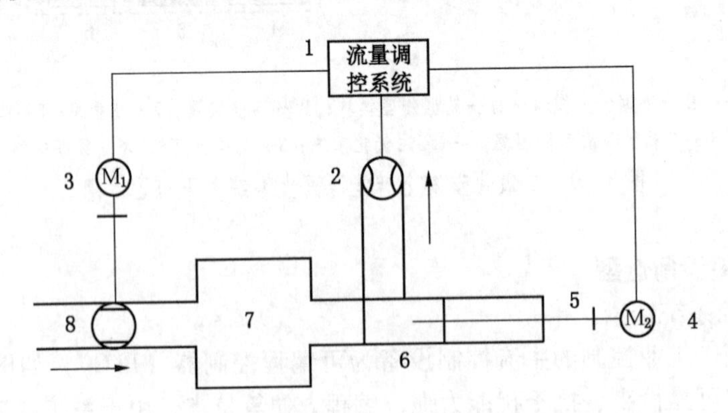

1—流量调控系统；2—流量计；3、4—电机；5—丝杠装置；
6—活塞；7—减压室；8—球阀

图8－11　流量控制系统结构示意

发送至上位机系统。电磁阀智能控制系统还包括电源电路设计、晶振电路设计、软件部分的初始化模块和主循环模块等，共同完成对电磁阀的智能控制。

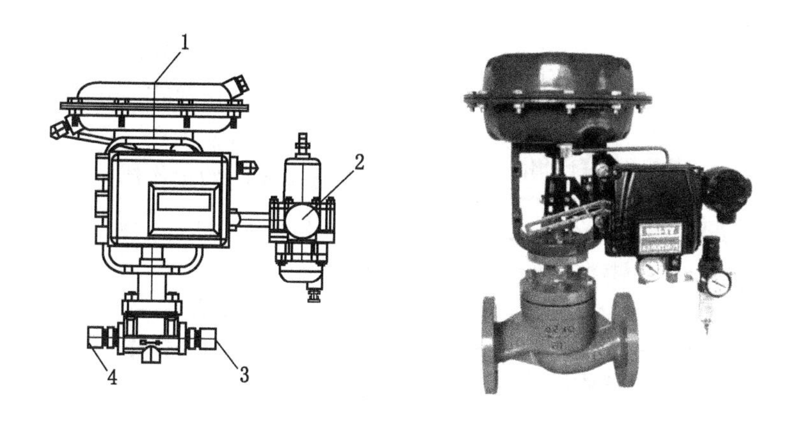

1—电动控制阀；2—流量计表盘；3—入口；4—出口

图 8-12　流量控制系统外形图和实物图

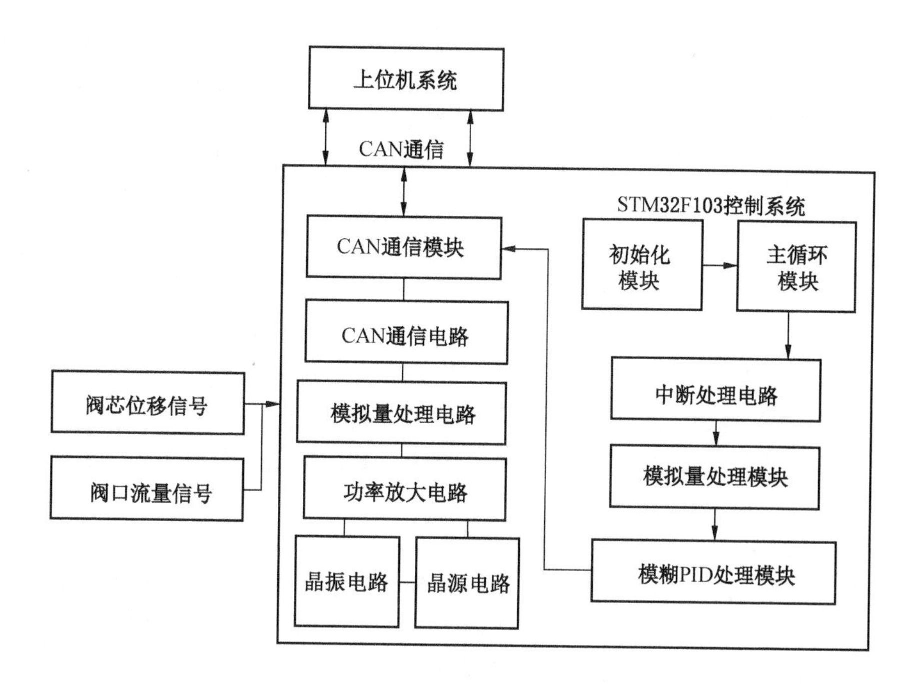

图 8-13　矿用电磁阀智能控制系统设计

3. 动作执行机构选型

将 MDS943F－10C 矿用电动蝶阀作为执行机构。该电动阀有现场点动、远程控制、手动操作 3 种操作模式，可以实现急停操作，能在液晶显示屏上实时显示阀门的操作模式、开度信息。信号输出端口可以输出 0～20 mA 电流信号，用于传送阀门的动作信息、阀门开度位置信息，与 PLC 可编程控制器匹配良好。

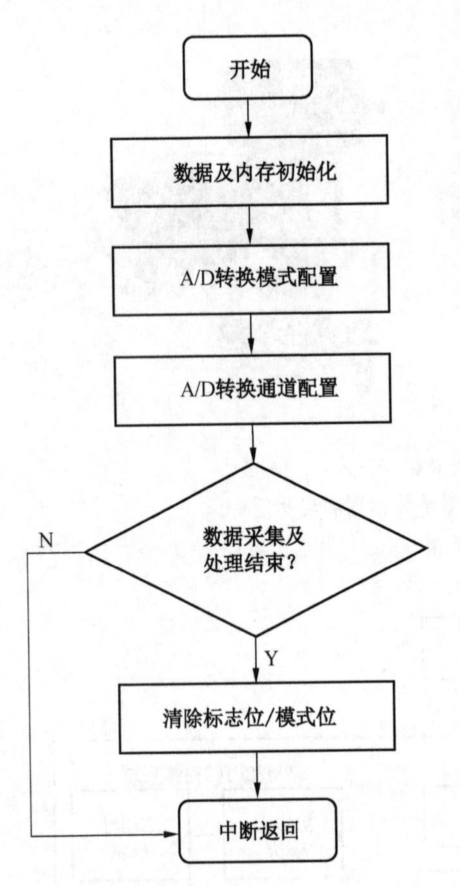

图 8－14　ADC 数据采集软件流程

4. ADC 数据采集模块

ADC 数据采集功能采用 NVIC 中断模式，支持嵌套和向量中断、自恢复和保存中断状态、动态优先级调度算法，可有效降低中断时延。ADC 数据采集软件流程如图 8－14 所示。为提高阀芯位移、阀口液压油流量模拟量数据采集精度，软件设计连续采集 10 次该路模拟量数据，将求得的算术平均值作为该路模数转换的输出。设定采集阀芯位移传感器数据的通道为 ADC0，采集阀口液压油流量传感器数据的通道为 ADC1，设置 ADC0/ADC1 转换模式为“连续”。

5. PID 数据控制模块

对阀芯位移、阀口液压油流量传感器的驱动装置采用 PID 控制方法，减小电磁阀控制的超调量和动态误差，增加稳定性。PID 数据控制模块流程如图 8－15 所示，PID 控制器参数采用临界比例度法整定。具体如下：

（1）预设采样周期 T_{min}，系统工作。

（2）令 $T_i=0$、$T_d=0$，设定输入为允许最大值的 65%，将 P 由 0 开始逐渐增大，直至系统出现振荡；将 P 逐渐减小，直至振荡消失，此刻比例增益系数为 P_{ai}，设定比例增益系数为 $P_{set}=0.65P_{ai}$。

（3）令 $P_{set}=0.65P_{ai}$，设定 $T_i=T_{max}$，将 T_i 逐渐减小，直至系统出现振荡；将

T_i 逐渐增大，直至系统振荡消失；此时 $T_i = T_{ai}$，设定积分常数为 $T_{iset} = 1.65T_{ai}$。

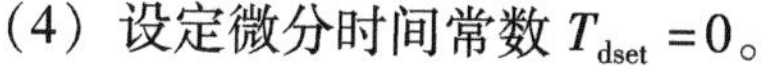

（4）设定微分时间常数 $T_{dset} = 0$。

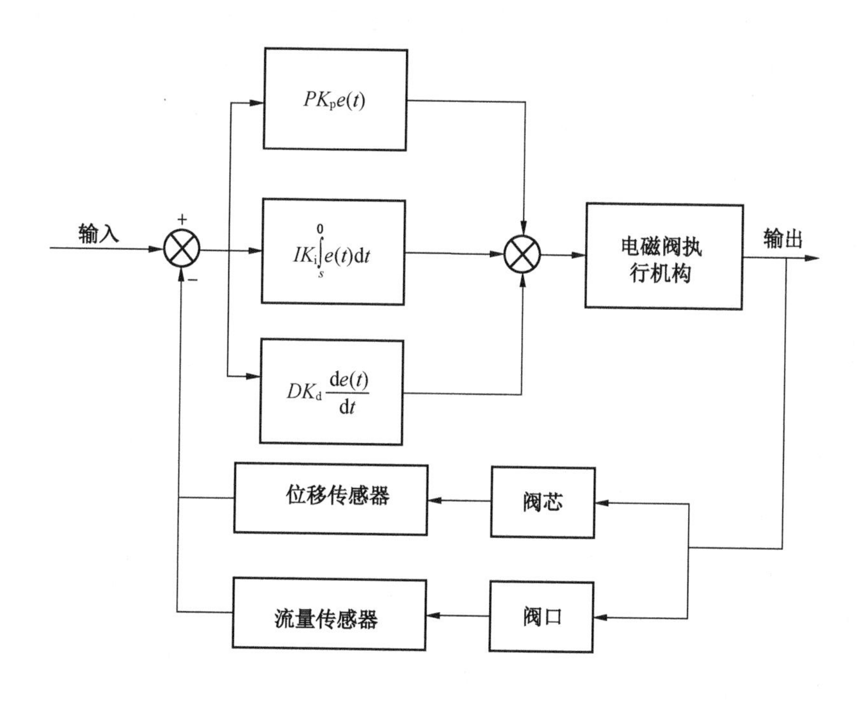

图 8－15　PID 数据控制模块流程

6. CAN 通信模块

STM32F103 控制器与上位机系统以 CAN 总线通信模式实现数据传输，建立 CAN 总线通信连接时，设置波特率为 250 kbit/s，一条连接可接收（发送）8 字节数据。自定义控制器与上位机协同 CAN 总线通信协议，在接收或发送数据时，按照自定义的 CAN 总线通信协议打包或者解析。

STM32F103 系列的芯片过滤器组有 14 个，每个滤波器组又由 2 个 32 位寄存器、CAN FxR1 和 CAN FxR2 组成。通过设置 CAN FMR 寄存器，可以设定滤波器位宽和工作模式。为了满足应用程序的不同需求，可以独立配置 STM32 过滤器组的位宽，因此每个过滤器组均可提供 1 个 32 位过滤器或者 2 个 16 位过滤器。过滤器可配置标识符屏蔽模式和标识符列表模式 2 种。对于标识符屏蔽模式，屏蔽寄存器依据标识符寄存器确定报文标识符的每一位是否需要匹配。对于标识符列表模式，屏蔽寄存器被视为标识符寄存器，报文标识符中的每一位都必须与过滤器中某标识符完全相同才被接收。

STM32 CAN 发送数据时，首先需要选择 1 个空邮箱，设置数据帧 ID、待发送数据长度及内容，然后请求发送数据，接着该邮箱挂号等待优先级成为最高，最后预定发送，等总线空闲时进行发送，发送成功后把邮箱置空。具体数据发送流程如图 8－16 所示。

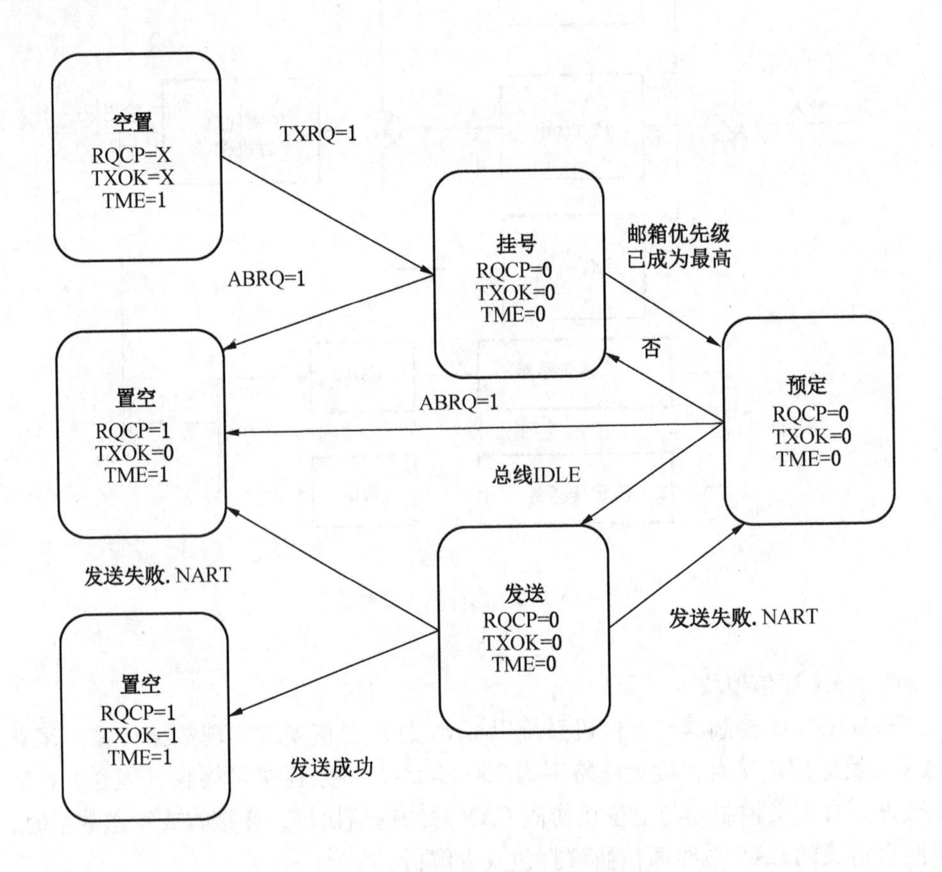

图 8－16　STM32 CAN 数据发送流程

CAN 会将接收到的有效报文存储在 FIFO 中，每个过滤器组都可设置将其关联到 CAN 2 个 FIFO 中的任何一个。为了尽量减轻 CPU 处理的负荷，保持数据的一致性，FIFO 完全由硬件进行管理。读取 FIFO 时会输出接收到的有效报文。具体数据接收流程如图 8－17 所示。

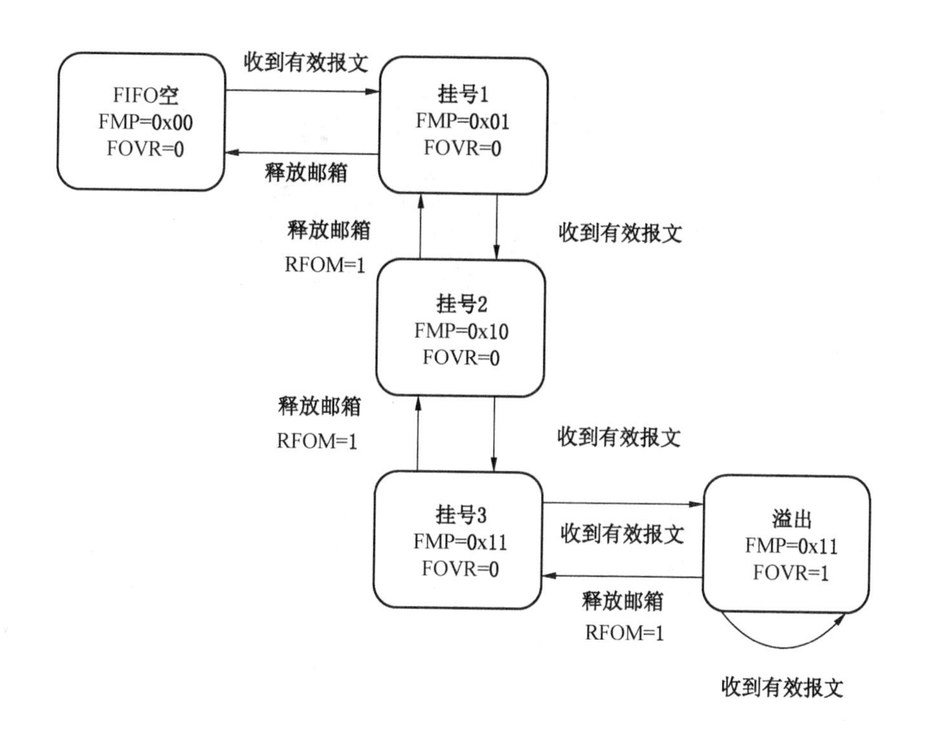

图 8－17　STM32 CAN 数据接收流程

8.4　二氧化碳防灭火系统现场应用

8.4.1　二氧化碳防灭火工艺

二氧化碳防灭火工艺包括长距离管路输送液态二氧化碳直注技术、地面液态二氧化碳气化技术和井下移动式二氧化碳灌注技术。

1. 长距离管路输送液态二氧化碳直注技术

长距离管路输送液态二氧化碳防灭火技术是利用长距离管路将大型槽罐车内液态二氧化碳直接输送至井下，然后通过井下预埋管路将液态二氧化碳送至采空区，如图 8－18 所示。

该技术的优点为装置简单、安全可靠，进入采空区的液态二氧化碳处于低温状态，出口位置温度可低至－15 ℃。受压力和温度影响，液态二氧化碳气化吸热，迅速降低采空区灌注口一定范围内温度。但是，灌注过程中可能出现液态二氧化碳固化形成干冰，堵塞管路的现象。

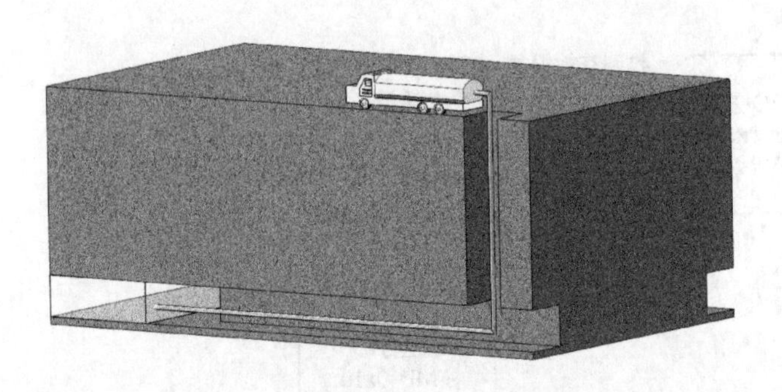

图 8-18　长距离管路输送液态二氧化碳直注技术示意图

2. 地面液态二氧化碳气化技术

地面液态二氧化碳气化技术是将液态二氧化碳通过地面气化装置（自热式、强热式升温装置）气化为二氧化碳气体或气液两相流，通过井下气体运输管路将二氧化碳输送至采空区，如图 8-19 所示。该技术的优点是沿管路输送二氧化碳比向井下输送液态二氧化碳方便，流量大，惰化效果好。缺点是二氧化碳冷却作用相对较小，输送管路长。

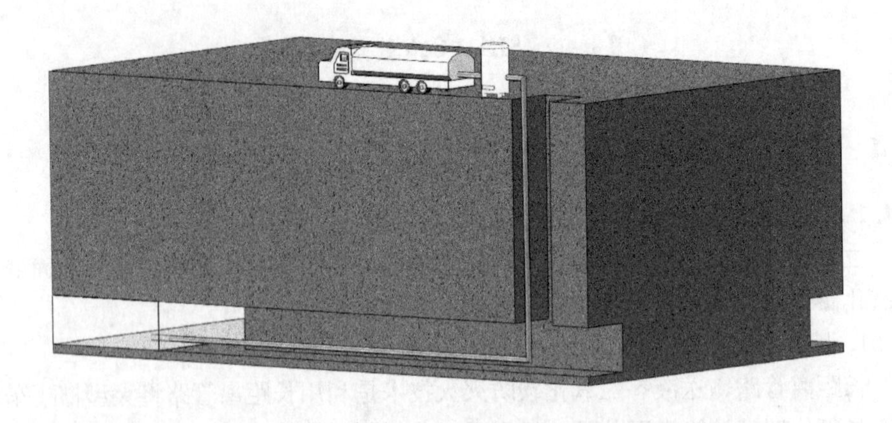

图 8-19　地面液态二氧化碳气化技术示意图

3. 井下移动式二氧化碳灌注技术

井下移动式二氧化碳灌注技术（图 8-20）是将液态二氧化碳灌注至便于运输和移动的小型储罐中，利用井下原有轨道将小型储罐运送至井下，通过提前安装好的管路向采空区注入液态二氧化碳。该技术具有机动性好、兼顾灭火和降温的优点，能够直接将液态二氧化碳输送至井下采空区附近，针对性和精确性高，但是需使用专用低温设备运输液态二氧化碳至井下，灌注流量受限。

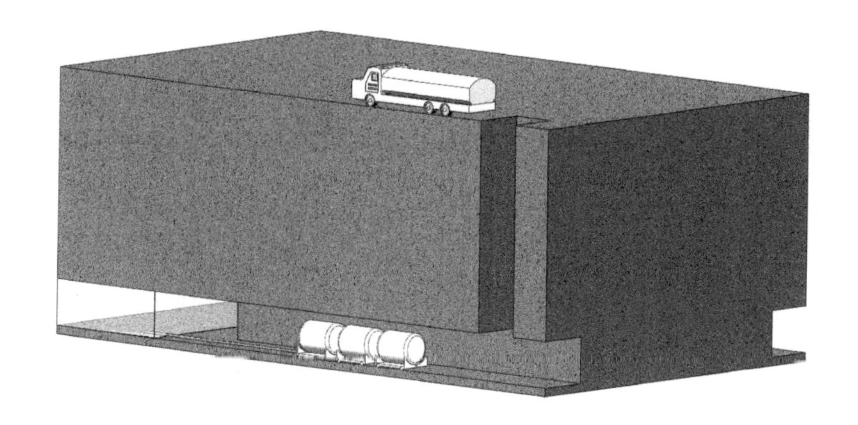

图 8－20　井下移动式二氧化碳灌注技术示意图

3 种二氧化碳防灭火工艺的优缺点对比见表 8－2。

表 8－2　二氧化碳防灭火工艺特点比较

工艺	长距离管路输送液态二氧化碳直注技术	地面液态二氧化碳气化技术	井下移动式二氧化碳灌注技术
灌注装置	压力、温度、流量传感器	地面构建气化装置和系统	井下槽罐运输车
管路选择	密封性、防冻型管路，对管路要求较高	普通管路，可用井下现有的灌注管路代替	普通管路，可用井下现有灌注管路代替
降温效果	出口温度 －25 ℃	出口温度 －2～5 ℃	出口温度 －25 ℃
适用范围	较广	井下条件复杂，不适合进行井下灌注的条件	井下大面积防灭火
工艺难度	最高	一般	较高

8.4.2　现场试验系统及装置

1. 灌注工艺系统

二氧化碳灌注工艺系统如图 8－21 所示。为了有效提高灭火效果，在首次注入二氧化碳时需加大注入强度，从而抑制火区蔓延。随着工作面的推进，火区将随之进入窒息带，一氧化碳、氧气体积分数随之降低，进一步根据一氧化碳、氧气体积分数下降幅度以及温度变化量来通过智能调控装置调节注入的二氧化碳量，直至火区熄灭。

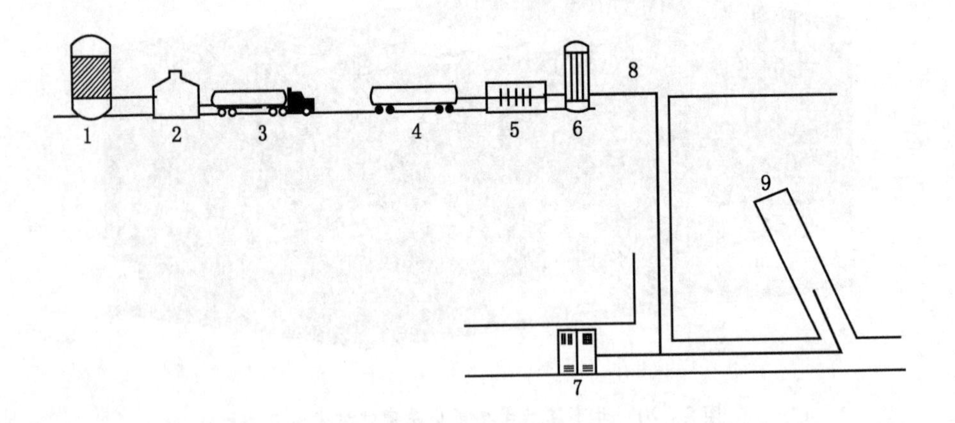

1—制液态二氧化碳机组；2—固定液态二氧化碳贮槽；3、4—汽车型液态二氧化碳槽车；5—汽化器；6—热交换器；7—智能调控装置；8—管路；9—采空区

图 8－21　二氧化碳灌注工艺系统

2. 灌注及监测装置

二氧化碳灌注位置、灌注量大小的选择直接影响采空区自然发火“三带”分布。在灌注过程中，随着推进距离的增加，采空区气体浓度发生变化，上隅角二氧化碳浓度也会随之变化，因此需要实时监测两个位置的气体浓度，第一时间为二氧化碳防灭火智能调控装置提供基础参数，以保证安全灌注和安全生产。

二氧化碳控制装置和灌注装置全部安装在进风巷，如图 8－22 所示。二氧化碳浓度传感器从工作面线路槽中与控制中枢连接，并安装在上隅角，实时监测采空区流出回风巷的二氧化碳浓度。在进、回风巷侧分别安装束管，沿采空区走向迈步式布置，单条束管迈步式布置如图 8－23 所示。

现场布置时用煤块掩埋束管，防止采空区垮落时砸坏，并在采样点处装上相应采气头。束管保护措施如图 8－24 所示。

束管现场布置如图 8－25 所示，在距进风巷和回风巷壁 10 cm 分别布置 2 趟管路，具体布置情况如下：

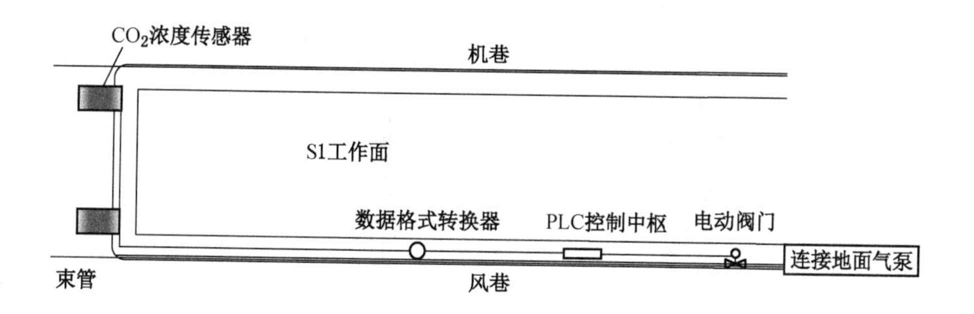

图 8-22 装置现场安装示意图

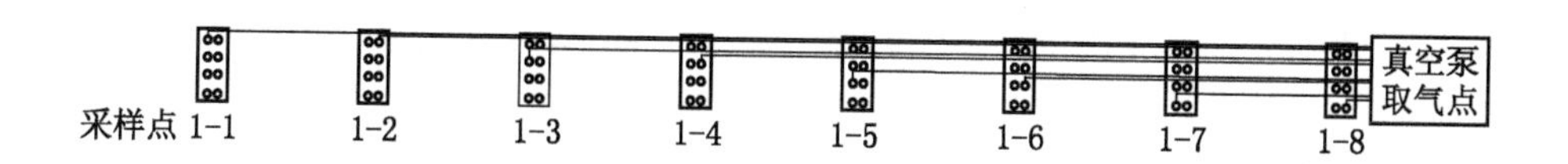

图 8-23 单条束管迈步式布置示意图

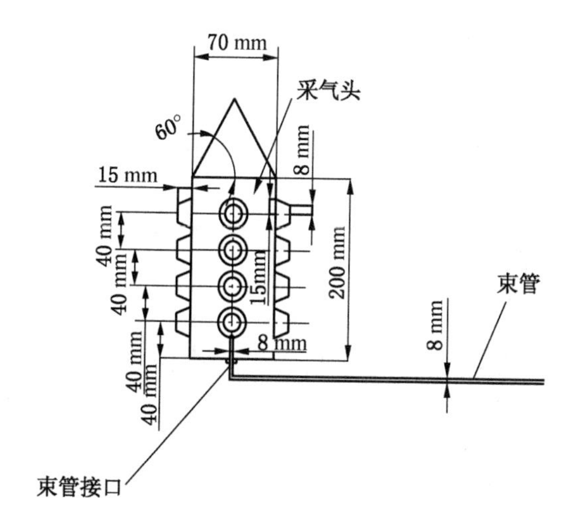

图 8-24 束管保护措施示意图

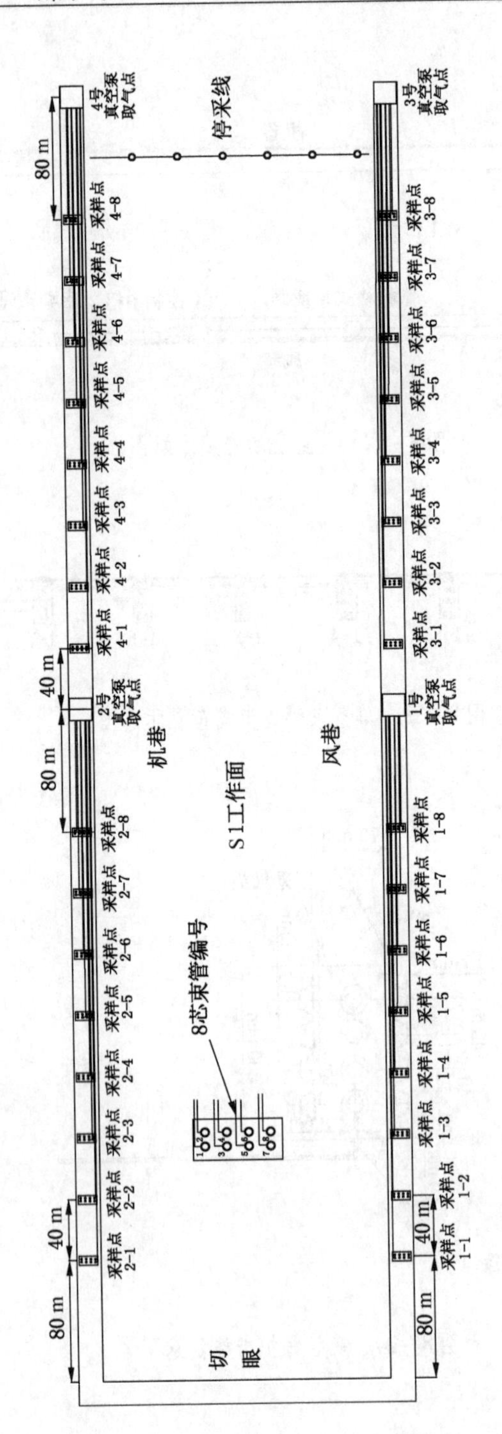

图 8－25　束管布置现场示意图

1）风巷

1号管路随着回采方向铺设，距切眼处80 m开始。束管型号为PE-ZKW/8×1，长400 m，共8个采样点，间隔40 m埋管；3号管路距采样点1-8 120 m开始铺设，其余布置参数同1号管路。

2）机巷

2号管路随着回采方向铺设，距切眼处80 m开始铺设，其余布置参数同1号管路。4号管路距采样点2-8 120 m开始铺设，其余布置参数同1号管路。

3. 气体采集及测试装置

1）抽气系统

因铺设至采空区的束管长度较长，阻力较大，为能有效抽取深部采空区气样，结合矿上现有设备，测试采用CFZ-20型自动负压采样器，如图8-26所示，可以有效解决手动抽气筒抽取气样效率低、速度慢的问题。主要技术参数为抽气速率20 L/min，正常工作时间12 h。

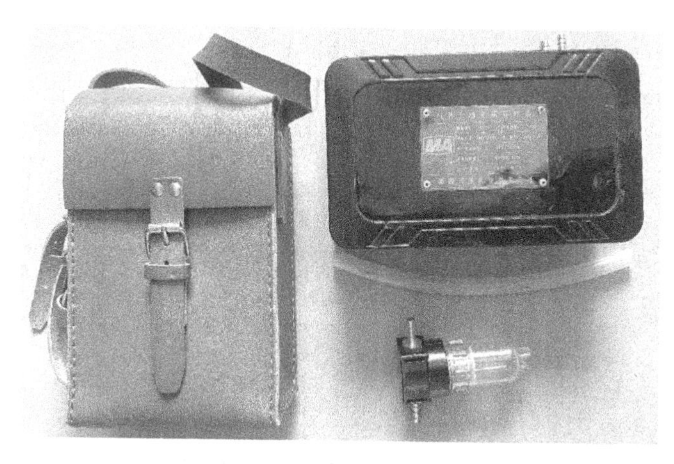

图8-26 CFZ-20型自动负压采集器

2）色谱分析系统

抽取的气样由取样球胆承载，送至地面利用气相色谱仪进行气体成分和浓度分析。测试气体成分包括一氧化碳（CO）、甲烷（CH_4）、氧气（O_2）、氮气（N_2）、二氧化碳（CO_2）以及烷、烯烃类气体（C_nH_m）。

8.4.3 压注惰气现场实验结果与分析

1. 数据测试结果

S1工作面于2021年10月28日从切眼处79 m开始注入二氧化碳气体，2022

年6月20日左右回采完成。月灌注二氧化碳量见表8-3，绘制出日灌注量变化曲线如图8-27所示，灌注期间工作面测点位置气体含量见表8-4。

表8-3　月灌注二氧化碳量统计表

时　间	灌注量/m^3	时　间	灌注量/m^3
2021年11月	115580	2022年3月	141032
2021年12月	111435	2022年4月	62824
2022年1月	80842	2022年5月	88633
2022年2月	102203	2022年6月	110172

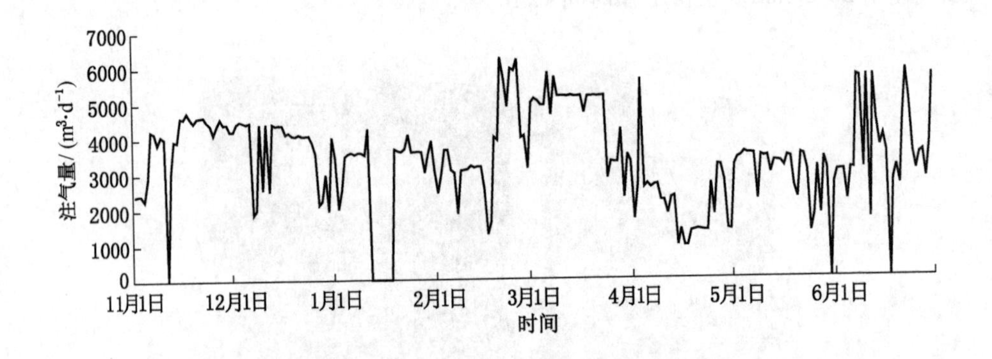

图8-27　二氧化碳日灌注量变化曲线

表8-4　工作面测点位置气体含量统计表

日　期	采空区进风侧		采空区回风侧		上隅角		机巷/m	风巷/m
	CO_2/%	O_2/%	CO_2/%	O_2/%	CO_2/%	O_2/%		
2021-10-27	10.00	18.90	0.90	19.93	0.07	19.93	77	79
2021-11-03	16.00	18.48	1.20	19.45	0.10	19.44	102	105
2021-11-09	20.00	18.97	1.50	19.87	0.12	20.15	132	136
2021-11-16	18.00	18.88	1.20	18.86	0.14	20.27	166	171
2021-11-23	22.00	18.61	1.40	18.82	0.16	20.34	201	207

表8-4（续）

日 期	采空区进风侧		采空区回风侧		上隅角		机巷/m	风巷/m
	CO_2/%	O_2/%	CO_2/%	O_2/%	CO_2/%	O_2/%		
2021-11-30	22.00	17.53	2.20	18.41	0.15	19.88	236	243
2021-12-07	24.00	18.22	3.10	18.61	0.18	20.12	265	274
2021-12-14	39.00	17.28	3.70	18.55	0.42	19.53	294	305
2021-12-21	72.00	18.57	6.90	18.83	0.56	20.13	324	336
2021-12-28	18.00	19.12	1.20	19.97	0.08	20.12	326	367
2022-01-04	20.00	18.94	3.10	19.52	0.10	19.97	372	386
2022-01-14	16.00	18.47	1.40	18.87	0.10	20.02	390	402
2022-01-18	22.00	18.07	2.00	17.93	0.15	19.97	397	408
2022-01-25	4.00	18.97	1.30	18.14	0.06	20.03	409	419
2022-01-29	28.00	18.16	3.10	18.46	0.12	19.88	416	425
2022-02-05	39.00	18.84	2.50	18.64	0.10	19.97	441	451
2022-02-08	16.00	18.12	1.20	18.26	0.08	19.56	454	464
2022-02-15	26.00	18.80	1.50	18.82	0.08	18.75	484	496
2022-02-22	25.00	18.40	1.80	18.85	0.08	19.20	514	529
2022-03-01	23.00	18.32	2.00	18.98	0.08	19.90	545	559
2022-03-08	31.00	16.34	2.50	18.90	0.07	19.93	582	595
2022-03-15	35.00	17.95	1.10	18.57	0.06	19.51	618	632
2022-03-22	7.00	17.97	1.00	18.94	0.06	19.97	654	668
2022-03-29	23.00	15.56	0.20	19.46	0.07	19.75	690	705
2022-04-05	29.00	18.12	3.80	17.94	0.14	18.16	708	723
2022-04-12	2.00	18.53	3.10	18.49	0.10	18.84	718	735
2022-04-19	23.00	19.62	2.20	19.65	0.16	19.79	728	746
2022-04-26	41.00	19.13	2.00	19.42	0.12	19.70	739	758
2022-05-03	32.00	18.67	3.10	18.69	0.12	19.08	748	770
2022-05-09	30.00	18.67	2.60	18.63	0.10	19.77	755	780

表 8-4（续）

日　期	采空区进风侧		采空区回风侧		上隅角		机巷/m	风巷/m
	CO_2/%	O_2/%	CO_2/%	O_2/%	CO_2/%	O_2/%		
2022-05-16	22.00	18.52	3.10	18.19	0.31	18.82	764	792
2022-05-23	31.00	18.21	2.60	18.18	0.21	19.24	772	804
2022-05-30	31.00	18.38	3.10	18.46	0.20	19.33	780	815
2022-06-06	27.00	18.97	2.00	19.00	0.12	19.21	792	825
2022-06-13	26.00	18.71	3.10	18.05	0.07	19.00	804	833
2022-06-20	22.00	18.66	3.10	18.34	0.06	19.57	817	842

2. 灌注对二氧化碳浓度的影响

自 2021 年 10 月 27 日起，每周对 S1 工作面采空区进风侧、回风侧和回采工作面上隅角气体数据进行采集分析。2021 年 11 月 3 日为第 1 周，2021 年 11 月 9 日为第 2 周，依次取为第 3 周、第 4 周……第 n 周，直到 2022 年 6 月 20 日回采结束。根据统计数据绘制灌注参数与二氧化碳浓度的关系图，如图 8-28 和图 8-29 所示。

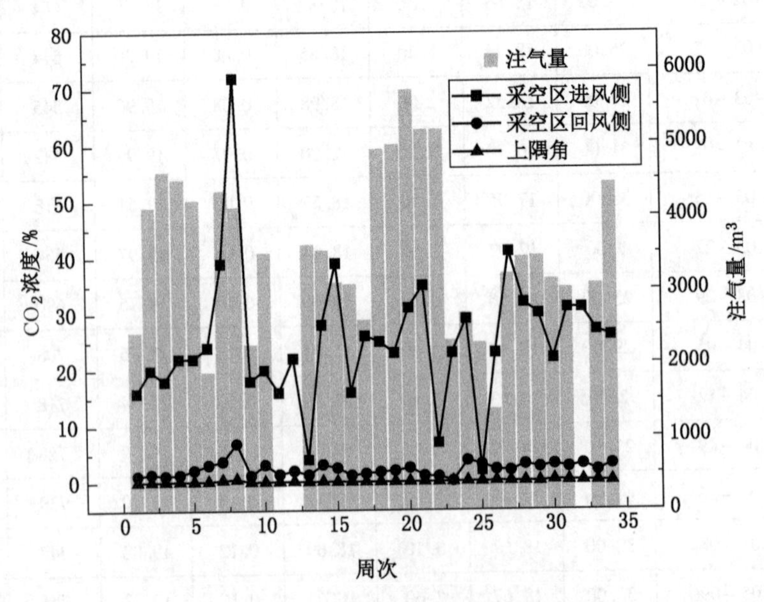

图 8-28　灌注周次与二氧化碳浓度的关系

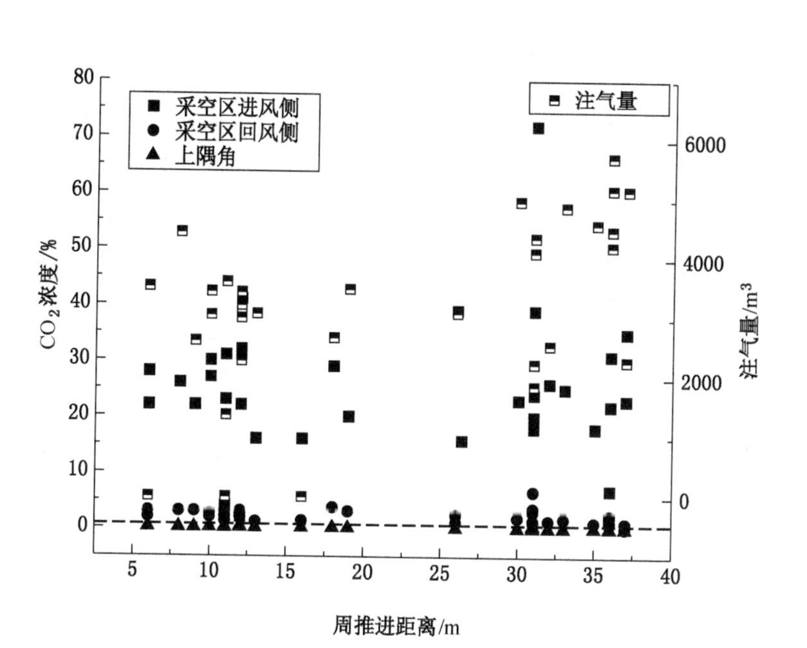

图 8-29 周推进距离与二氧化碳浓度的关系

由图 8-28 可知，采空区进风侧二氧化碳浓度高于采空区回风侧和上隅角二氧化碳浓度，因为注气口位置在采空区进风侧，而气体在采空区以注气口为中心向回风巷运移，在回风巷气体浓度显著减小。受垮落煤岩体和支架的阻挡，加上注气动力不足以推动气体运移，向上隅角涌出的气体较少，浓度低于采空区回风巷侧。在二氧化碳连续注入条件下，采空区回风侧二氧化碳浓度每 6~8 周出现一次上升趋势。以 6~8 周为一个周期，当采空区回风侧二氧化碳浓度呈先上升后下降趋势，但始终高于前一个周期内的二氧化碳浓度值。综合推进度和注气量数据，发现在推进度不变时，这种周期性变化与注气量减少有关。按照《煤矿安全规程》第 171 条规定，回风巷二氧化碳浓度超过 0.75% 时，必须立刻查明原因，进行处理。通过分析数据并未发现上隅角出现二氧化碳浓度超限问题。从第一周次灌注开始计算，每 3 周为一个周期，采空区进风侧二氧化碳浓度在此周期内出现大幅度变化，尤其在前 3 个周期内采空区进风侧二氧化碳浓度值缓慢增大，在第 3 个周期迅速达到最大值 72% 。在下一个周期保持推进度不变，通过减少二氧化碳灌注量后，采空区进风侧二氧化碳浓度降低，回风侧也出现显著降低现象，但是由于连续注气，其值仍高于前 2 个周期。

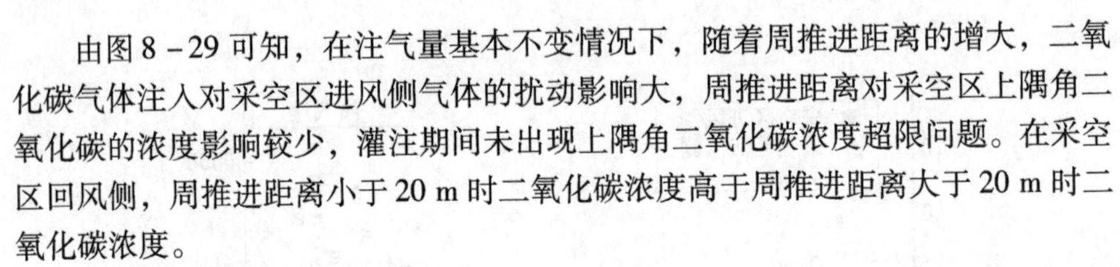

由图 8－29 可知，在注气量基本不变情况下，随着周推进距离的增大，二氧化碳气体注入对采空区进风侧气体的扰动影响大，周推进距离对采空区上隅角二氧化碳的浓度影响较少，灌注期间未出现上隅角二氧化碳浓度超限问题。在采空区回风侧，周推进距离小于 20 m 时二氧化碳浓度高于周推进距离大于 20 m 时二氧化碳浓度。

3. 灌注对氧气浓度的影响

人类正常呼吸的氧气浓度一般在 21% 左右，当工作环境中的氧气浓度下降至 19% 时，人会出现短暂的疲劳，长期处于低氧环境会使作业人员精神恍惚，从而产生安全问题。由图 8－30 和图 8－31 可知，采空区和上隅角氧气浓度在灌注期间存在波动，每隔 6～8 周出现一次局部最低值。随着连续注气时间的增加，氧气浓度有所下降，但基本维持在 20%。周推进距离和注气量对上隅角氧气浓度的影响不大。

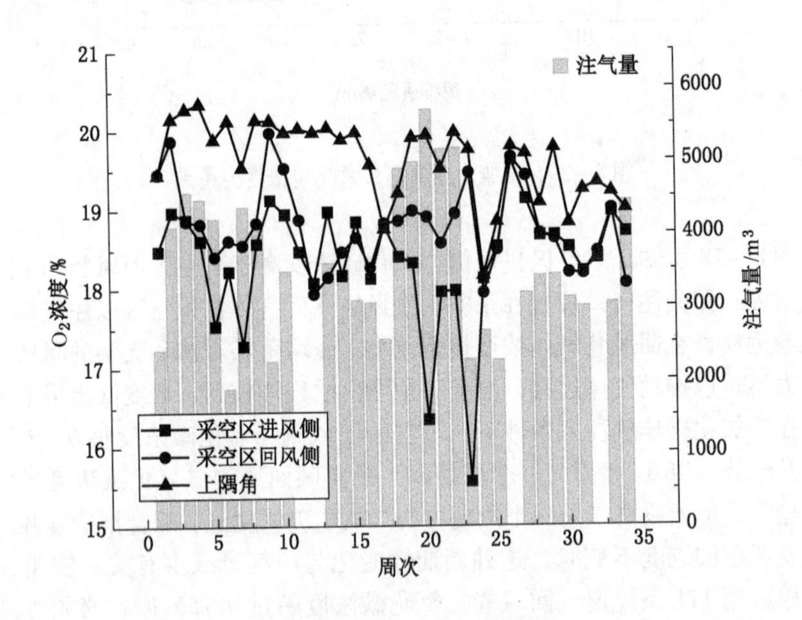

图 8－30　灌注周次与二氧化碳浓度的关系

4. 推进度与二氧化碳浓度的关系

以 2022 年 2 月 21 日为回采第 1 天，绘制 2022 年 2 月 21 日—3 月 31 日日推进度、灌注量及采空区回风侧二氧化碳浓度关系图（图 8－32），研究推进度、灌注量和二氧化碳浓度之间的关系。

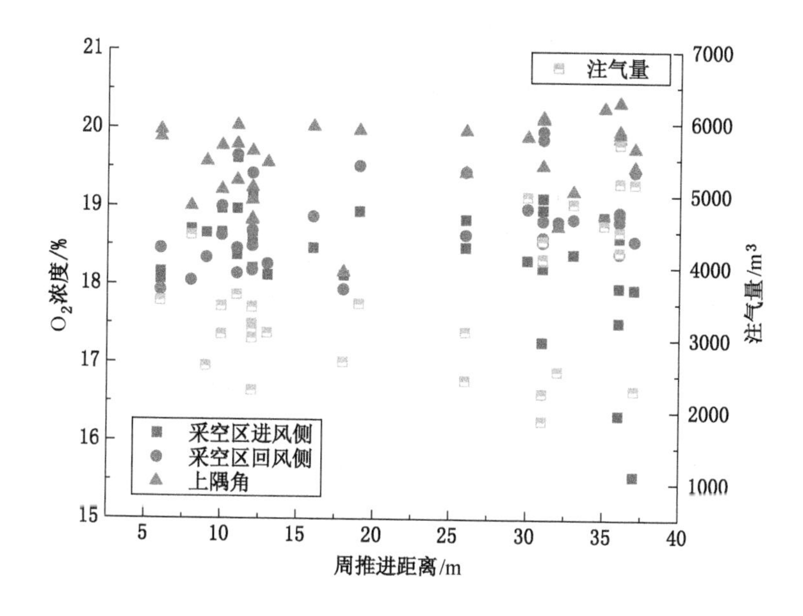

图 8-31 周推进距离和二氧化碳浓度的关系

由图 8-32 可知，日推进距离集中在 2~6 m。在日推进距离和灌注量基本一致的条件下，随着回采天数的增加，采空区回风侧二氧化碳浓度增大，浓度在 4.3%~5.6%。当回采天数和灌注量一定时，日推进距离增大，采空区回风侧二氧化碳浓度增大。

8.4.4 二氧化碳惰化系统管理

1. 注意事项

（1）向火区注惰气前，必须用惰气冲洗整个管道，并用氧气检测器不断测定管道排气中的氧气浓度，当排气中不含有氧气时，向火区注惰气。

（2）在火区排气过程中，回风侧一氧化碳和瓦斯浓度增加，事先应切断回风侧电气设备的电源，并禁止人员通行。

（3）根据火区熄灭程度调节二氧化碳灌注量，控制好二氧化碳灌注量以及回风侧一氧化碳和瓦斯浓度。

（4）二氧化碳与灼热材料接触时，可能释放氧气，产生大量一氧化碳气体。因此，利用指标气体确定火区情况应有所变化。

2. 安全技术措施

（1）所有施工人员应认真学习安全技术措施，地面人员操作必须在厂家技

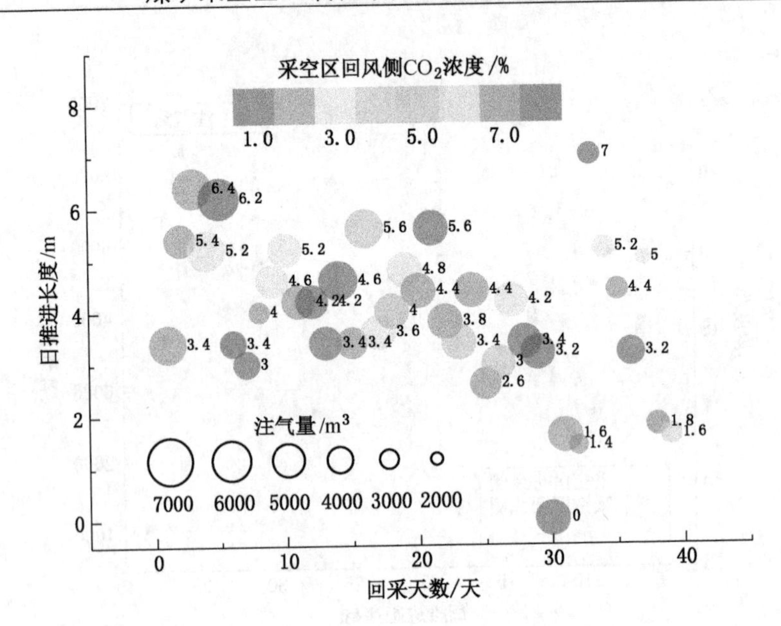

图 8－32　推进参数和二氧化碳浓度的关系

术人员指导下操作。

(2) 注二氧化碳前仔细检查灌注管路系统，包括管路连接是否完好，闸阀是否开启，发现问题及时汇报处理。

(3) 第 1 次运行前，地面惰气防灭火装置需进行试运转，经组织验收合格后方可投入使用。

(4) 为防止管路漏气，注惰前需先灌水作打压试验，即关闭出口阀门，在地面缓慢灌水，在主井井下安排专人观察压力表，以压力 1 ~ 2 MPa 时整个管路不漏水为准。试验过程中必须保持通信畅通，防止管路承压过大损坏。

(5) 实施注惰时要及时记录数量、时间等信息，且由操作人员签字。

(6) 注气管路中的空气应放空，二氧化碳浓度低于 97% 时不得向密闭内压注，同时注意观察二氧化碳释放口下风侧的氧气浓度。

(7) 巡查管路人员应注意巷道顶帮情况，巷帮支护不好地段严禁长时间停留。

(8) 管路系统流经地点（全风压通风地点）的巷道配风不少于 200 m^3/min。

(9) 注二氧化碳结束后检查管路，若管路受到热胀冷缩影响而发生损坏，及时汇报并处理。

参 考 文 献

[1] Deng J, Wang K, Zhang Y, et al. Study on the kinetics and reactivity at the ignition temperature of Jurassic coal in North Shaanxi [J]. Journal of Thermal Analysis & Calorimetry, 2014, 118 (1): 417-423.

[2] Zhou B Z, Yang S Q, Wang C J, et al. The characterization of free radical reaction in coal low-temperature oxidation with different oxygen concentration [J]. Fuel, 2020, 262: 1-9.

[3] 褚廷湘，韩学锋，余明高．承压破碎煤体低温氧化特征与宏观致因分析［J］．中国安全科学学报，2019，29（9）：77-83.

[4] 姜华．采空区气体渗流相似模拟实验平台研发及应用［D］．西安：西安科技大学，2013.

[5] 余照阳，杨胜强，胡新成．基于采场三维相似模型的流场特性实验分析［J］．煤矿安全，2016，47（5）：6-9.

[6] 王继仁，张英，郝朝瑜．半“O”型冒落采空区注 CO_2 防灭火的数值模拟［J］．中国安全科学学报，2015，25（7）：48-54.

[7] Ndenguma D, Dirker J, Burger N. A computational fluid dynamics model for investigating air flow patterns in underground coal mine sections [J]. Journal of the Southern African Institute of Mining & Metallurgy, 2014, 114 (6): 419-425.

[8] Qin J, Qu Q D, Guo H. CFD simulations for longwall gas drainage design optimization [J]. International Journal of Mining Science and Technology, 2017, 27 (5): 777-782.

[9] Li Z X, Sun X Q, Jia J Z. Numerical simulation of spontaneous combustion and maleficence gas drainage in goaf with Y-Type ventilation fashion [J]. Journal of Safety and Environment, 2005, 5 (6): 108-112.

[10] Wolf H K, Bruining H. Modeling the interaction between underground coal fires and their roof rocks [J]. Fuel, 2007, 86 (17): 2761-2777.

[11] 满天雷，王伟．基于 CFD 的采空区三维空间漏风流场数值模拟［J］．煤炭工程，2019，51（9）：142-146.

[12] 黎经雷，牛会永，鲁义，等．风速对近距离煤层采空区漏风及煤自燃影响研究［J］．煤炭科学技术，2019，47（3）：156-162.

[13] Szlazak J. The determination of a co efficient of long wall gob permeability [J]. Archives of Mining Sciences, 2001, 46 (4): 451-468.

[14] 张春，题正义，李宗翔．采空区孔隙率的空间立体分析研究［J］．长江科学院院报，2012，29（6）：52-57.

[15] 周西华．双高矿井采场自燃与爆炸特性及防治技术研究［D］．阜新：辽宁工程技术大学，2006.

[16] 高光超，李宗翔，张春，等．基于三维“O”型圈的采空区多场分布特征数值模拟

[J]. 安全与环境学报，2017（3）：931－936.

[17] 梁运涛，张腾飞，王树刚，等. 采空区孔隙率非均质模型及其流场分布模拟［J］. 煤炭学报，2009（9）：1203－1207.

[18] Wolf H K，Bruining H. Modelling the interaction between underground coal fires and their roof rocks［J］. Fuel，2007，86：2761－2777.

[19] 夏同强. 瓦斯与煤自燃多场耦合致灾机理研究［D］. 徐州：中国矿业大学，2015.

[20] 余明高，鲁来祥，常绪华，等. 煤巷高冒区遗煤自燃数值模拟分析［J］. 防灾减灾工程学报，2009，29（6）：658－662.

[21] Cheng W M，Hu X M，Xie J，et al. An intelligent gel designed to control the spontaneous combustion of coal：Fire prevention and extinguishing properties［J］. Fuel，2017，210（15）：826－835.

[22] Lu X X，Zhu H Q，Wang D M，et al. Flow characteristic investigation of inhibition foam used for fire extinguishment in the underground goaf［J］. Process Safety and Environmental Protection，2018，116（2）：159－168.

[23] 李宗翔，衣刚，武建国，等. 基于"O"型冒落及耗氧非均匀采空区自燃分布特征［J］. 煤炭学报，2012，37（3）：484－489.

[24] Zhai X W，Deng J，Wen H，et al. Research of the air leakage law and control techniques of the spontaneous combustion dangerous zone of re－mining coal body［J］. Procedia Engineering，2011，26：472－479.

[25] Lu W，Cao Y J，Tien J C. Method for prevention and control of spontaneous combustion of coal seam and its application in mining field［J］. International Journal of Mining Science and Technology，2017，27（5）：839－846.

[26] 李东发，臧燕杰，宋双林，等. 易自燃厚煤层综放工作面采空区自燃"三带"划分实践［J］. 煤矿安全，2017，48（10）：128－131.

[27] 尹晓雷，戴广龙，吴彬，等. 综采面动态注氮作用下采空区"三带"分布及防灭火技术研究［J］. 中国安全生产科学技术，2014，10（10）：137－142.

[28] 王兰云，蒋曙光. CO_2 对低温煤物理吸附氧过程的实验研究［J］. 矿业快报，2008，48（2）：29－31.

[29] Mandelbrot B B. Fractals：form，chance，and dimension［M］. San Francisco：W. H. Freeman，1977，365.

[30] Walker P L. Carbon－An old but new material［J］. American Scientist，1962，50（2）：259－293.

[31] 降文萍，崔永君，张群. 煤表面与 CH_4，CO_2 相互作用的量子化学研究［J］. 煤炭学报，2006，31（2）：237－240.

[32] 崔永君，张群，张泓，等. 不同煤级煤对 CH_4、N_2 和 CO_2 单组分气体的吸附［J］. 天然气工业，2005，25（1）：61－65.

[33] 于洪观，范维唐，孙茂远，等．煤对 CH_4/CO_2 二元气体等温吸附特性及其预测［J］．煤炭学报，2005，30（5）：618－622.

[34] 孙可明，罗国年，王传绳．采空区注超临界 CO_2 防灭火试验研究［J］．中国安全生产科学技术，2019，15（5）：117－122.

[35] 马砺，邓军，王伟峰，等．CO_2 对煤低温氧化反应过程的影响实验研究［J］．西安科技大学学报，2014，34（4）：379－383.

[36] 邵昊，蒋曙光，吴征艳，等．二氧化碳和氮气对煤自燃性能影响的对比试验研究［J］．煤炭学报，2014，39（11）：2244－2249.

[37] 翟小伟，王庭焱．液态 CO_2 对高温煤体降温规律实验研究［J］．煤矿安全，2018，49（4）：30－33.

[38] 郭志国，吴兵，陈娟，等．CO_2 对受限空间煤明火燃烧的灭火机理［J］．燃烧科学与技术，2018，24（1）：59－66.

[39] 李士戎．二氧化碳抑制煤炭氧化自燃性能的实验研究［D］．西安科技大学，2008.

[40] Yuan L M，Smith A C. Numerical study on effects of coal properties on spontaneous heating in longwall gob areas［J］. Fuel，2008，87（15）：3409－3419.

[41] 王国旗，邓军，张辛亥，等．综放采空区二氧化碳防灭火参数确定［J］．辽宁工程技术大学学报，2009，28（2）：169－172.

[42] Khanal M，Adhikary D，Balusu R. Evaluation of mine scale longwall top coal caving parameters using continuum analysis［J］. Mining Science and Technology，2011，21（6）：787－796.

[43] Liu M X，Shi G Q，Guo Z，et al. 3－D simulation of gases transport under condition of inert gas injection into goaf［J］. Heat and Mass Transfer，2016，52（12）：2723－2734.

[44] 郝朝瑜，王继仁，黄戈，等．基于惰化降温耦合作用的采空区低温 CO_2 注入位置研究［J］．中国安全生产科学技术，2015，11（9）：17－23.

[45] 郝朝瑜，黄戈，王继仁，等．惰化降温耦合作用下的采空区低温 CO_2 注入流量与温度研究［J］．火灾科学，2016，25（2）：107－113.

[46] 牛振磊，程根银，董旗，等．采空区注二氧化碳防治煤炭自燃应用研究［J］．华北科技学院学报，2017，14（5）：12－16.

[47] 李波，牛振磊，程根银．深部矿井综放工作面压注二氧化碳防灭火应用研究［J］．华北科技学院学报，2016，13（5）：19－22.

[48] 宋宜猛．采空区液态二氧化碳惰化降温防灭火技术研究［J］．中国煤炭，2014，40（4）：106－109.

[49] 邓军，习红军，翟小伟，等．煤矿采空区液态 CO_2 灌注防灭火关键参数研究［J］．西安科技大学学报，2017，37（5）：605－609.

[50] 王致新，王煜彤．低压二氧化碳灭火系统的结冰和爆震问题［J］．消防技术与产品信息，2006，4：13－16.

[51] 马砺，王伟峰，邓军，等．液态 CO_2 防治采空区自燃应用工艺流程模拟 [J]．西安科技大学学报，2015，35 (2)：152 – 158.

[52] 金永飞，赵先科，郭军，等．液态 CO_2 灭火技术在花山矿大采区封闭火灾治理中的应用 [J]．煤矿安全，2016，47 (2)：155 – 157.

[53] 张长山，张辛亥．罐装液态二氧化碳直接防灭火技术 [J]．煤矿安全，2016，47 (9)：82 – 84.

[54] 高玉坤，刘阜鑫，付明明，等．采空区滞留干冰防灭火数值模拟研究 [J]．煤矿安全，2017，48 (1)：32 – 35.

[55] 祁文斌．采空区滞留干冰防治遗煤自燃现场试验研究 [J]．煤炭工程，2013，45 (11)：83 – 86.

[56] Zeng Y G，Hong Y Z，Xin G L. Entransy—A physical quantity describing heat transfer ability [J]．International Journal of Heat and Mass Transfer，2006，50 (13)：2545 – 2556.

[57] 过增元．热学中的新物理量 [J]．工程热物理学报，2008，29 (1)：112 – 114.

[58] 胡帼杰，过增元．传热过程的效率 [J]．工程热物理学报，2011，32 (6)：1005 – 1008.

[59] 许明田，程林，郭江峰．（火积）耗散理论在换热器设计中的应用 [J]．工程热物理学报，2009，30 (12)：2090 – 2092.

[60] 石冬冬，吕静，曹科，等．跨临界 CO_2 气冷器火积耗散分析 [J]．制冷学报，2015，36 (6)：90 – 97.

[61] 贾海林，崔博，焦振营，等．基于 TG/DSC/MS 技术的煤氧复合全过程及气体产物研究 [J]．煤炭学报，2022，47 (10)：3704 – 3714.

[62] 卢守青，王亮，秦立明．不同变质程度煤的吸附能力与吸附热力学特征分析 [J]．煤炭科学技术，2014，42 (6)：130 – 135.

[63] 邓军，张宇轩，赵婧昱，等．基于程序升温的不同粒径煤氧化活化能试验研究 [J]．煤炭科学技术，2019，47 (1)：214 – 219.

[64] Si J H，Li L，Cheng G Y，et al. Characteristics and safety of CO_2 for the fire prevention technology with gob – side entry retaining in goaf [J]．ACS omega，2021，6 (28)，18518 – 18526.

[65] Li Z X，Ding C，Wang W Q，et al. Simulation study on the adsorption characteristics of CO_2 and CH_4 by oxygen – containing functional groups on coal surface. Energy Sources，2022，44 (2)，3709 – 3719.

[66] 司俊鸿，李潭，胡伟，等．采空区多孔介质等效孔隙网络拓扑结构表征算法研究 [J]．华北科技学院学报，2022，19 (1)：1 – 6.

[67] Si J H，Li L，Li Z X，et al. Temperature distribution and dissipation in a porous media (coal) – CO_2 system [J]．Arabian Journal of Chemistry，2023，16，104979.

[68] Zheng Y N，Li Q Z，Zhang G Y，et al. Study on the coupling evolution of air and temperature

field in coal mine goafs based on the similarity simulation experiments [J]. Fuel, 2021, 283: 118905.

[69] Song Z Y, Claudia K. Coal fires in China over the last decade: A comprehensive review [J]. International Journal of Coal Geology, 2014, 133 (9): 72-99.

[70] Kong B, Li Z H, Yang Y L, et al. A review on the mechanism, risk evaluation, and prevention of coal spontaneous combustion in China [J]. Environmental Science and Pollution Research, 2017, 24 (1): 1-18.

[71] 邓军，李贝，王凯，等. 我国煤火灾害防治技术研究现状及展望 [J]. 煤炭科学技术，2016，44 (10): 1-7+101.

[72] Li J W, Wang Y Z, Chen Z X, et al. Simulation of adsorption-desorption behavior in coal seam gas reservoirs at the molecular level: A comprehensive review [J]. Energy Fuels, 2020, 34 (3): 2619-2642.

[73] 程敢，李玉龙，张梦妮，等. $CO_2/N_2/O_2$ 及 H_2O 分子在褐煤中的吸附行为模拟 [J]. 煤炭学报，2021，46 (S2): 960-969.

[74] 王国芝，姜奎，王怡，等. 二氧化碳防灭火技术在采空区发火治理中的应用研究 [J]. 金属矿山，2021，544 (10): 214-220.

[75] 武司苑，邓存宝，戴凤威，等. 煤吸附 CO_2、O_2 和 N_2 的能力与竞争性差异 [J]. 环境工程学报，2017，11 (7): 4229-4235.

[76] 马砺，邓军，王伟峰，等. CO_2 对煤低温氧化反应过程的影响实验研究 [J]. 西安科技大学学报，2014，34 (4): 379-383.

[77] 闫长辉，田园媛，邓虎成，等. 页岩吸附特征及机理 [M]. 北京：科学出版社，2016: 24-25.

[78] 韩思杰，桑树勋. 煤岩超临界 CO_2 吸附机理及表征模型研究进展 [J]. 煤炭科学技术，2020，48 (1): 227-238.

[79] Hao J C, Wen H, Ma L, et al. Theoretical Derivation of a Prediction Model for CO_2 Adsorption by Coal [J]. ACS Omega, 2021, 6 (20): 13275-13283.

[80] Sripada P, Khan M M, Ramasamy S, et al. Influence of coal properties on the CO_2 adsorption capacity of coal gasification residues [J]. Energy Science and Engineering, 2018, 6 (4): 321-335.

[81] 李全中，倪小明，王延斌，等. 超临界状态下煤岩吸附/解吸二氧化碳的实验 [J]. 煤田地质与勘探，2014，42 (3): 36-39.

[82] 吕乾龙，刘伟，宋奕澎，等. 无烟煤对 CO_2 和 CH_4 的吸附解吸特性研究 [J]. 煤矿安全，2019，50 (5): 27-30.

[83] 桑树勋，牛庆合，曹丽文，等. 深部煤层 CO_2 注入煤岩力学响应特征及机理研究进展 [J]. 地球科学，2022，47 (5): 1849-1864.

[84] Perera M. Influences of CO_2 Injection into Deep Coal Seams: A Review [J]. Energy and Fu-

els, 2017, 31 (10): 10324－10334.

[85] Wang L L, Zheng J L. Evolutions of CO_2 adsorption and nanopore development characteristics during coal structure deformation [J]. Applied Sciences, 2020, 10 (14): 4997.

[86] Zhang L, Aziz N, Ren T, et al. Influence of coal particle size on coal adsorption and desorption characteristics [J]. Archives of Mining Sciences, 2014, 59 (3): 807－820.

[87] 张遵国，齐庆杰，曹树刚，等．煤层吸附 He、CH_4 和 CO_2 过程中的变形特性 [J]．煤炭学报，2018，43 (9)：2484－2490.

[88] 张遵国，陈毅，赵丹，等．原煤与型煤 CO_2 吸附/解吸及变形特征对比研究 [J]．中国矿业大学学报，2021，50 (4)：793－803.

[89] 贺伟，梁卫国，张倍宁，等．不同煤阶煤体吸附储存 CO_2 膨胀变形特性试验研究 [J]．煤炭学报，2018，43 (5)：1408－1415.

[90] 韩光，李东芳，周西华，等．水对无烟煤吸附 CH_4 和 CO_2 影响机理探究 [J]．辽宁工程技术大学学报（自然科学版），2021，40 (5)：420－424.

[91] 李树刚，白杨，林海飞，等．CH_4、CO_2 和 N_2 多组分气体在煤分子中吸附热力学特性的分子模拟 [J]．煤炭学报，2018，43 (9)：2476－2483.

[92] 降文萍，崔永君，张群．煤表面与 CH_4、CO_2 相互作用的量子化学研究 [J]．煤炭学报，2006，31 (2)：237－240.

[93] 张永利，马凯，马玉林．功率红外作用下煤对 CO_2 吸附/解吸规律研究 [J]．实验力学，2019，34 (5)：883－889.

[94] 孙可明，罗国年，王传绳．采空区注超临界 CO_2 防灭火试验研究 [J]．中国安全生产科学技术，2019，15 (5)：117－122.

[95] 任广意，谢军，王怡．基于煤自燃大型模拟试验的采空区遗煤耗氧速率研究 [J]．矿业研究与开发，2020，40 (10)：113－117.

[96] 王怡，谢军，任广意．采空区遗煤自然发火的指标气体研究 [J]．矿业研究与开发，2020，40 (10)：118－122.

[97] 邵昊，蒋曙光，吴征艳，等．采空区注二氧化碳防灭火的数值模拟研究 [J]．采矿与安全工程学报，2013，30 (1)：154－158.

[98] 王继仁，张英，郝朝瑜．半“O”型冒落采空区注 CO_2 防灭火的数值模拟 [J]．中国安全科学学报，2015，25 (7)：48－54.

[99] Liu M X, Shi G Q, Guo Z, et al. 3－D simulation of gases transport under condition of inert gas injection into goaf [J]. Heat and Mass Transfer, 2016, 52 (12): 2723－2734.

[100] 郝朝瑜，黄戈，王继仁，等．惰化降温耦合作用下的采空区低温 CO_2 注入流量与温度研究 [J]．火灾科学，2016，25 (2)：107－113.

[101] 郝朝瑜，王继仁，黄戈，等．基于惰化降温耦合作用的采空区低温 CO_2 注入位置研究 [J]．中国安全生产科学技术，2015，11 (9)：17－23.

[102] 李宗翔，刘宇，王政，等．九道岭矿采空区注 CO_2 防灭火技术数值模拟研究 [J]．煤

炭科学技术，2018，46（9）：153－157.

［103］司俊鸿，程根银，朱建芳，等．采空区非均质多孔介质渗透特性三维建模及应用［J］．煤炭科学技术，2019，47（5）：220－224.

［104］柳东明．易自燃煤层采空区 N_2 与 CO_2 惰性耦合气体运移规律［J］．煤矿安全，2020，51（8）：227－231.

［105］Liu Y，Hu W，Guo J，et al. Coal spontaneous combustion and N_2 suppression in triple goafs：A numerical simulation and experimental study［J］．Fuel，2020，271：117625.

［106］宋宜猛．采空区液态二氧化碳惰化降温防灭火技术研究［J］．中国煤炭，2014，40（4）：106－109.

［107］李宗翔，李海洋，贾进章．Y 形通风采空区注氮防灭火的数值模拟［J］．煤炭学报，2005（5）：51－55.